Fair Isle Knitting

Fair Isle Knitting

Fair Isle Knitting

風工房の
絢麗費爾島編織

剪開織片的傳統巧技——Steeks

風工房 KAZEKOBO ◎著

Contents

圓領＆V領背心

開襟毛衣

圓型剪接

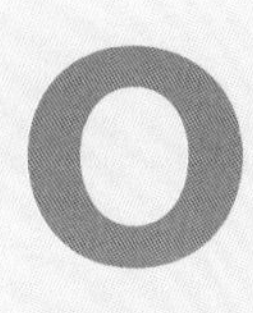

各式各樣的小物

套頭毛衣

Fair Isle Knitting Column

本書標示的作品尺寸，皆為女士尺寸。L size相當於男士的M size，LL size相當於男士的L size。

Fair Isle Knitting Column ❶

Shetland History

農家博物館（The Croft House Museum）保存了昔日農家的房屋形態，並展示19世紀至20世紀初的日常器具，使人們得以一窺當時的生活情景。暖爐的燃料正是經常作為顏色名稱出現，雪特蘭島上眾所周知的「泥炭」。

從勞動代工的織品轉變為上天賞賜的財產
「綿羊的故鄉」雪特蘭群島

雪特蘭群島隸屬英國，位於距離蘇格蘭本島以北170km的北海，由大約100個島嶼組成，諸島之中僅16個島嶼有人居住。緯度與挪威南部相等，位居蘇格蘭與挪威兩者中間，昔日曾是挪威的領地。最大的島稱為梅恩蘭島（Mainland），座落於島上東南部的勒威克為行政中心的首府。往來交通方式為限載約30人的小型飛機，從蘇格蘭的亞伯丁市飛航時間約45分鐘，從愛丁堡、格拉斯哥則是約一個多小時即可抵達主島最南端的薩姆堡機場。

一抵達雪特蘭島，首先映入眼簾的，就是一望無際的綠色丘陵地與啃著青草的羊群們。雪特蘭的居民從西元前就與羊群們一同生活在這片土地上，然而雪特蘭的女性們究竟從何時開始從事編織活動，據說並沒有確切的記載，僅留下挪威貿易邁入鼎盛時期的記錄。16世紀末，來自荷蘭的漁船隊停泊於雪特蘭島，購買了當地生產的襪子與手套，當時的襪子是厚實的平面針織品。由於雪特蘭群島位於北海中央，因此作為北海貿易的中繼地，不僅有荷蘭的漁船隊，還有來自北歐各國、波羅地海諸國、冰島等地的貿易船也都會到此停靠。

使用生存於嚴峻自然環境下的雪特蘭綿羊毛編織而成的襪子或手套，因保暖效果優異而大受好評，據說曾經同時有1000至1500艘的荷蘭漁船停靠，漁夫們上岸大量採購的盛況。但這種長期持續的交易，受到18世紀初期的歐洲情勢變化而逐漸退燒，轉換成當地消費的型態而得以留存延續。

到了18世紀末，在蘇格蘭的上流社會掀起一股厚襪與使用白色原毛細紡編織製成的纖細女用襪風潮，此一流行隨後也吹向了英國。19世紀初期，倫敦商人在倫敦的布魯克街與新龐德街交叉口處，開設了一間雪特蘭襪子專賣店。此項織襪產業在能人編織工匠的努力下，持續了好幾個世紀，但獲得的豐厚利潤僅侷限於地主、貿易商與專賣店。直到20世紀初期為止，仍持續著以菸、酒、薑餅等以物易物的交換方式，身為生產者的農夫、妻子與女兒們依舊被迫過著一貧如洗的生活。

當地生活出現戲劇性變化的起因，則是始於北海油田的開發。在90年代後半達到顛峰的石油產業，隨著既有油出的生產量逐漸下降，新油田的發掘也日益困難，一般相信未來石油

蘊藏量終將枯竭，最後恐怕停止油田的開採。話雖如此，居民仍因為石油產業的影響，擁有了農業或針織服裝製作以外的工作選項，使得原本為了滿足生活所需，純粹付出勞力的織品，隨之轉變成以嗜好為出發點的手藝織品。

走訪雪特蘭島時遇見的老奶奶編織者們，據說一直都從事著編織工作。然而，下一個世代的媽媽們卻似乎因為「編織＝殘酷的勞動＝一貧如洗時代的嫌惡回憶」，造成不願繼續編織的境況。現在，她們兒女的新世代生活變得富裕，可以輕易透過網路得知世界流行的資訊，並且立刻下單購買，因此不認為手織毛衣或小物是時尚的物品，很遺憾的，這個世代仍然不想從事編織工作。

80年代以後，以雪特蘭島為首的羊毛產業逐漸衰退。整個英國亦是如此，毛織產業重鎮約克郡的紡織工廠紛紛面臨關廠的命運。率先意識到英國羊毛產業的衰退危機，向來熱心於環境問題的查爾斯王子，為了振興英國羊毛這項可永續經營的產業，於2010年發起全球性的羊毛推廣運動「Campaign for Wool」。雪特蘭島亦於秋季舉辦雪特蘭羊毛週（Shetland・Wool・Week）的活動，並且一年一年不斷強化活動內容。

或許是受此影響，當地小學在數年前開始設立編織課程，為了將如同雪特蘭資產的織品流傳給後世而努力。學習紡織品的年輕人逐漸回流，或是受到雪特蘭島的魅力吸引而從海外移居至此，從事織品設計的人也紛紛嶄露頭角，為雪特蘭島的毛織產業一點一滴地蘊育出新芽。天然資源一旦開採殆盡將永遠不復存在，但只要能與羊隻一同共存，綿羊就能帶來永續不斷的珍貴恩惠。

多虧北海油田帶來的豐厚資金，雪特蘭博物館也因此擁有氣派的外觀，資料室對於編織或織物等時代考證的研究工作仍持續進行。經濟上變得富裕的雪特蘭島居民，想要護守令他們深感驕傲的毛織資產的熱情與態度，亦使我們不得不為此深感著迷。

1／位於主島勒威克的雪特蘭博物館外觀。展示著雪特蘭的歷史資料。費爾島編織與雪特蘭蕾絲的展示品尤其豐富。推薦購入博物館的紀念品作為伴手禮。2樓面對海景的時尚餐廳，料理非常美味！　2／位於安斯特島（Unst）的暴君城堡（Muness Castle）遺跡。　3／雪特蘭島上的羊群。據說現今的雪特蘭綿羊，依自然交配、人工交配方式劃分成63種品種。　4／從農家博物館（The Croft House Museum）入口處眺望的景致，前方是一片遼闊海域。　5・6／位於本島西岸的斯卡洛韋城堡（Scalloway Castle）遺跡。傳言當初建立此城堡的派翠克伯爵是一名眾人心生畏懼的殘酷領主。7／原本無趣不起眼的小小巴士站，也在當地小學生的策劃裝飾下，搖身一變成為了一件藝術創作品。　8／樹木成長艱難的嚴寒雪特蘭島，一到初夏也是百花盛開。

Fair Isle Knitting Column ❷

Fair Isle Story

帶我導覽費爾島編織的Hazel Tyndale女士所使用的編織腰帶。這也是雪特蘭編織工匠們的必備品。她本人穿著的毛衣線頭並未處理，僅以打結固定！「毛線彼此會緊緊纏繞在一起，所以不會脫線喔。」

與潮流接軌進而日益發展

柔軟包容兼具個性的費爾島緹花

參觀了位於主島勒威克的雪特蘭博物館的各項展示後，隨即明白費爾島編織曾受到來自各方元素的影響。作為初期費爾島織品留存於雪特蘭島博物館內，來自發祥地費爾島當地編織而成的文物，是一件當時漁夫所使用的帽子。那是一頂織成繭狀，並且從中段開始往內側反摺的帽子，藉由在背面渡線形成雙層或三層的帽冠，再次反摺的帽口更是形成四層的厚度，因此相當保暖，且能阻擋海風達到防寒的效果，在當時極受歡迎。

人工染製的藍、紅、金黃色，與羊毛本身天然的白色、栗色、雪特蘭黑，交織出讓人一眼就能認出是費爾島圖案的配色。深底色上配置條紋狀的明亮配色花樣，而花樣的特徵則是抽象的幾何圖案。紅色與金黃色是以野生植物進行染色，藍色則是以進口的染料進行藍染，與其說費爾島編織是費爾島誕生的產物，不如說是接收了外來的材料或影響之下，漸漸形成費爾島緹花編織的風格。雖然初期的圖案豐富多變，但現在所使用的配色與圖案配置則有一定的基本標準。織法本身的型態，則是同屬以英國、蘇格蘭為首的歐洲至北歐、波羅地海三國沿岸地區常見的織入圖案，這些地區都遺留下相同織法的服飾。藉此可推測出，費爾島因位於北海中央的地理位置，而深受來自靠港船隻各式各樣物品或文化的影響所致。

費爾島織品的發展歷史正在詳細考證中，關於起源也曾經引發過不小的爭論。其中最有名的說法，據說是16世紀末西班牙艦隊在費爾島海域觸礁擱淺，遇難的船員被島民救起，因而使圖案傳到島上。雖然此傳聞真偽不可考，但是在19世紀當時，作為針對消費者的宣傳手法因而逐漸被扭曲擴大。

歷經一再的口耳相傳，到了19世紀後半，費爾島緹花織品的知名度已經擴及整個歐洲本土。在《Handbook to Zetland Islands》一書當中也有提到費爾島緹花編織的襪子——以多種顏色編織出獨特的圖案，織片的柔軟度與穿著的舒適感就連對品質特別挑剔的人，也有很高的評價。

擁有如此美麗色調的費爾島緹花織品，成為雪特蘭島上最知名的手工藝品。雖然當時在這股市場需求下的受惠者全都是商人們，但也造就出為了自身與家族而不斷注入創造力和創

意，於競賽中獲獎的編織工匠也人才輩出，得以承傳後世。來到19世紀末，由於對過度工業化的反撲，引發一波手工藝品的流行現象，費爾島緹花編織也在全球掀起一波風潮。

20世紀的1902年至1904年間，蘇格蘭國家南極遠征隊的隊員們身穿以品質優異的羊毛編織而成的費爾島織品，其優秀的防寒性與實用性受到世上人們的認同。1920年代引領潮流的愛德華王子（後來的愛德華八世），則是留下了穿著費爾島緹花毛衣作為高爾夫球衣的照片。之後又在他的肖像畫中穿著費爾島緹花毛衣，於是以此為契機，先是在上流社會燃起風潮，進而擴及一般大眾，形成一股新的流行趨勢。

在第二次世界大戰期間，挪威人帶來了新的變化。當時遭受德國納粹迫害的挪威人，有超過5千人逃到了雪特蘭島，受此影響之故，讓向來只有橫條紋花樣的費爾島緹花織品出現了直條紋的花樣。另一個影響則是常見於北歐毛衣上的金屬勾釦（Hook button）。從來都是以鈕釦固定開襟毛衣的當時，質地輕盈的錫製勾釦，應該令人感到十分新鮮而廣受歡迎吧！1960年代，圓型剪接結合費爾島緹花圖案的毛衣蔚為流行。圓型剪接同樣也是原本費爾島編織中沒有的款式，認為是深受北歐針織毛衣影響而留下的一筆濃厚色彩。

費爾島緹花編織就這樣隨著時代與潮流接軌，進而持續發展、進化，成為時尚的元素之一。但是在費爾島編織的漫長歷史當中，並沒有任何「就是這個」的決定性關鍵要素。從最初就超越了國家或地域性的藩籬，雖然有一定的編織技法，但隨著時代流動演變而來的，才是費爾島緹花編織的精髓。然而，顏色與圖案的組合卻擁有無限的變化。包容萬物的柔軟性聯繫著邁向下一個時代的創造性，完成的織品更是孕育出一種讓人一眼就能看出是費爾島編織的獨特個性。

參考文獻／SHETLAND TEXTILE 800BC to the Present Sarah Laurenson編輯 Shetland Heritage Publication 2013

1／展示於雪特蘭博物館內，昔日的顏色樣本與圍巾。 2／展示品貝蕾帽，帽頂上的飾穗非常可愛。 3・4／民眾贈予雪特蘭博物館的圍巾與毛衣。全都會經由研究員進行時代考證後妥善保管。 5／同樣是捐贈而來的貝蕾帽帽頂樣品。 6／位於勒威克的Jamieson's直營店櫥窗，旗下的毛線擁有200色以上。 7／身穿費爾島緹花毛衣，成為流行風潮契機的愛德華王子。卻因「賭上皇冠的戀情」，僅在位325日即退位。 8／安斯特島牧場上的綿羊群。傍晚時分，在牧羊犬的驅趕下返回小屋的模樣。 9／剛剪下來的有色綿羊原毛。以人工親手篩選是最確實的方式。 10／路旁的空地上，正使用毛剪剪羊毛中。只要將綿羊頭部夾在兩腳之間固定，讓羊無法動彈，一眨眼就能迅速完成剪羊毛的作業。之所以在路旁作業，或許是為了方便卡車運送。 11／堪稱日本之光的島精機製作所研發的工業用全自動機器。在Jamieson's的工廠內，持續不斷編織著費爾島織品的編織機。從原毛的水洗、染色、紡織到製品，都在雪特蘭島的Sandness自營工廠內進行加工。 12／在Jamieson's工廠內使用對目縫合機進行加工的工作人員。

圓領＆V領背心

朝著同一方向一圈圈進行輪編，織入圖案至袖襱為止。從袖襱開始連同Steeks一起編織。
建議初學者先從背心開始著手練習。

1 以圖解步驟解說 來熟悉基礎技法的背心

以綠色為主色的圓領背心。最多至8針的花樣配置成條紋狀。即便使用多種顏色，只要將純色與混色調的色彩加以組合，完成作品的整體色系就會一致。

How to Make…P.28（圖解步驟）／P.48（L）
使用線材／Jamieson's　Shetland Spindrift

1-M size

2 優雅色調的 少女風U領背心

使用褐色系為底色，搭配綠色、藍色、紅棕色系。這件U領背心的圖案與色彩，讓人彷彿看見雪特蘭島上滿山遍野綻放的野花和草原，以酒紅與薰衣草紫的緣飾來收斂色彩，進行統整。

How to Make…P.50（M）／P.52（L）
使用線材／Jamieson's Shetland Spindrift

2-M size

3 紳士型男的V領背心

以深具蘇格蘭色彩的藍色與淺灰為底色，再搭配皇家藍、琥珀色、綠色、奶油黃、紅色等色彩點綴。因為是重複進行的小花樣，所以很容易學會，編織起來比大型花樣輕鬆許多。

How to Make…P.54（L）／P.56（M&LL）
使用線材／Jamieson's　Shetland Spindrift

3-L size

4-M size

4 菱形&交叉圖紋的V領背心

以Peat（泥炭）的紅棕色系與靛藍色為底色。使用了傳統費爾島緹花毛衣常見的金黃色、紅色、原色，並以綠色作為點綴色彩。菱形與交叉圖案雖然簡單，卻是強而有力的花樣。

How to Make…P.58（M）／P.60（L&LL）
使用線材／Jamieson's　Shetland Spindrift

5 清爽的灰藍色系 V領背心

帶點黃色的淺褐、薄荷綠與藍色的底色，搭上綠色系＆藍色系的配色。同色系的檸檬黃、薰衣草紫、蒲公英黃等色彩鮮亮突出，形成了相當清爽的背心。

How to Make…P.62（M）／P.64（L&LL）
使用線材／Jamieson's　Shetland Spindrift

5-M size

開襟毛衣

開襟毛衣是從起針就開始織入Steeks，接著朝同一方向一圈圈地編織織入花樣。
剪開時的那份感動令人難以忘懷。特別感謝帶領我們達到此技法境界的雪特蘭編織工匠們。

6 關於賭上王冠戀情的開襟毛衣

這件毛衣花樣與顏色的構想，來自於「賭上王冠的戀情」而眾所周知的英國國王愛德華八世肖像畫。因著他打高爾夫球時的裝扮，使費爾島緹花毛衣開始風靡全世界。

How to Make…P.84（M）／P.87（L）／P.90（LL）
使用線材／J＆S　2ply

6-M size

鈕釦／la droguerie

鈕釦／la droguerie

7 以乾草色調作為緣飾的圓領開襟毛衣

灰色主調上運用了苔蘚綠至裸麥色的基礎底色，並且沿開口編織緣飾的開襟毛衣。花樣則是以酒紅色到櫻桃粉的紅色系與藍紫色來編織，其間點綴了藍色與琥珀色的條紋來加強特色。鈕釦同樣選用了搭配整體色彩的紫紅色。

How to Make…P.92（M）／P.95（L）
使用線材／Jamieson's　Shetland Spindrift

8.9 適合Steeks Lesson前練手的編織小物

由於襪套沒有加減針的變化，因此最適合作為輪編的練習織品。帽子的減針僅於帽頂部分的平面針進行，織法也相當簡單。利用小物學會織入花樣的編織，再開始挑戰編織裁份Steeks的作品7開襟毛衣吧！

How to Make…P.98（M）
使用線材／Jamieson's　Shetland Spindrift

10 以圖解步驟解說
來熟悉基礎技法的開襟毛衣

將費爾島編織傳統的基本色彩進行組合後，製作成V領的開襟毛衣。從身片起針開始製作Steeks，以圖解步驟進行了詳細的解說，請務必試著編織看看。

How to Make…P.66（圖解步驟）／P.79（L）／P.82（LL）
使用線材／Jamieson's　Shetland Spindrift

10-M size

鈕釦／la droguerie

套頭毛衣

倘若已經學會背心與開襟毛衣的編織要領，就能輕鬆克服套頭毛衣。
不妨多方嘗試，挑戰色系、配色與尺寸等各種變化。

11 輕甜感的紫色系套頭毛衣

沉穩色調的藍色系到鮮明的紫紅色系花樣，以深棕帶黑的焦茶色連結平衡，再使用金黃色作為點綴的套頭毛衣。在基本款的菱形與交叉圖案之外，添上愛心花樣營造出輕甜感的雅致氛圍。

How to Make…P.100（M）／P.103（L）／P.106（LL）
使用線材／J &S　2ply

11-M size

12 風工房「日式」配色的套頭毛衣

淺褐底色上方是暖色系的紅色，在裏海的海藍與琥珀色花樣條紋之間，配置著深黃綠與紫羅蘭圖紋的套頭毛衣。雪特蘭島的編織工匠們稱之為「日式」的風格，應該就是這樣的配色吧！

How to Make…P.108（M）／P.111（L）／P.114（LL）
使用線材／Jamieson's　Shetland Spindrift

12-M size

13 灰色＆藍色系的套頭毛衣

淺灰底色上展開著藍色系的漸層圖案。中灰與棕色的花樣條紋配色，讓整體呈現更為沉穩。畫龍點睛的金黃色添加了明亮感，使各個花樣顯得更加鮮明。

How to Make…P.116（M）／P.119（L）／P.122（LL）
使用線材／J＆S　2ply

13-M size

14 推薦給初學者的披風外套

以杏色為底，綻放著暗紅色至櫻桃紅的紅色系花樣條紋，並且綴以金黃色的配色。整體上，是以暖色系色調來營造出柔和氛圍的披風外套。由於是直線編織即可完成的設計，可說是最適合Steeks初學者了。

How to Make…P.124
使用線材／Jamieson's　Shetland Spindrift

圓型剪接

一向予人可愛印象的圓型剪接開襟毛衣，希望能夠讓手織者體驗到唯女性才有的甜美配色之趣。
腦海中浮現以花朵為首的植物以及水果色彩，進行設計。

15 水果色調的 圓型剪接開襟毛衣

圓型剪接的開襟毛衣是在肩襠部分使用Steeks。以大面積的青蘋果綠為主要色彩，原色肩襠上的主圖是橘色系的紅色愛心圖案，水藍色與黃色構成的條紋使整體呈現較為沉穩內斂的印象。鈕釦亦使用青蘋果色。

How to Make…P.126
使用線材／Jamieson's　Shetland Spindrift

鈕釦／la droguerie

16-M size

16 亮麗的藍色圓型剪接套頭毛衣

或許是受到北歐的影響才開始編織圓型剪接的花樣毛衣，但近年來因為出身蘇格蘭的歌手們穿用之故，蔚為流行風潮。作為底色的明亮藍色耀眼吸睛，原色肩襠上則是點綴了當地綻放的野花色彩。

How to Make…P.128
使用線材／Jamieson's　Shetland Spindrift

各式各樣的小物

使用多種色彩編織的費爾島織品，經常餘下零零落落的線材。
由於全都是挑選最喜歡的顏色來使用，因此希望直到最後的最後都能珍惜的物盡其用。

17-M size

17.18 搭配背心的成套帽子&長手套

織入圖案與p.9的U領背心相同，只是在圖案之間進行減針，就能製作出帽子的形狀。手套則是於指尖左右兩側的每一段進行減針。進行多色花樣編織時，就會剩下很多織線，因此可以用來製作各式各樣的小物。

How to Make…P.130
使用線材／Jamieson's　Shetland Spindrift

18-M size

19-M size

19.20 玩色進階腕套

作品19是以雪特蘭大草原為發想，使用綠色作為底色，作品20的底色則是無染色的天然杏色。雖然兩者使用的顏色有大半是相同的，但是卻因為份量上的差異，賦予作品截然不同的印象，這點正是配色的有趣之處。

How to Make…P.132

使用線材／J & S　Heritage yarn

20-M size

21 輕鬆處理收針藏線的多色圍巾

兩端織入花樣為綠與藍的雙底色，並使用了許多顏色的圍巾。圍住脖子的條紋花樣部分織得較薄，便於圍繞使用。因為是以輪編織成，所以看不見背面的換線、渡線，線頭也不需要藏線，只要打結即可。

How to Make…P.134
使用線材／Jamieson's　Shetland Spindrift

22.23 始終高居人氣排行的小物——貝蕾帽

單品中總是擁有高人氣的小物，就是貝蕾帽。帽頂減針的部分，在進行編織時雖然只用了雙色，但看起來卻像是重疊了好幾色的模樣。無論是紅色系還是藍色系的帽子，兩款的帽口也都製作了配色鬆緊針，就連細節部分都很講究。

How to Make…P.136
使用線材／Jamieson's　Shetland Spindrift

22-M size
23-M size

Knitting Technich

風工房流的編織・技法

利用連接繩的柔軟性，使「Magic Loop」變得可能，得以多方應用。最終段的引拔收縫或肩線併縫等，以鉤針來進行則是相當輕鬆簡單。

所謂輪編的效率性

一般而言，使用2色或3色等進行織入花樣的輪編時，通常是一邊看著正面一邊編織的方式。因為是看著花樣編織，所以非常有效率，配色上的錯誤當然也跟著減少。特別是編織費爾島緹花的情況，由於底色線與配色線兩者都要交替色線的場合居多，依照花樣的不同，有時也會使用漸層色，因此看著正面編織較為輕鬆的說法，在實際編織後便能深刻體會箇中道理。

既然用輪針，就以Magic Loop來編織

決定使用輪編後，我認為利用輪針來進行稱為「Magic Loop」的織法，是最佳選擇。不過，為此必須選用連接繩柔軟的輪針。並且，針尖與連接繩的銜接部分為旋入式螺牙的輪針會更方便！雪特蘭島的編織工匠大多數慣於使用編織腰帶，以及長長的鋼針進行編織，輪針似乎尚未普及的樣子。

正宗的雪特蘭毛線

事實上，只要使用100%羊毛的織線來製作織品，幾乎都可以運用織入Steeks再剪開的方式（雖然需要相當大的勇氣……）。不過，由於雪特蘭毛線的原毛毛足較長，織線也並未過於精製撚捻，因此毛線之間極易勾纏糾結，使織入圖案的花樣呈現相當穩固的良好狀態。不愧是發源地的羊毛線，的確是最適合製作織入裁份再剪開的費爾島編織線材。

毛線顏色種類堪稱最多的Jamieson's Shetland Spindrift較容易在日本購得。J&S（Jamieson & Smith）方面則是早就有2 ply系列經過代理進入市場，大多數的雪特蘭島編織工匠則是將Jamieson's與J&S組合使用。J&S更是在費爾島緹花毛衣的權威──雪特蘭博物館的請求下，開發了全新的Heritage系列。此款線材復刻了昔日的紡織方式與染色技術，是觸感較2 ply更加柔軟、更加優異的織線。而Puppy進口的British Fine毛線，與正宗的雪特蘭毛線同素材，亦深受日本費爾島編織的愛好者所喜愛。（※請參照P.47）

裁剪織片!? 所謂的Steeks

「所謂的Steeks，究竟是什麼？」這個疑問，也是我尚未瞭解前的疑惑。大概可以算是縫份吧？由於最後會是往背面內側摺入的部分，因此較為細心講究者會以此為由，減少針數，雪特蘭島的編織工匠通常會編織12針的Steeks，每邊保留4針，其餘則全數剪掉。此外，更換色線時露於邊緣的線端就這樣不處理，直接穿著使用等也是相當普遍的情況。不過，因為我個人希望背面也能整齊美觀，所以編織14針的Steeks，每邊保留5針剪開，再將2針往背面反摺，進行藏針縫的收邊。由於Steeks內摺後就會將線頭收入織片中，因此藏針縫結束即完成。

對於日本的編織工匠而言，要剪開好不容易才織好的織片，想必會感到抗拒。因為我自己也是這樣……

編註：縫份是為了縫合而預留的摺邊，Steeks則是為了裁開而預留的範圍，因而稱其為裁份。

織入圖案的重點

在一段中，以2色織線編織織入花樣的時候，織線會分為底色線與配色線。基本上，大部分記號圖的花樣都是配色線。這時必須先決定，編織時哪條織線往下渡線，哪條織線往上渡線。因為往下渡線的織線，呈現的花樣針目會較大而明顯。就我個人的情況而言，有時是以想要強調突顯的顏色來決定，有時則是以織法來決定。由於並沒有何者才是正確的作法，因此不妨在試織密度時，將兩種織法都嘗試看看再決定，那也是一種方法。基本上，一旦決定了底色線往下（或是往上），配色線往上（或是往下），在完成一件作品期間就不再更換。舉例來說，身片與袖子渡線方向完全相反的情況下，圖案就會出現些許的不協調感。

也有執著於使用不經染色，僅以綿羊與生俱來的天然色彩，來編織費爾島緹花毛衣的當地編織工匠。

放上剪刀裁剪時內心的激動感！ 原本呈現不可思議形狀的織片，在剪開的瞬間彷彿施了魔法，幻化成一件毛衣。希望您也能一同感受那瞬間的神奇！

我的織法是右手持線，亦即所謂的英國式織法，所以底色線往上渡線，配色線往下渡線的情況居多。使用底色線掛於左手指上的法國式（continental cast-on），配色線掛於右手上的英國式編織的場合，會逐漸變成底色線往下，配色線往上渡線。圖解步驟中就是以此種作法進行解說。請多方嘗試，找出個人專屬，最適合自己的織法。關鍵就是「不要更換渡線方向」！

成為完美作品的大功臣就是蒸氣熨斗

在雪特蘭島，織品完成後會以一種名為Blocking的方法來塑形固定。將編織完成的毛衣置入水中浸泡，充分擰乾後，套在木模上晾乾。以這種方式處理的情況，測量密度時的小布樣同樣也要經過置水浸泡，再乾燥定型的過程。我則是以蒸氣熨斗整燙來作最後的加工，因此試作密度織片時，同樣也要以蒸氣熨斗整燙，待織片平整勻稱後再計算針數與段數。市面上也有針織品專用的蒸氣熨斗，或請使用能夠產出大量蒸汽的蒸氣熨斗。在剪開Steeks前，先以蒸氣熨斗整燙；剪開Steeks後，也以蒸氣熨斗整燙；織完緣編後，再以蒸氣熨斗整燙，勤勞地使用蒸氣熨斗。如此一來，即便剪開織片，邊緣也不會輕易綻開。最後，為了將Steeks反摺至背面後進行藏針縫的部分整平，再次施以大量蒸汽整燙，即可完成。

配色的樂趣亦即編織的喜悅

費爾島編織的特徵就是色彩豐富的織入花樣。關於配色，任誰都會覺得是最傷腦筋的部分，但是只要能順利進行，完成時的那份喜悅應該也是無法言喻的。我個人每次從大量的顏色中挑選時，既會感到開心，有時也覺得辛苦。應該很多人都聽過所謂的12色色相環，以此為基本，再加上明亮度與彩度（飽和度）的元素，就能組合出無限多樣的顏色。將原毛賦予無限組合的色彩，染色後紡織成線，再加上被稱為有色綿羊（Colored Sheep）的天然色線，使我們得以從中自由地挑選所要的顏色。

關於色彩學雖有各種不同的理論，但我在思考配色的時候，大致上會先決定基本色調的大前提，並且從分類的色系中挑出心中想要使用的顏色。同時多方嘗試，例如無法馬上想出搭配一段線條的顏色時，就試著以其他顏色先在上面刺繡試色，不斷從錯誤中反覆嘗試。雖然有時會一次就決定好，有時也會因為看了太多顏色，反而失去判斷能力，改天重新思考後才定下顏色。包括這樣的時間在內，思考著顏色的組合，將這些色彩逐一編織而成的作業，對我而言都是幸福的美好時光。

1-M ● Picture on P.08

［準備工具］

線材…Jamieson's　Shetland Spindrift
　　色號・色名・用量請參照表格

針具…輪針3號（80cm）・輪針1號（80cm）・
　　鉤針3/0號

［完成尺寸］

胸圍91cm・背肩寬33.5cm・衣長58cm

［密度］

10cm平方的織入花樣為29針・31段

［織法重點］

※挑針使用輪針1號，此外皆使用輪針3號編織。

1. 起針。 →P.32
2. 針目接合成圈，編織鬆緊針。 →P.32
3. 接續編織織入花樣。
4. 一邊編織Steeks，一邊進行袖襱的減針。 →P.36
5. 一邊編織Steeks，一邊進行領口的減針。 →P.40
6. 以鉤針進行肩線的引拔針併縫。 →P.41
7. 剪開領口的Steeks，編織領子。 →P.42
8. 最終段是以鉤針進行引拔收縫。 →P.44
9. 剪開袖襱的Steeks，編織袖襱。 →P.45
10. 最終段是以鉤針進行引拔收縫。 →P.44
11. 進行藏線或Steeks的收邊處理。 →P.46
12. 以蒸氣熨斗整燙定型，完成！ →P.46

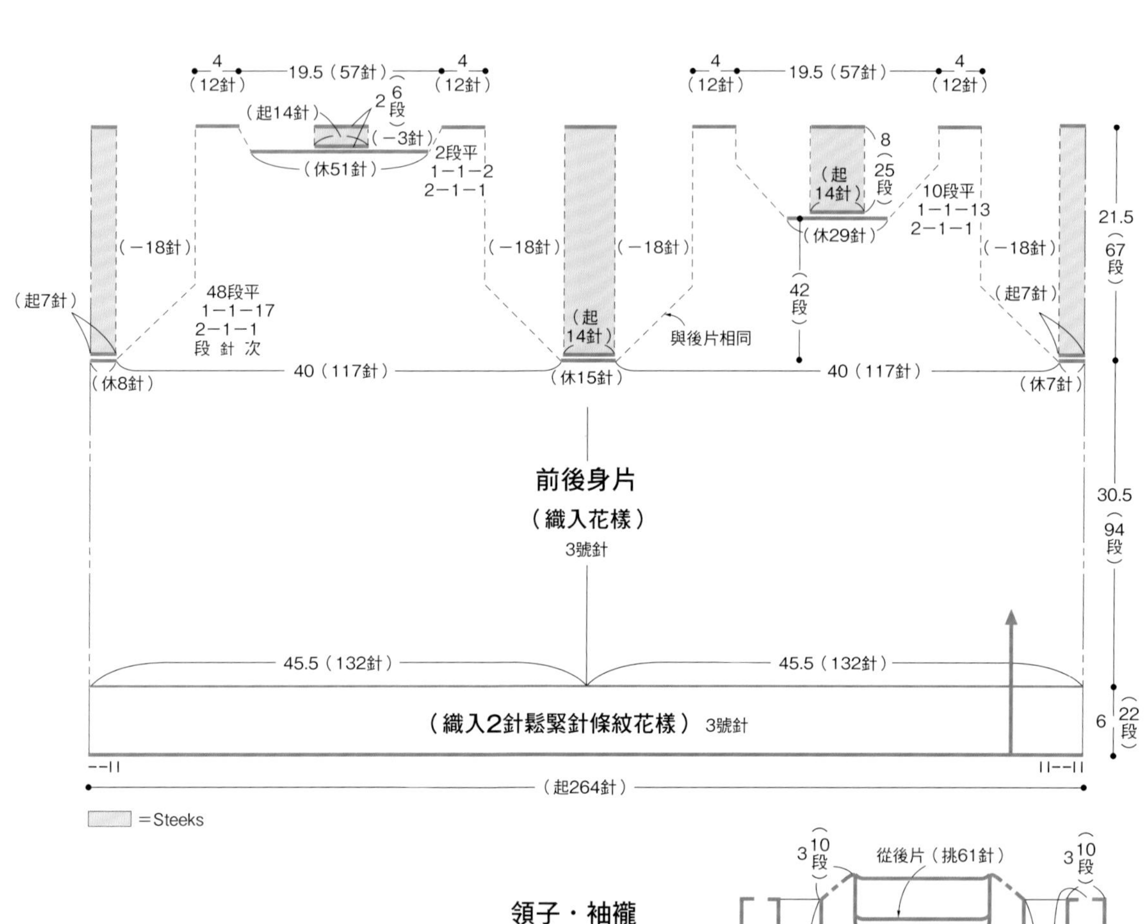

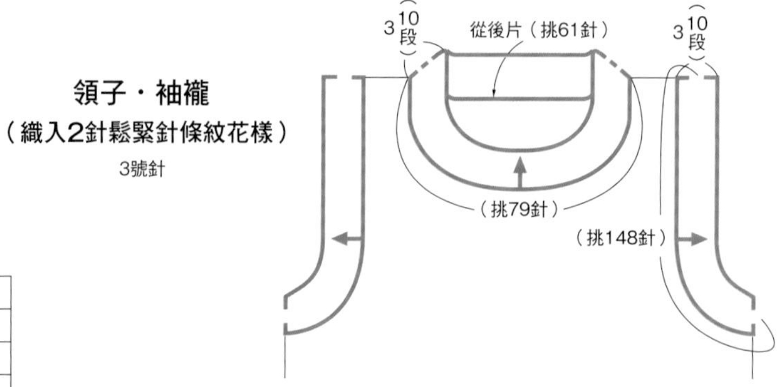

	色號・英文名	色名	使用量
■	788・Leaf	深綠色	35g／2球
□	122・Granite	淺灰色	35g／2球
◉	198・Peat	焦茶mix	30g／2球
■	1290・Loganberry	深紫紅mix	25g／1球
■	870・Cocoa	暗橘色	20g／1球
■	168・Clyde Blue	灰藍色	15g／1球
■	720・Dewdrop	青綠mix	15g／1球
■	1140・Granny Smith	若葉色	15g／1球
□	290・Oyster	灰桃紅mix	15g／1球
▣	760・Caspian	土耳其藍	少許／1球
□	375・Flax	淺黃色	少許／1球
□	400・Mimosa	金合歡	少許／1球

織入2針鬆緊針條紋花樣

領子・袖襱

引拔收縫 3/0號

10

198
1290
290
122
788

1

4 3 2 1

底色線 配色線

□ = ⊡ 以配色線編織下針

起針處

事前準備

我的慣用針為80cm的輪針。如果沒有這項工具，就無法開始進行風工房流的費爾島編織。
此外，還有完成作品必備的「蒸氣熨斗」。

材料&工具

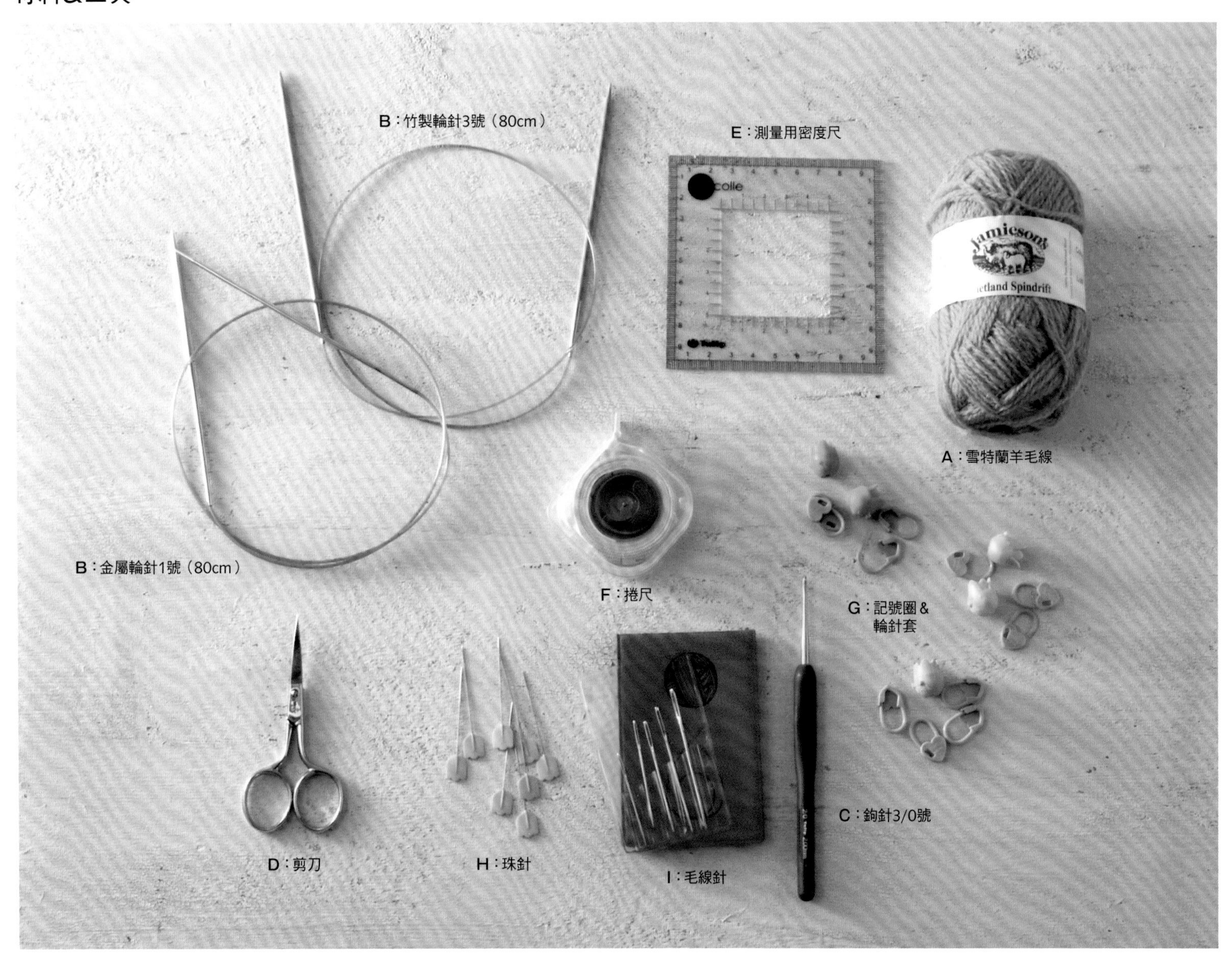

A：雪特蘭羊毛線
既然特地使用如此傳統的編織技巧，因此也想要講究地使用發源地的織線。推薦Jamieson's Shetland Spindrift、J&S（Jamieson & Smith）2ply或Heritage yarn、Puppy British Fine等線材。雖然線材的粗細幾乎一樣，仍舊必須一一測量密度。（※參照P.47）

B：輪針3號（80cm）・輪針1號（80cm）
要使用輪針來實現「Magic Loop」編織，連接繩的柔軟度就特別重要。毫無滯礙的平滑連接處，竹製輪針的連接繩還能夠360度旋轉，編織期間連接繩也不會因而扭曲，令人感到輕鬆愉快。滑順俐落的針尖也是中意之處。只要備有80cm的尺寸，幾乎所有類型的作品都能一網打盡。（Tulip Knina Knitting Needles輪針）

C：鉤針3/0號
最終段的鬆緊針使用鉤針進行引拔收縫。比起棒針的套收針更加簡單就能完成，不僅用在費爾島編織，就連其他作品也大多偏向使用鉤針。若使用3號棒針，請以3/0號鉤針為標準。（ETIMO鉤針）

D：剪刀
因為要剪開貴重的織片，所以剪刀自然是十分重要的工具。建議使用小型剪刀。此為義大利製的手藝專用剪，犀利乾脆的手感非常卓越。（高級線剪 皇家銀）。

E：測量用密度尺
10cm平方裡究竟會有幾針、幾段呢……透明款式的量尺讓數算織目更容易，擁有一個會方便不少。5cm平方也能測量。（amicolle 透明密度尺）

F：捲尺
測量長度時，與其使用堅硬的直尺，不如使用軟式的捲尺會比較容易作業。這款捲尺只要壓下按鈕即可自動收回皮尺，非常方便。（備 自動捲尺）

G：記號圈&輪針套
色彩豐富且造型可愛，機能性也相當出色。編織多色的織入圖案時，不妨依據現況來搭配使用顏色會比較恰當。（amicolle 棒針套・段數記號圈）

H：珠針
由於針目非常細小，因此使用縫紉用珠針。鬱金香針頭的造型，使用起來也頗富樂趣。（針物語 珠針 Tulip）

I：毛線針
雖然收針藏線的處理比一般織入花樣還少，仍然是個重大課題。添加了磁釦的可愛盒子，無論是放置或收拾縫針都十分順手。（amicolle 毛線針）

協力／Tulip

先來測量密度吧

雖然可以使用一般織法來測量密度，但既然機會難得，因此不妨使用編織Steeks的織片來測量密度吧！
比起往復編，密度的精準度也會更加準確。

使用Magic Loop編織，測量密度。

1. 使用1支3號輪針，取底色線以手指掛線起針法起針約60針左右。

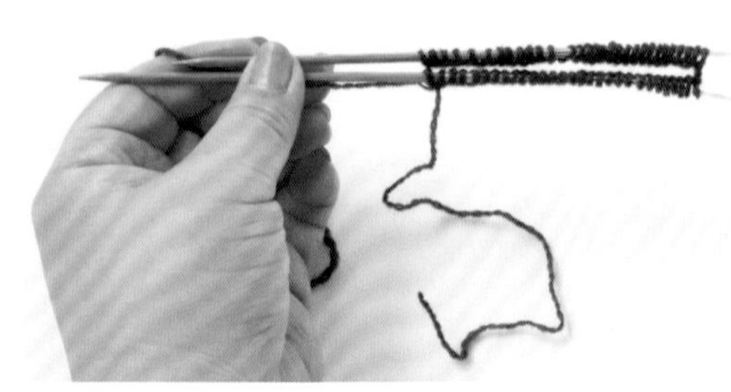

2. 在大約中央之處分開針目，拉出連接繩如圖所示。

3. 編織時，連接織線的右輪針請經常保持充裕的連接繩長度，如此一來，就算是具有長長連接繩的輪針，也能編織小型織片。這就是「Magic Loop」。

4. 在起針處添加記號圈，編織2～3段的下針。連接新線時，在前段的織線上打結，並且往底色線的邊緣移動。

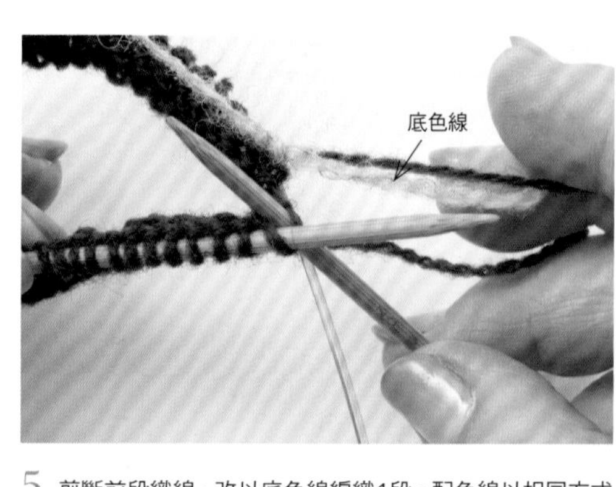

5. 剪斷前段織線，改以底色線編織1段。配色線以相同方式於底色線上打結接線，開始編織。（※2色織線一起更換的情況，請參照P.39）

6. 在織入花樣的編織起點與終點分別織入7針Steeks。最初的7針依序以「配色線→底色線→配色線→底色線→配色線→底色線→配色線」的方式編織。

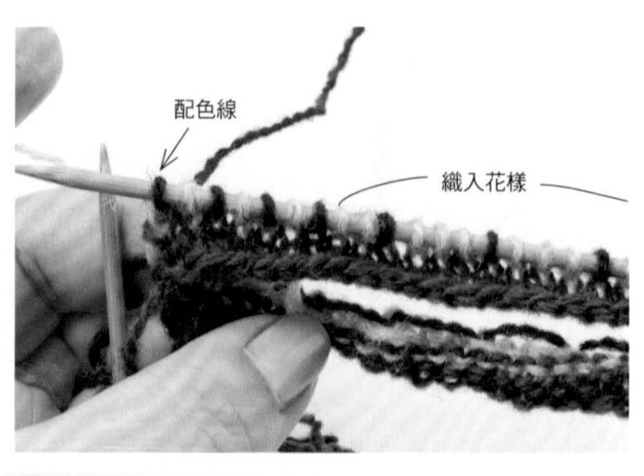

7. 同一段編織終點的7針則依「配色線→底色線→配色線→底色線→配色線→底色線→配色線」的順序編織。

8. 將編織起點與終點接合。在起點與終點的交界處連續織2針配色線，此處將成為之後以剪刀剪開的基準線。

9. 一邊以Magic Loop的技巧編織Steeks，一邊編織16～17cm的織入花樣。

10. 雖然也可以進行寬鬆的套收針，但我偏好使用鉤針來織「引拔收縫」，覺得更輕鬆。（※參照p.44）

11. 編織成圓筒狀的模樣。

12. 剪刀對準編織起點與終點的交界處，亦即Steeks中央2針的配色線之間。

13. 為了避免不慎剪到其他針目，請將手置於織片內側撐開。

14. 從織片上移開剪刀後，以蒸氣熨斗確實整燙。

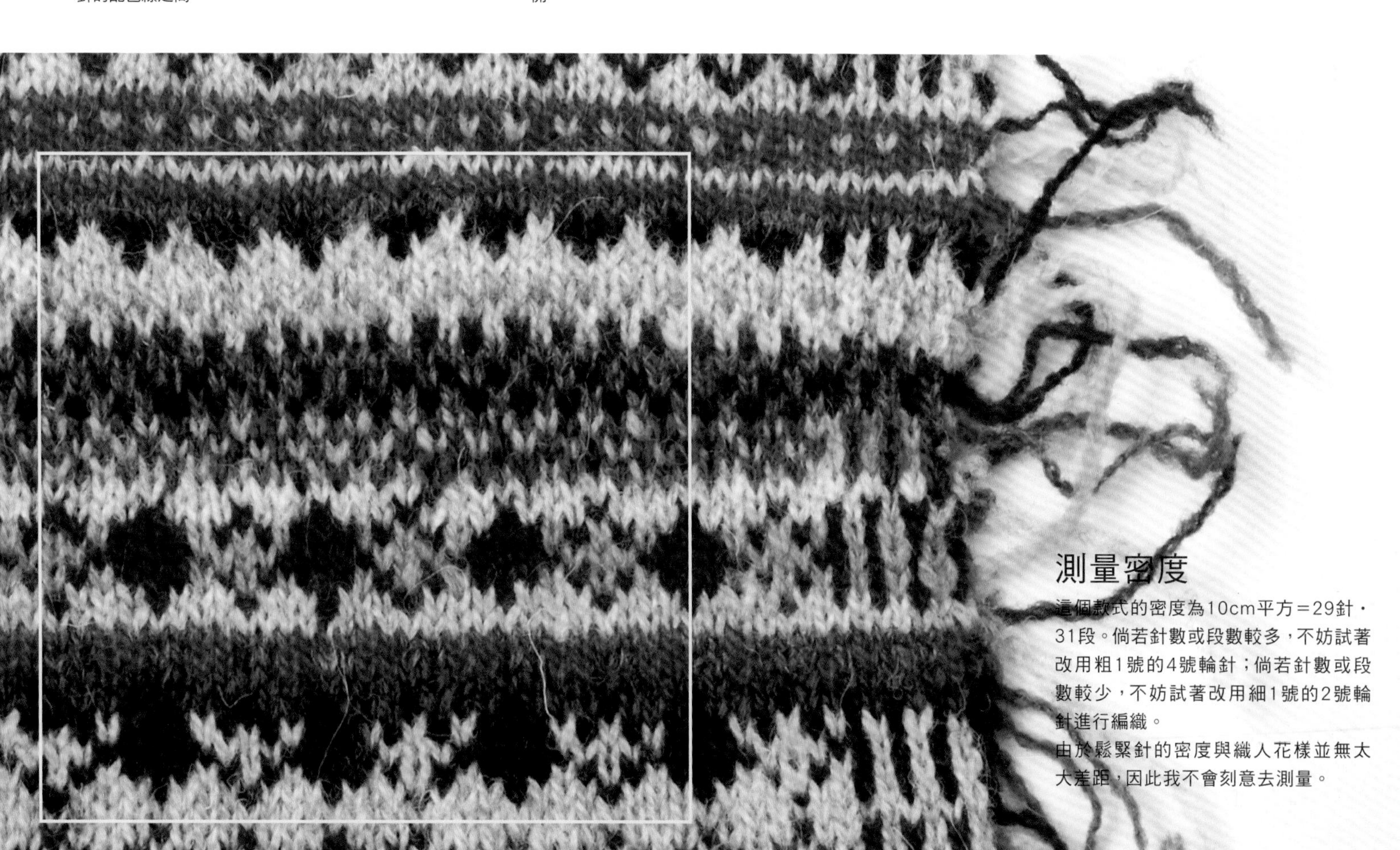

測量密度

這個款式的密度為10cm平方＝29針・31段。倘若針數或段數較多，不妨試著改用粗1號的4號輪針；倘若針數或段數較少，不妨試著改用細1號的2號輪針進行編織。

由於鬆緊針的密度與織入花樣並無太大差距，因此我不會刻意去測量。

起針段接合成圈，由下襬開始編織

將起針針目接合成環狀，開始編織下襬的鬆緊針。針具則使用3號輪針。

第1段

1. 使用1支3號輪針，以手指掛線起針法起針。線端預留編織寬幅的3倍長，約280cm左右。

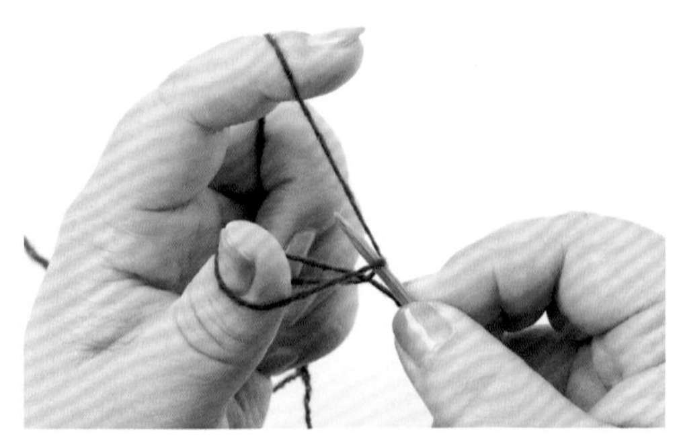

2. 通常是以2支棒針進行起針，此處則是以1支針進行，因此收緊針目時可以稍微放鬆織線。

3. 起264針。由於針數較多，因此最好每隔40針掛上記號圈方便計算。

4. 起針完成。這個起針段即為第1段。

5. 在開始編織前，請先將扭曲的起針針目整理平順，此為編織前的重要作業。要是之後才在意已經扭曲的針目，就只能重新來過，請特別注意！

第2段

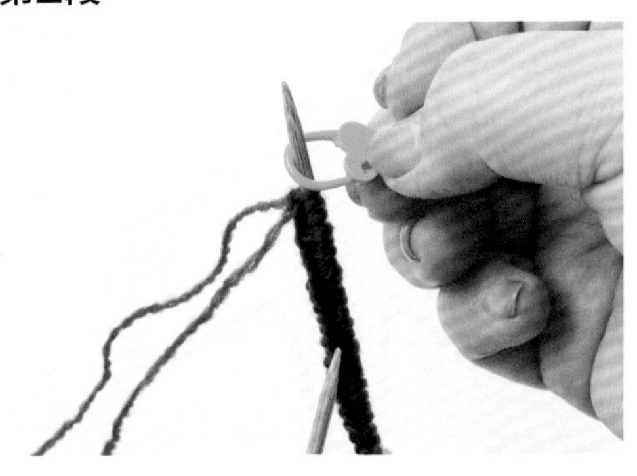

6. 為了避免看錯起針處，以不同顏色的記號圈標示。

7. 交替編織2針下針・2針上針。

8. 由於是4針1組花樣，因此織完的最後2針應該是形成上針。第2段織好的模樣。

第3段以後

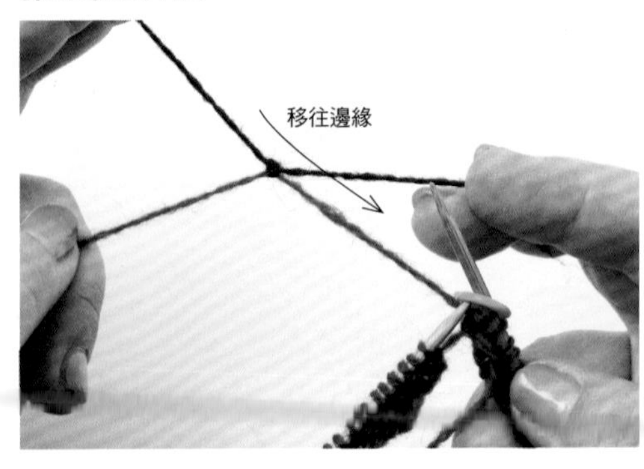

9. 第3段開始進行配色。移動記號圈後，進入第3段的編織。配色線的線頭在底色線上鬆鬆地打結。

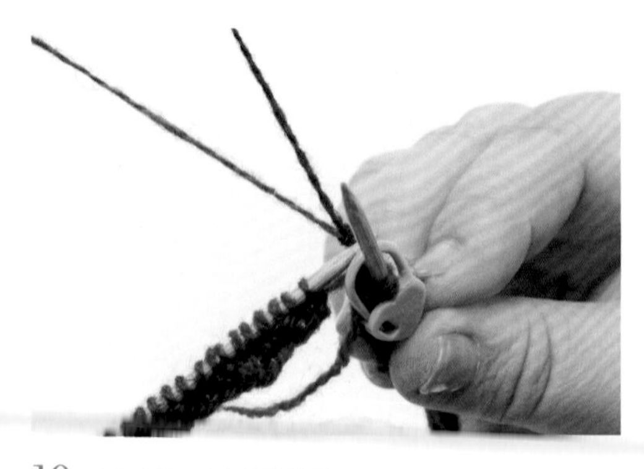

10. 將線結移至底色線的邊緣。

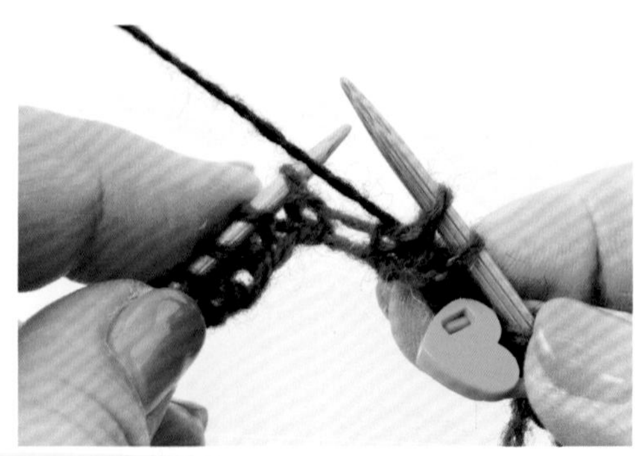

11. 以底色線編織2針下針，配色線置於內側。

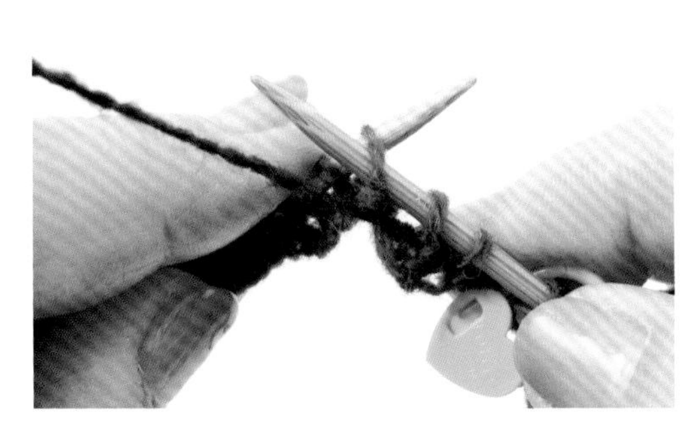

12. 右針由外往內穿入。

13. 掛配色線，編織上針。

14. 依相同要領再編織1針上針。重複進行「以底色線編織2針下針，以配色線編織2針上針」。

15. 編織至第6段的模樣。接著進行下一段的換色接線。

16. 順帶一提，暫時中斷之類的情況，為了避免針目脫落，只要使用輪針套固定就很方便。

17. 下襬處鬆緊針完成的模樣。更換配色線時，都要預留7cm左右的織線再剪斷，再將新的配色線與底色線上鬆鬆地打結，並且將線結移動至底色線邊緣之後，才開始編織。

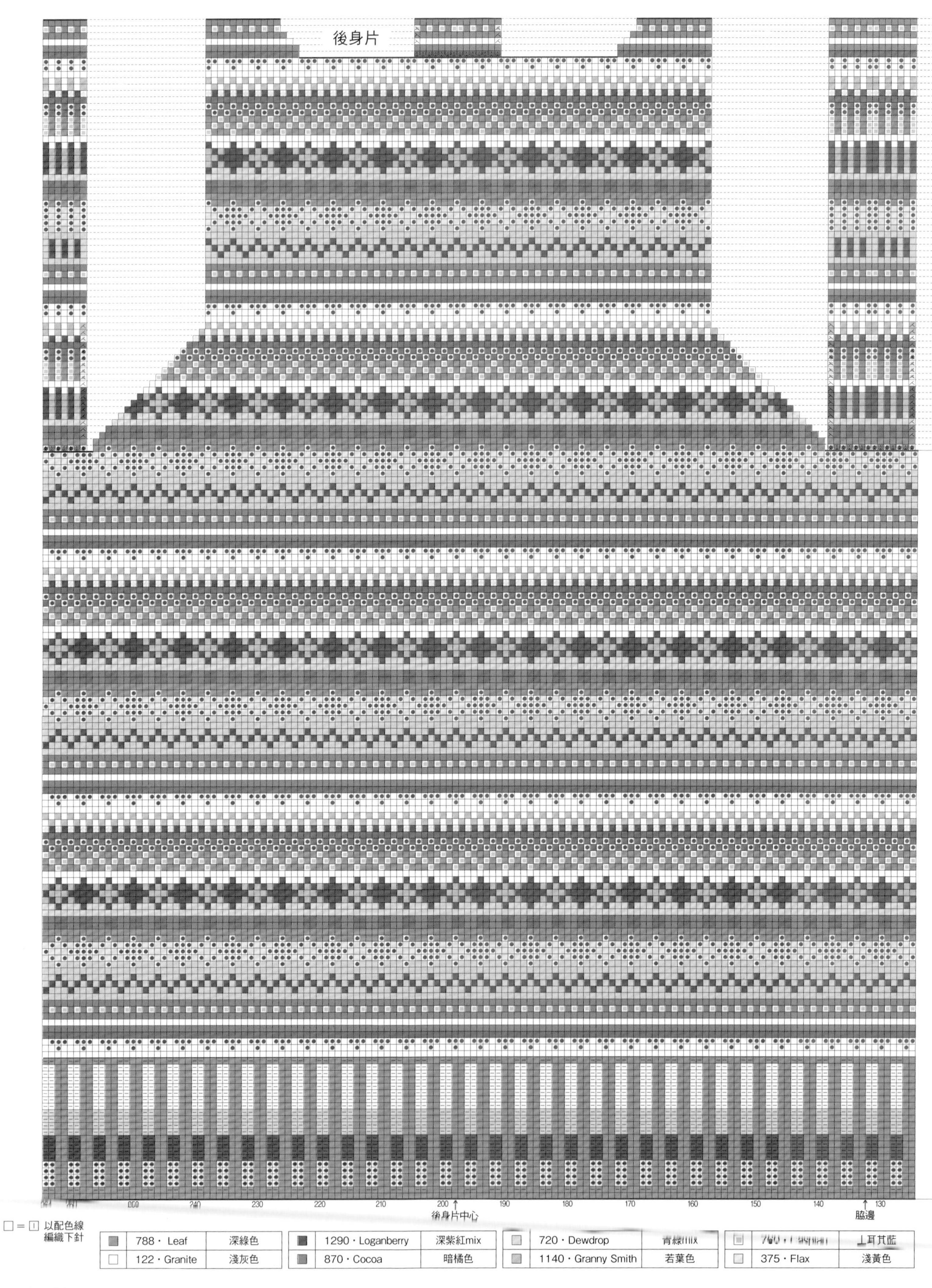

後身片
240
230
220
210
200
190
180
170
160
150
140
130
後身片中心
脇邊
□ = ⊡ 以配色線編織下針
788・Leaf 深綠色
122・Granite 淺灰色
1290・Loganberry 深紫紅mix
870・Cocoa 暗橘色
720・Dewdrop
1140・Granny Smith 若葉色
375・Flax 淺黃色

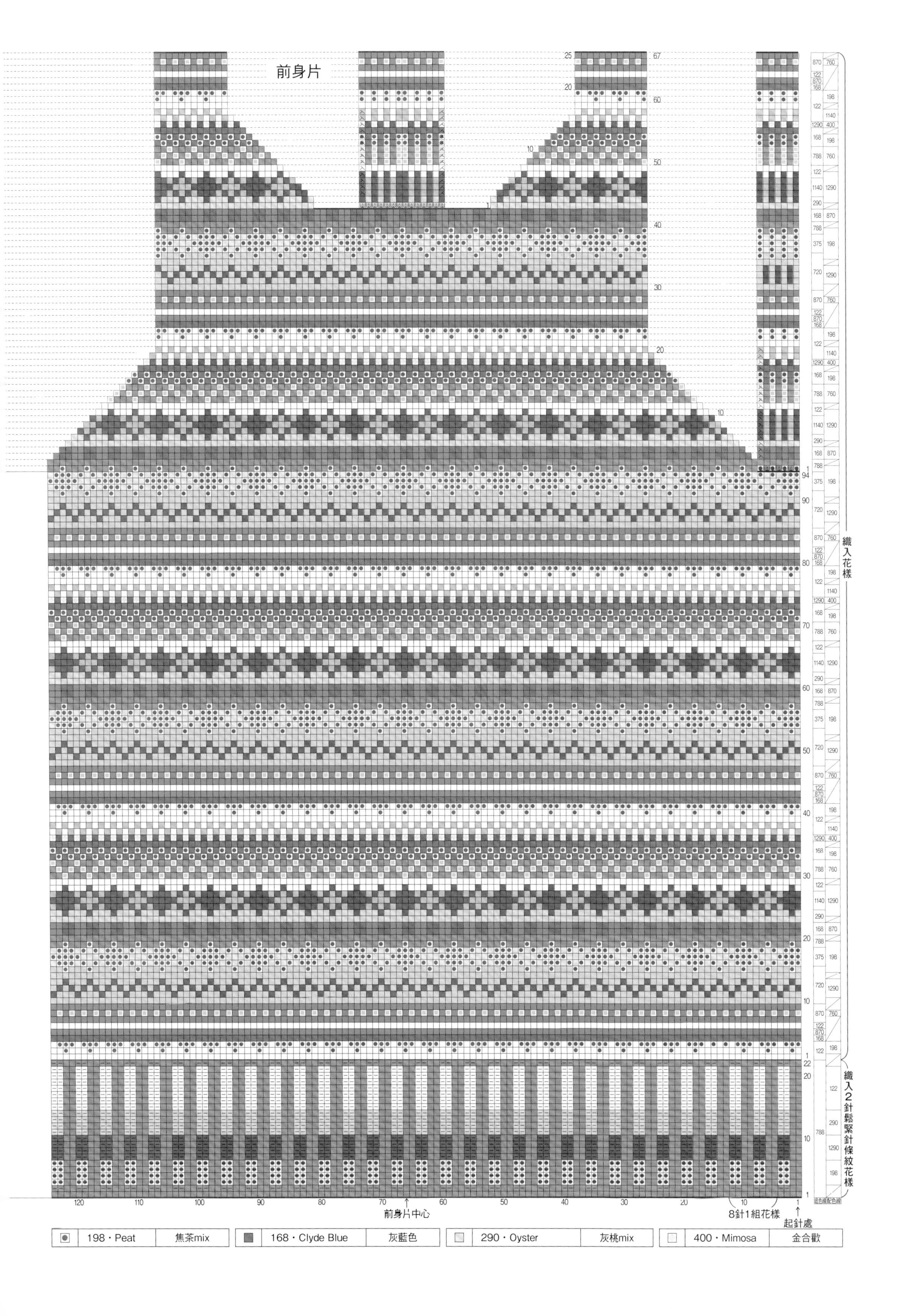

●	198・Peat	焦茶mix	■	168・Clyde Blue	灰藍色	□	290・Oyster	灰桃mix	□	400・Mimosa	金合歡

進行織入花樣編織至脇邊

由下襬繼續進行織入花樣的編織，直到脇邊。由於是看著織片正面進行，因此編織起來輕鬆愉快無負擔！

1. 編織至脇邊的模樣。

2. 雖然背面出現了很多換色的線頭，但是之後會再處理，因此暫時擱置即可。

一邊編織Steeks，一邊進行袖襱的減針

製作專為剪開而預留的Steeks（裁份）。

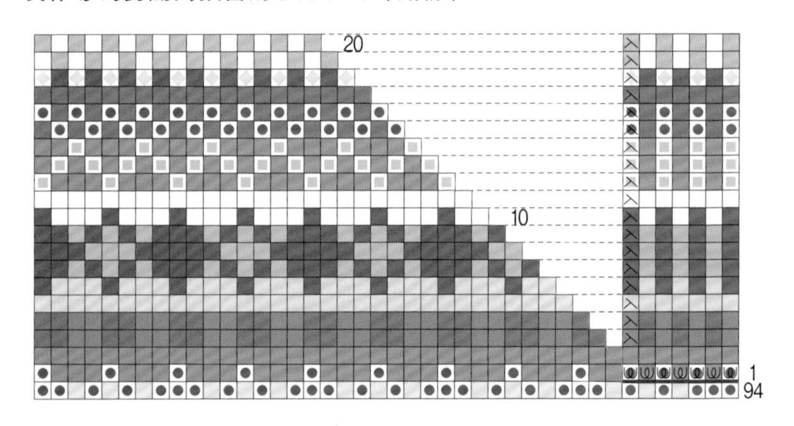

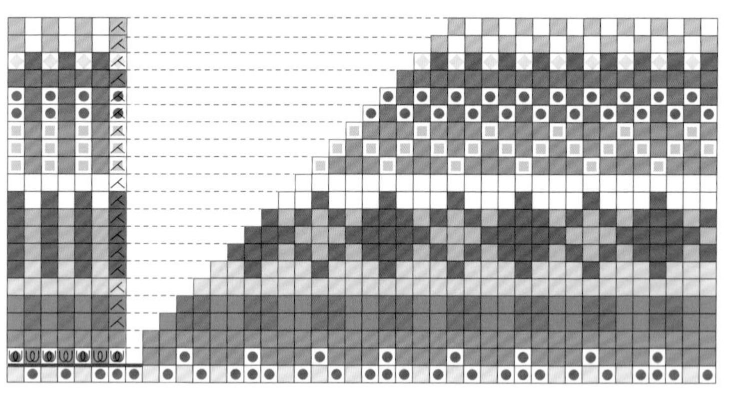

左袖襱（編織起點）

1. 左袖襱是在編織起點與終點，分兩次製作裁份Steeks。首先取別線穿入毛線針中，從編織起點開始挑7針。

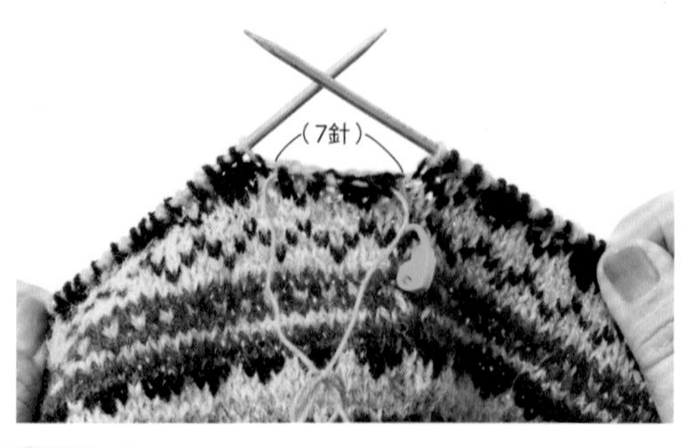

2. 此7針休針的模樣。為了避免別線脫落，請先輕輕打結固定，並且在起點處掛上記號圈。

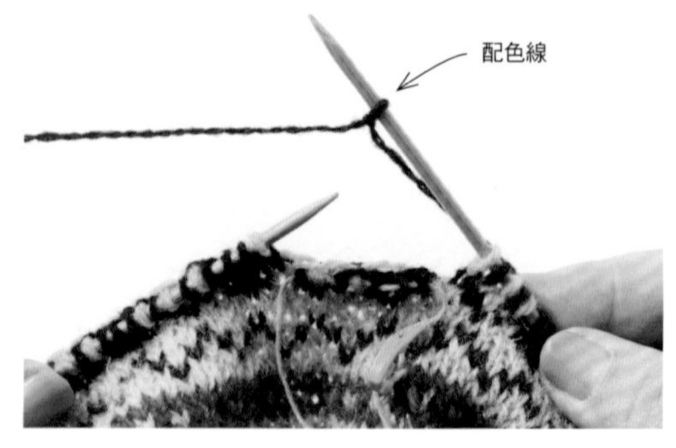

3. 以配色線製作線圈，掛於棒針上。

4. 底色線也以相同方式製作線圈，掛於棒針上。

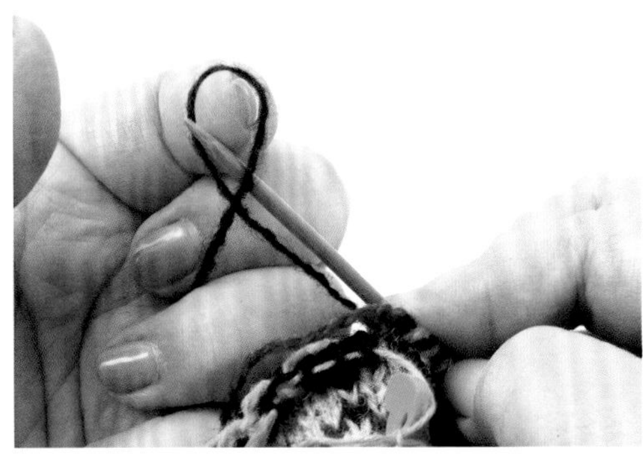

5. 底色線置於內側，配色線移至外側，接著以配色線作1針捲針。

6. 鬆鬆地掛線後，移向先前2個線圈。

7. 以底色線在前，配色線在後的狀態下，製作1針捲針。

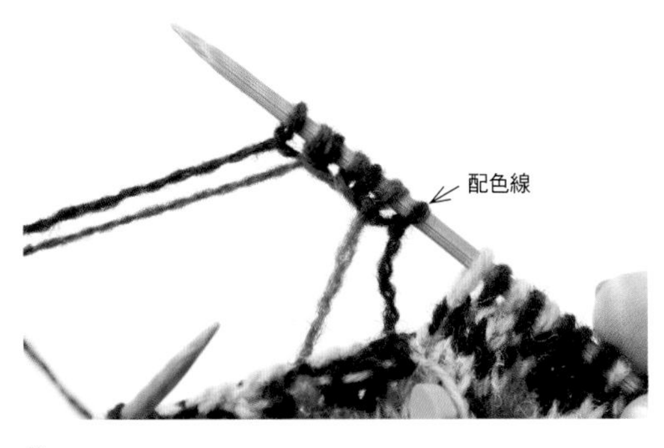

8. 依照「配色線→底色線→配色線→底色線→配色線→底色線→配色線」的順序，交替製作7針。

9. 依記號圖繼續編織織入花樣，直到右袖襱的Steeks為止。

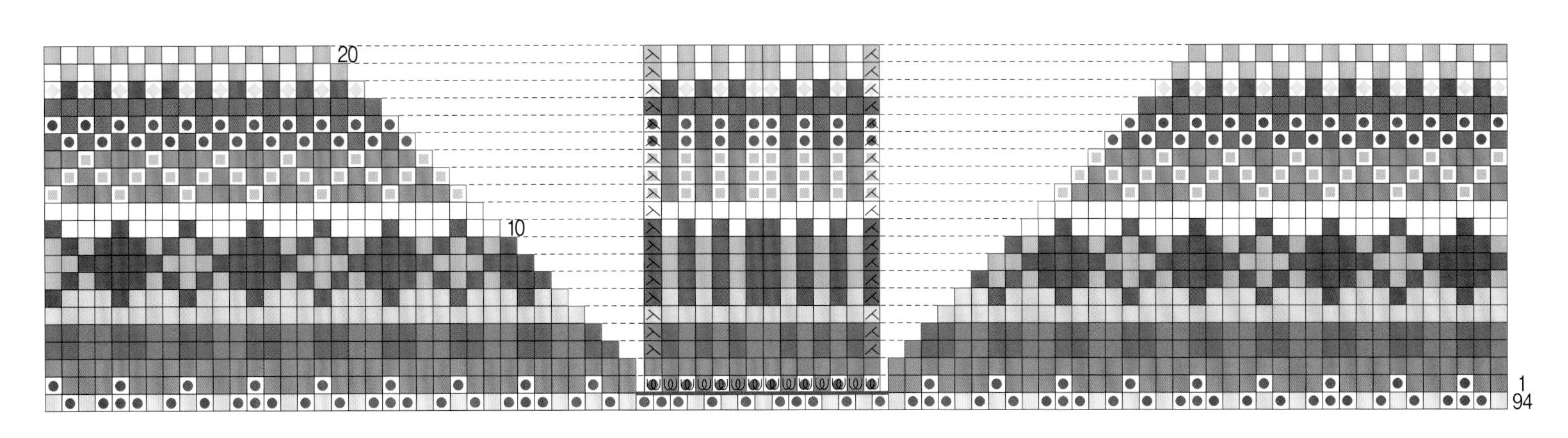

右袖襱

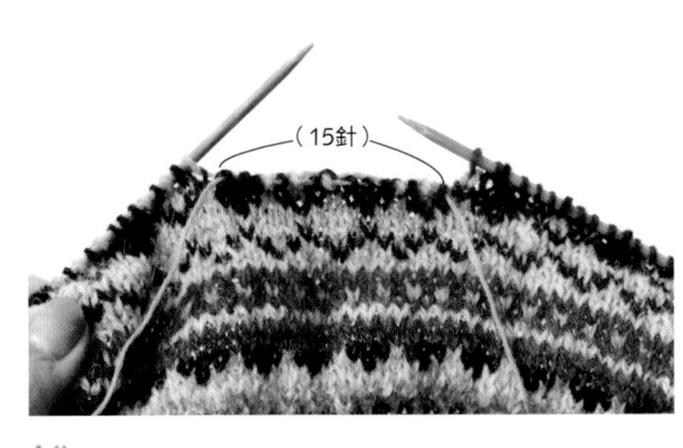

10. 織到右袖襱的休針處之後，以別線在前後身片挑15針的休針針目，再將別線輕輕打結。

11. 以配色線製作1針捲針。

12. 以底色線在前，配色線在後的狀態下，按照「配色線→底色線→配色線→底色線→配色線→底色線→配色線→配色線」的順序，製作8針捲針。

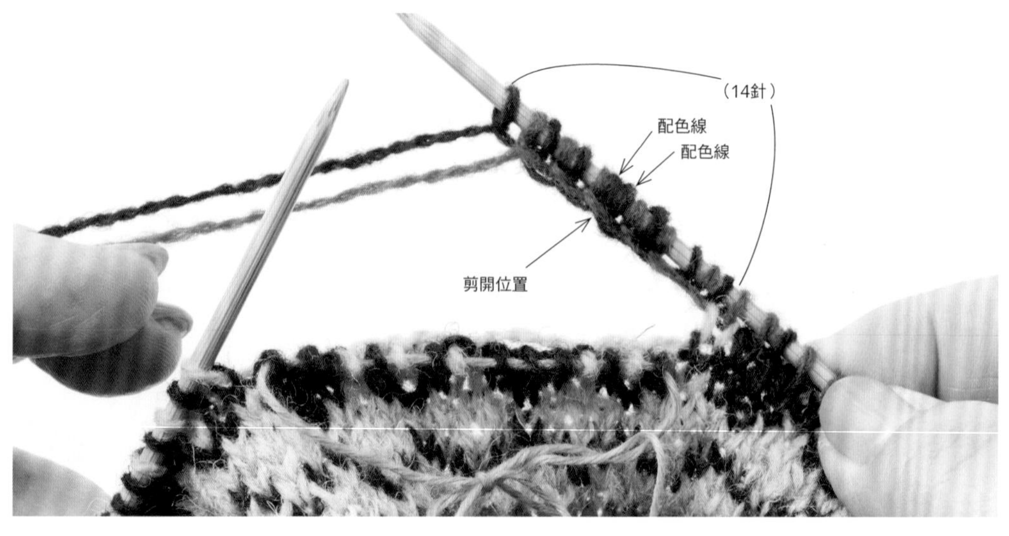

13. 依照「配色線→底色線→配色線→底色線→配色線→底色線→配色線→配色線→底色線→配色線→底色線→配色線→底色線→配色線」的順序，形成全部14針，而正中央2針皆為配色線的模樣。連續2針的配色線之間，即為剪開位置。

14. 繼續編織織入花樣，直到左袖襱的Steeks之前。

左袖襱（編織終點）

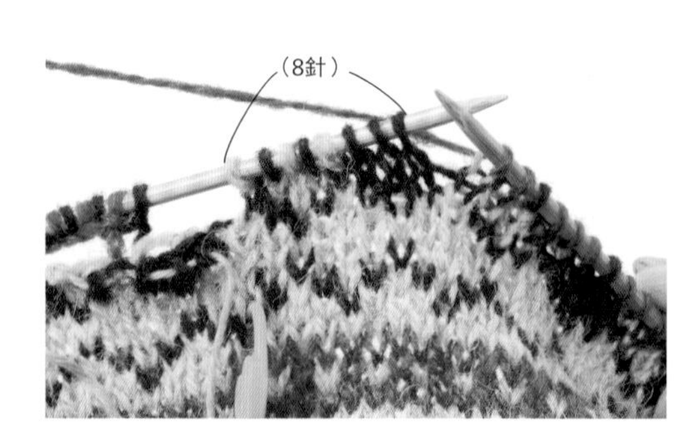

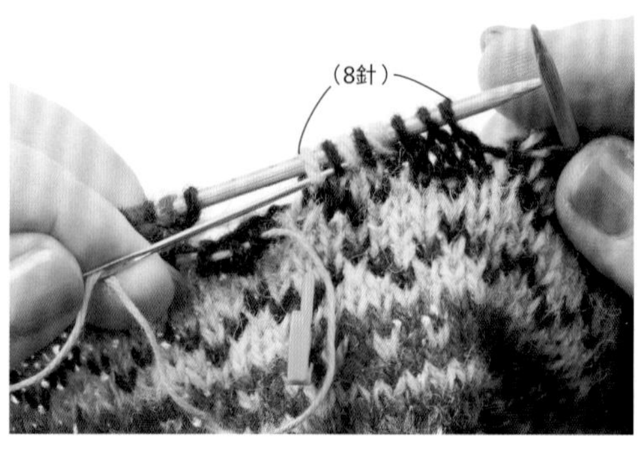

15. 編織至終點8針前的模樣。

16. 鬆開起點休針的別線，穿入毛線針中，挑8針，合計休針15針。

17. 以配色線製作捲針。

第2段

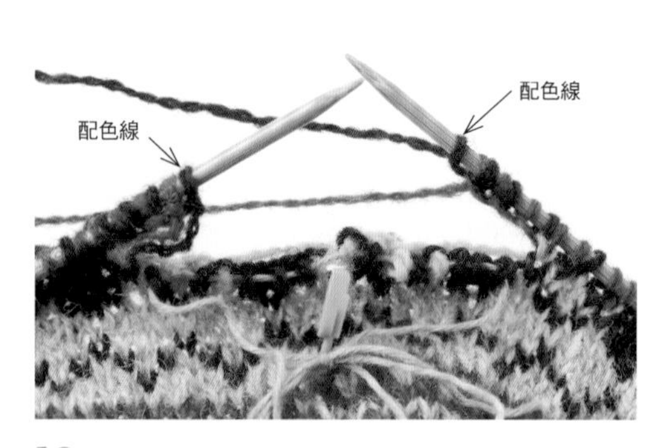

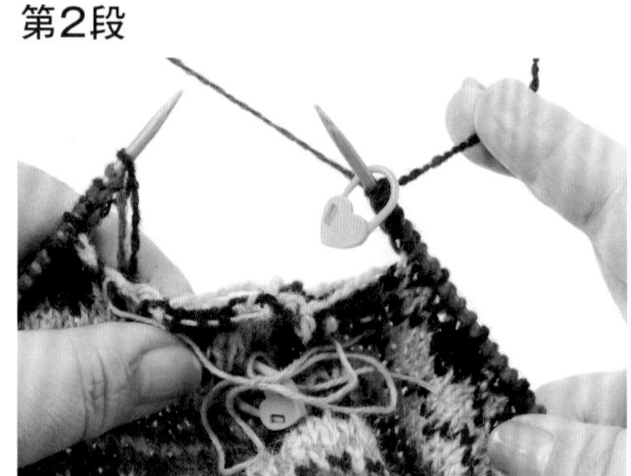

18. 依照「配色線→底色線→配色線→底色線→配色線→底色線→配色線」，製作7針捲針。

19. 在編織起點掛上記號圈。

20. 參照記號圖，不加減針編織織入花樣的第2段。

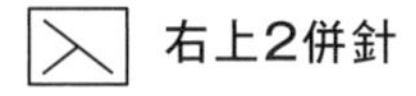
右上2併針

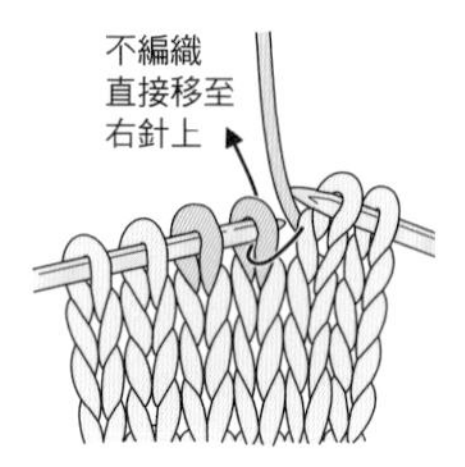

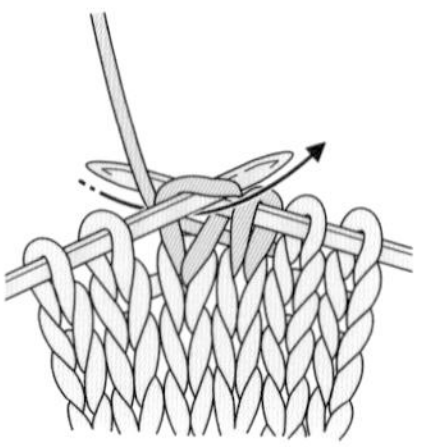

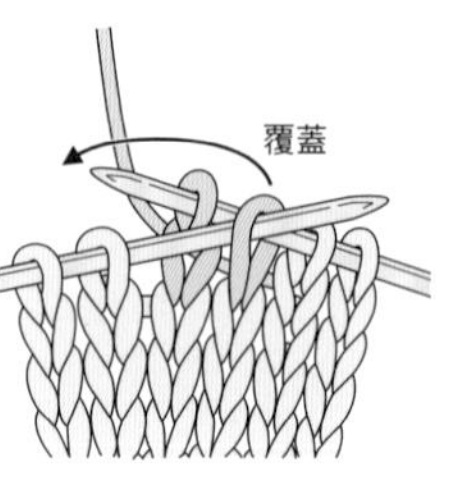

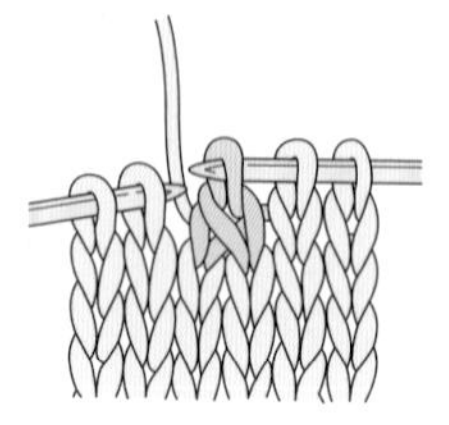

1. 不編織右側針目，直接移至右棒針上。
2. 左側針目織下針。
3. 挑起先前移至右針的針目，套在編織好的針目上。
4. 完成右上2併針的模樣。

左上2併針

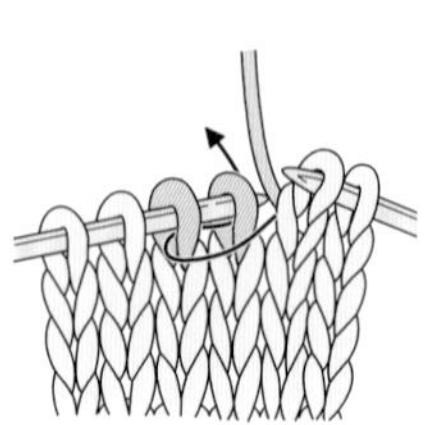

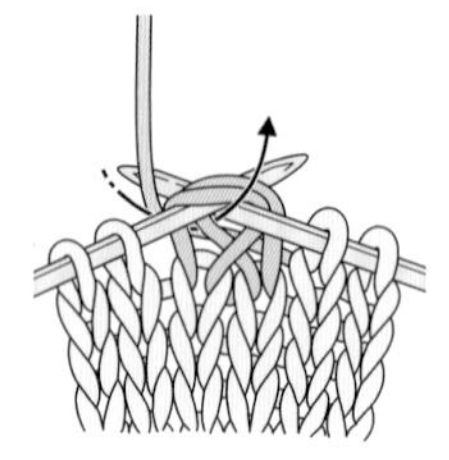

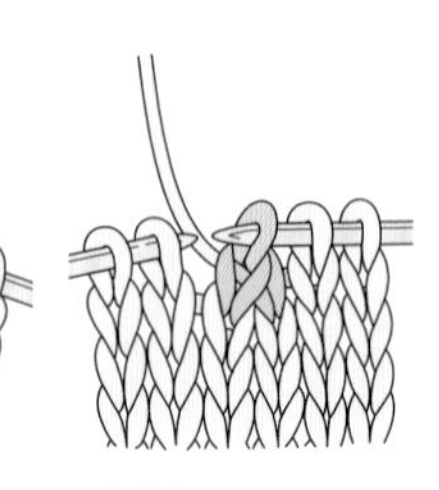

1. 右棒針由左側一次穿入2針。
2. 2針一起下針織。
3. 完成左上2併針的模樣。

進行袖襱的2併針減針

第3段開始，為了使Steeks的邊緣針目形成朝上突起狀，因此在編織時進行減針。

第3段　左袖襱（編織起點）

1. 底色線・配色線兩者同時換色的情況，請剪斷前段編織完成的配色線，接著將2條新色線一起在底色線上打結，再移至邊緣。

2. 編織起點的Steeks是依照「配色線→底色線→配色線→底色線→配色線→底色線」的順序編織。

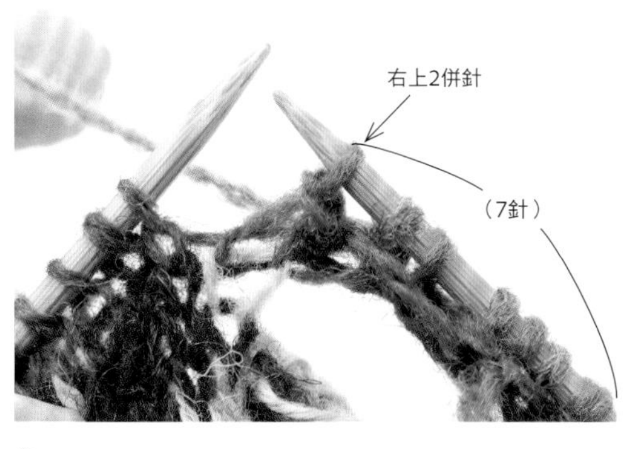

3. Steeks的第7針與左袖襱的邊端針目進行右上2併針的減針。接著，繼續編織至右袖襱為止。

右袖襱

4. 編織至Steeks的前1針為止，右棒針依箭頭指示，一次穿入右袖襱的邊端針目與Steeks的右端針目。

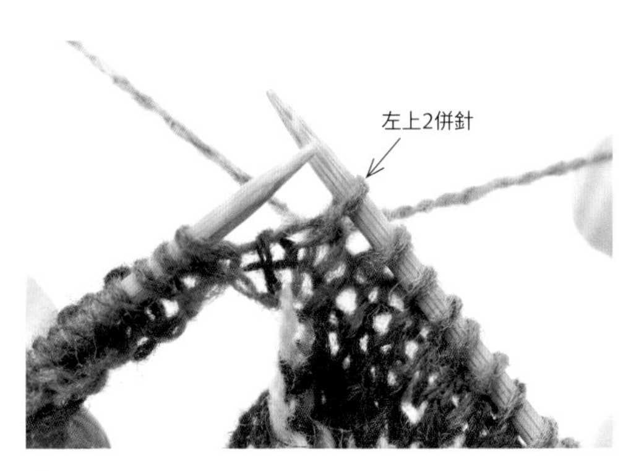

5. 鉤出配色線，完成左上2併針。

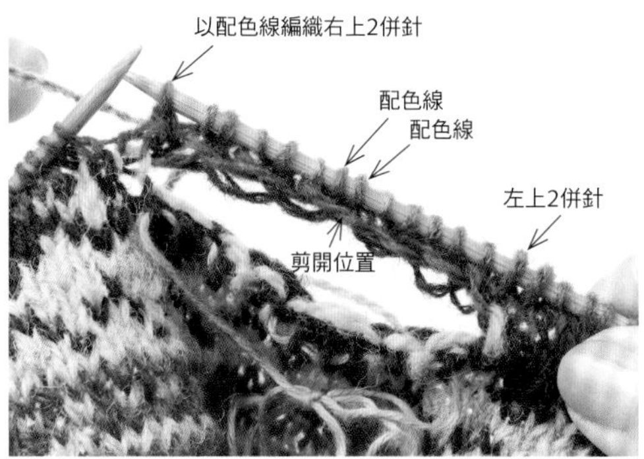

6. 依照「左上2併針→底色線→配色線→底色線→配色線→底色線→配色線→配色線→底色線→配色線→底色線→配色線→底色線→右上2併針」的順序編織Steeks的部分。完成右袖襱的左右兩端的減針。

左袖襱（編織終點）

7. 編織至左袖襱的Steeks前1針，接著以配色線編織左袖襱邊端與Steeks右端針目的左上2併針。

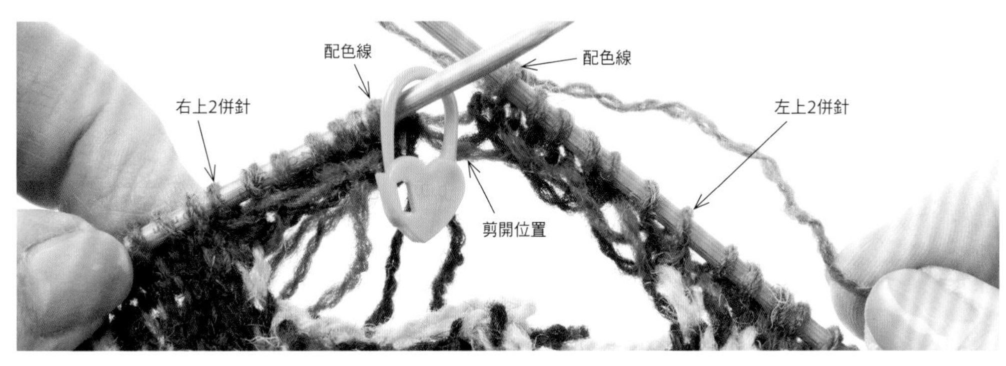

8. 以「左上2併針→底色線→配色線→底色線→配色線→底色線→配色線」的順序編織Steeks，並且與起點處的左袖襱接合。至此完成第3段。參照記號圖繼續編織，第4段以後同樣為了使Steeks的邊緣針目形成朝上突起狀，因此仍然一邊減針一邊編織。

左袖襱的Steeks

右袖襱的Steeks

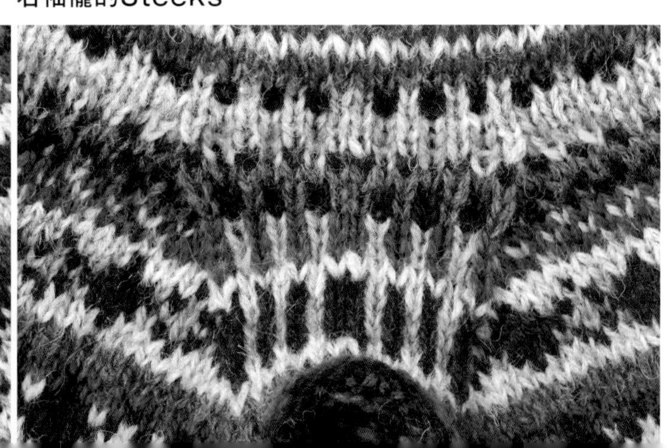

一邊編織Steeks，一邊進行領口的減針

要領與袖襱相同，因而讓編織領口變得更加輕鬆。

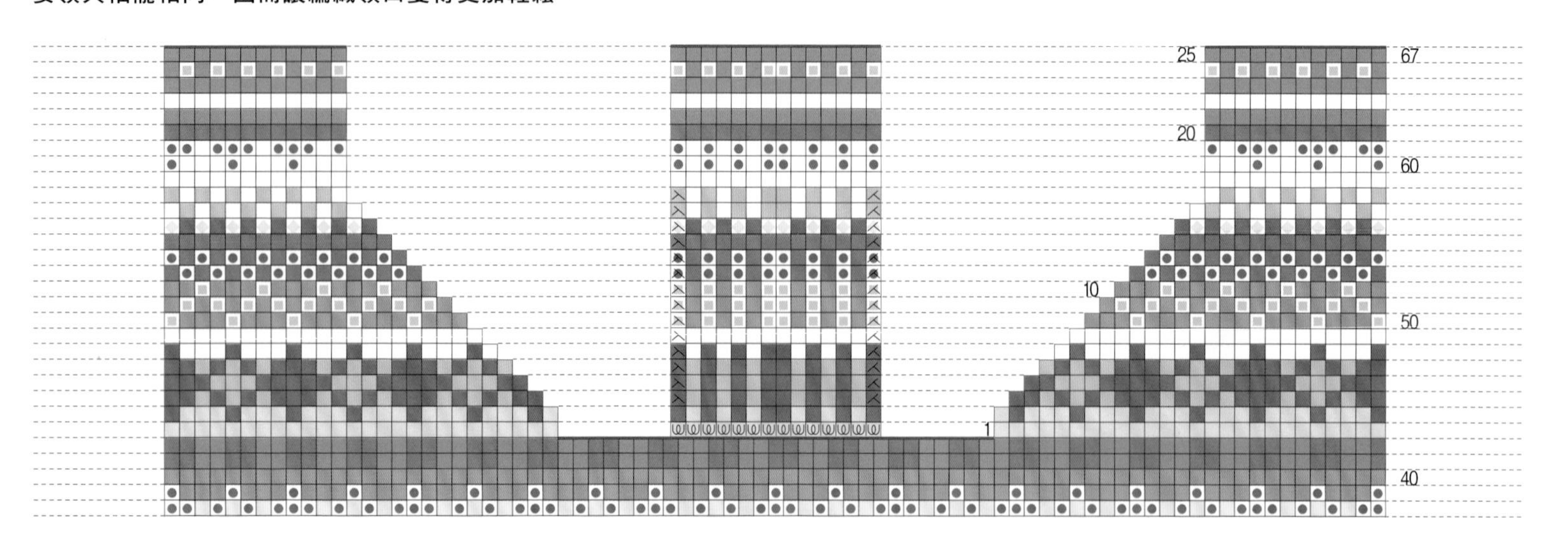

前領口　第1段

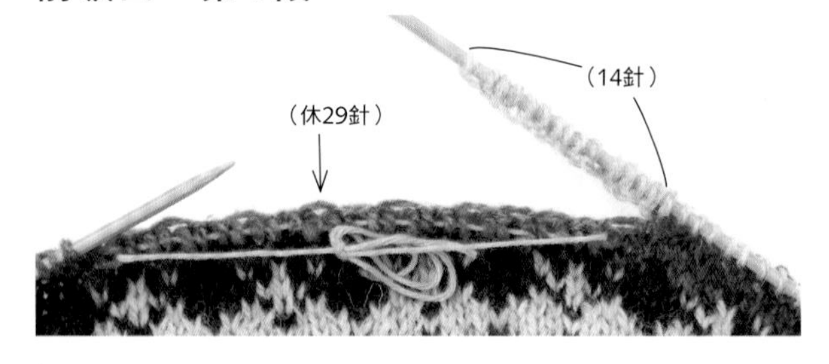

1. 編織至前領口的休針處，挑29針穿入別線，暫休針。接著以捲針製作14針。

第2段

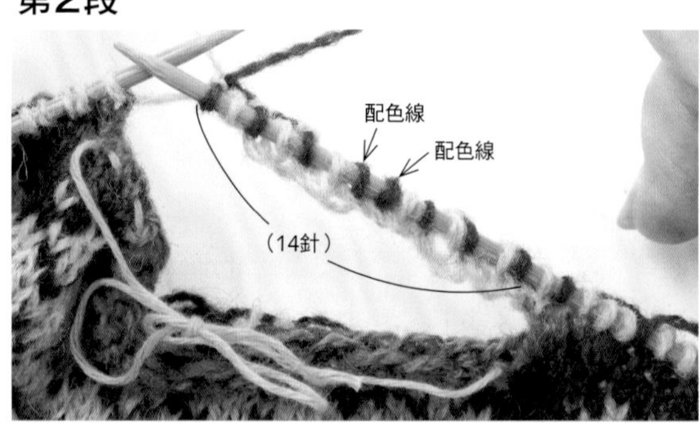

2. 第2段的Steeks是依「配色線→底色線→配色線→底色線→配色線→底色線→配色線→配色線→底色線→配色線→底色線→配色線→底色線→配色線」的順序編織。

第3段

3. 第3段開始進行減針。編織至Steeks的前1針，以左上2併針編織Steeks前1針與Steeks的第1針。

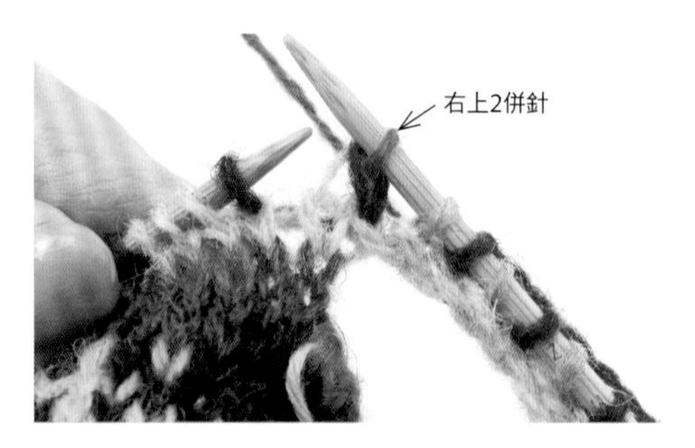

4. 繼續編織Steeks，Steeks的左端針目與領口的邊端針目則是織右上2併針。為了使Steeks的邊緣針目形成朝上突起狀，第4段以後同樣參照織圖進行減針。

前領口的Steeks

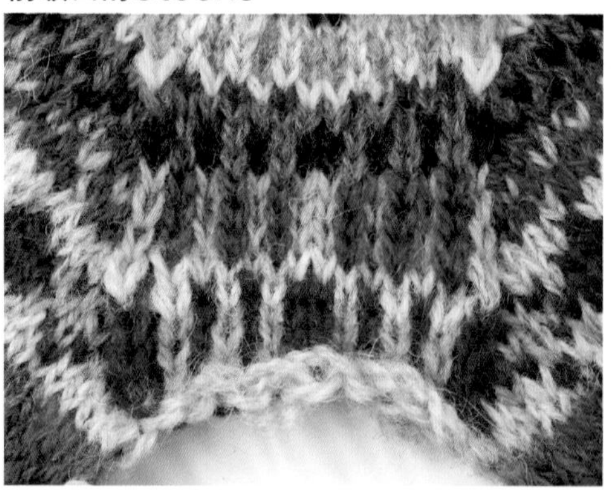

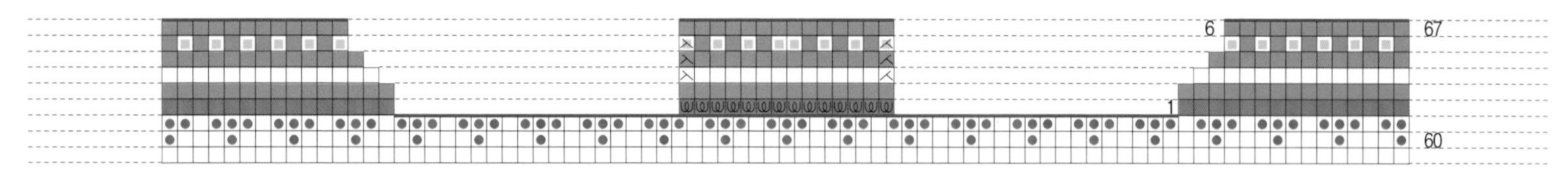

後領口　第1段

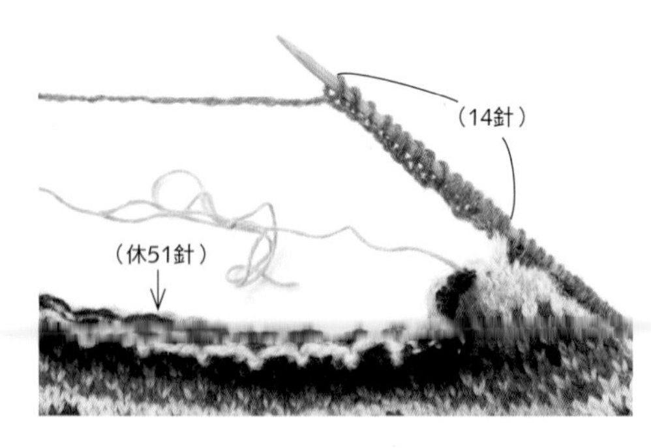

1. 編至後領口的休針處，挑51針穿入別線，暫休針。與前領口相同，製作14針捲針。減針方式亦同前領口，參照記號圖編織即可。

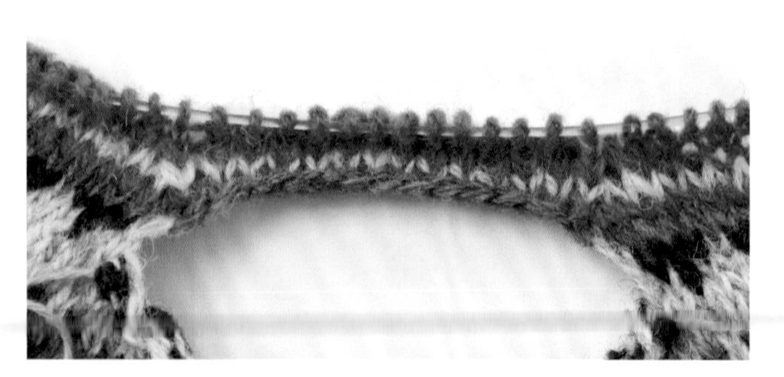

2. 編織終點要事先預留針目。

進行肩線的併縫吧！

雖然也可以使用棒針，但利用鉤針的「引拔併縫」會更輕鬆便利。

1. 編織至肩線的模樣。

肩線的引拔併縫

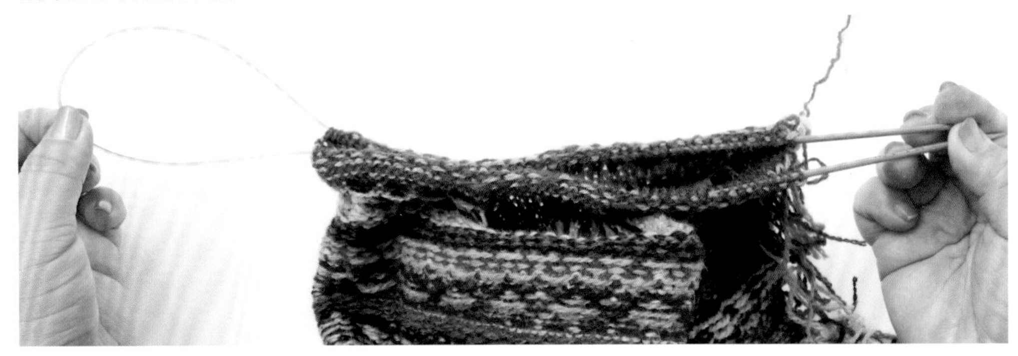

2. 將主體翻至背面。為了分別前身片與後身片，以抽出輪針連接繩的方式區分。

3. 鉤針同時穿入前、後身片兩者的邊端針目，掛線引拔。

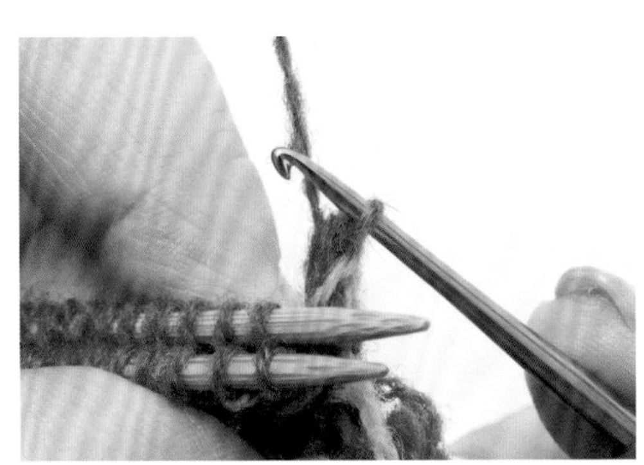

4. 引拔完成的模樣。

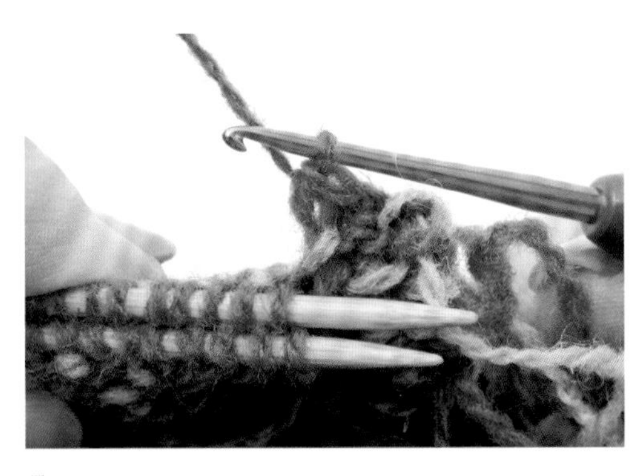

5. 以相同方式重複「鉤針一次挑起棒針上相對的2針，掛線後一次引拔3個線圈」。

6. 引拔全部的針目至邊端為止。

7. 最後在鉤針上掛線，引拔織線穿過線圈。

8. 將鉤出的織線拉成大大的線圈。

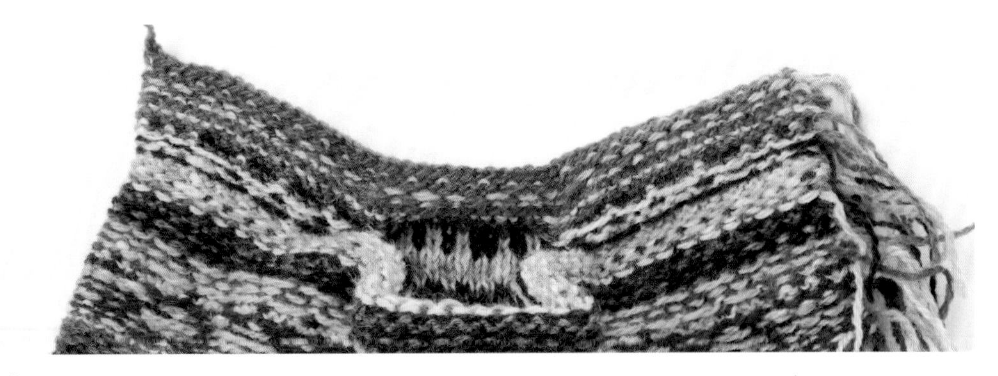

9. 剪斷織線。

10. 肩線的引拔併縫完成。連同Steeks的針目也一併進行引拔接合。

終於要剪開Steeks！

雪特蘭羊毛線的纖維會彼此交錯纏繞，因此織片就算剪斷也不會鬆開。話雖如此，但多少還是令人心跳加速……首先，從領口開始剪起。

領口

1. 以Steeks中央2針的配色線之間為基準，從前身片開始剪開。為了避免不慎剪到其他針目，請將手放入織片內側撐開。

2. 習慣之前，最好一小段一小段的剪開。織片就算剪開也不會鬆散，敬請放心！

3. 繼續剪開肩線併縫部分，以及後領口部分。

4. 剪完的模樣。

5. 剪開的模樣。可以看出領口的樣子了！

挑針編織領口的鬆緊針

挑針時使用1號針。
不加減針的部分，是挑Steeks與身片之間的織線；2併針的部分，則是挑重疊2針的下方針目編織。

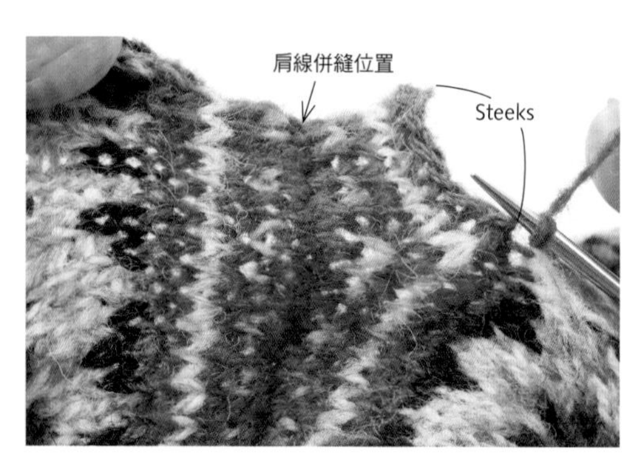

1. 使用1號針，以底色線從後領口的Steeks部分開始挑針。輪針穿入Steeks與身片之間的織線，鉤出織線。

2. 重疊的2併針是挑下方的針目。

3. 將Steeks部分倒向內側，在輪針上掛線。

4. 鉤出織線。

5. 接下來在每1段挑1針。

6. 跳過肩線併縫處，繼續在前身片的挑針處入針。

7. 前領口無加減針的地方，同樣是挑Steeks與身片之間的織線；2併針的針目，也是挑重疊2針的下方針目穿入輪針。

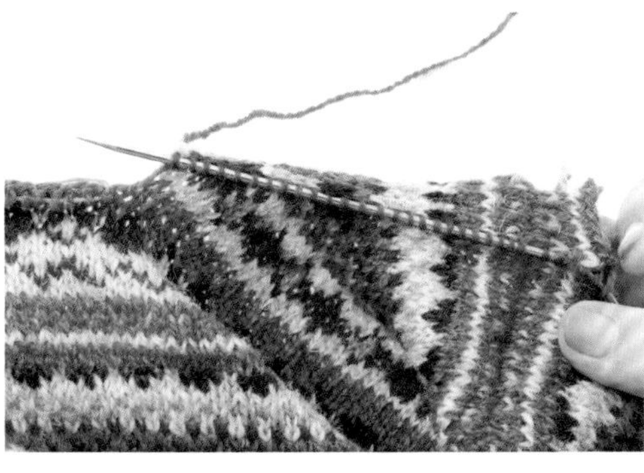

8. 挑針至前領口的休針針目之前。

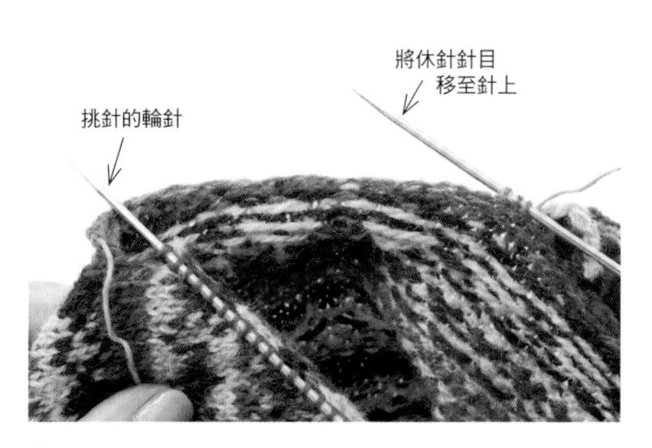

9. 一邊看著休針針目的織片背面，一邊將休針針目移至另一端的輪針上。

10. 能夠以這種方式挑針，正是輪針的優點。

11. 以底色線編織休針針目。

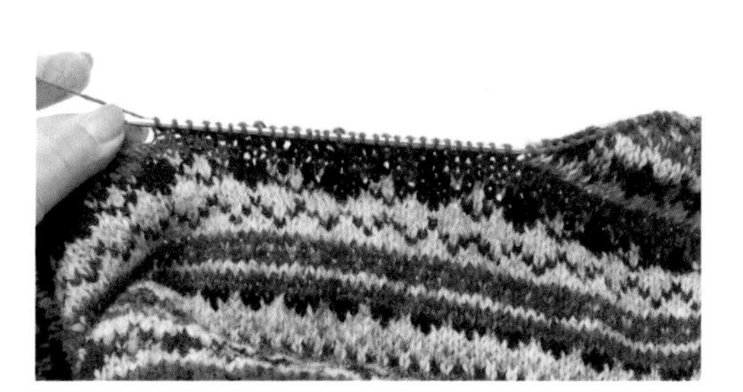

12. 以下針編織休針針目的模樣。

13. 以相同方式繼續進行餘下半邊的挑針，在Steeks與身片之間的織線進行挑針。

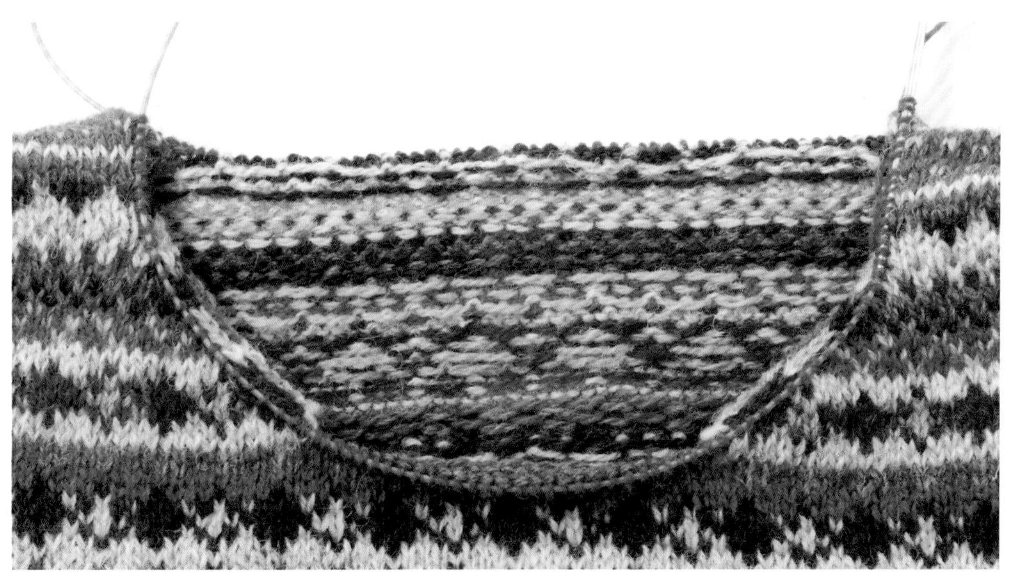

14. 前、後領口皆完成挑針的模樣。挑針針數並不侷限於以4整除的2針鬆緊針針數。於第2段進行調整即可。

第2段

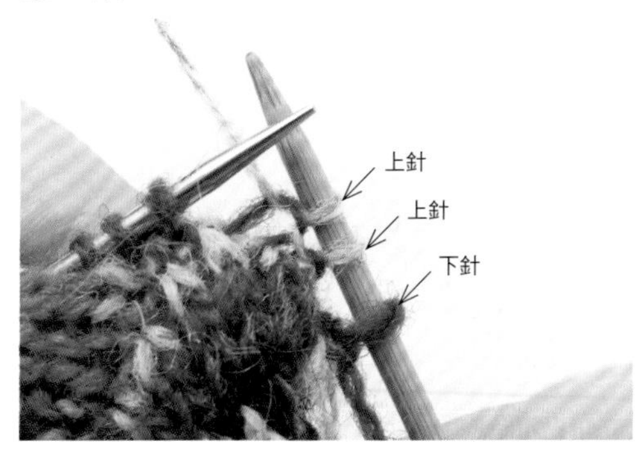

15. 第2段開始改換3號針。先以底色線編織1針下針，再以配色線編織2針上針，接著繼續依織圖進行織入花樣的2針鬆緊針。

16. 為了調整成能夠以4整除的針數，雖然將挑針針目由針上取下，但因為是以細針進行挑針，所以幾乎沒有任何影響。

17. 第2段編織完成。為了能清楚辨識編織起點，最好事先掛上記號圈。

以鉤針進行領口的收針

鬆緊針的套收針織法……我絕對是鉤針派。

引拔收縫

1. 完成領子的編織。

2. 將第1針移至鉤針上，掛線引拔。

3. 引拔完成的模樣。

4. 由於第2針是上針，因此將織線置於內側。

5. 鉤針由外往內穿入。

6. 鉤針掛線，引拔。

7. 依照前段針目，下針進行下針的引拔收縫，上針進行下針的引拔收縫。

8. 最後一針進行下針的引拔收縫。

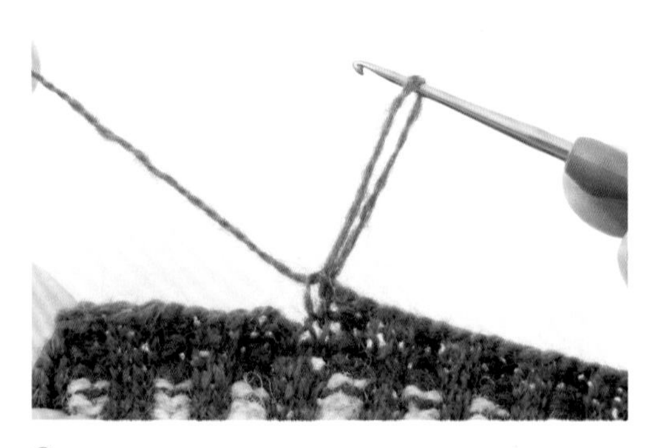

9. 鉤出織線後，如圖示直接拉長成線圈，再剪斷。

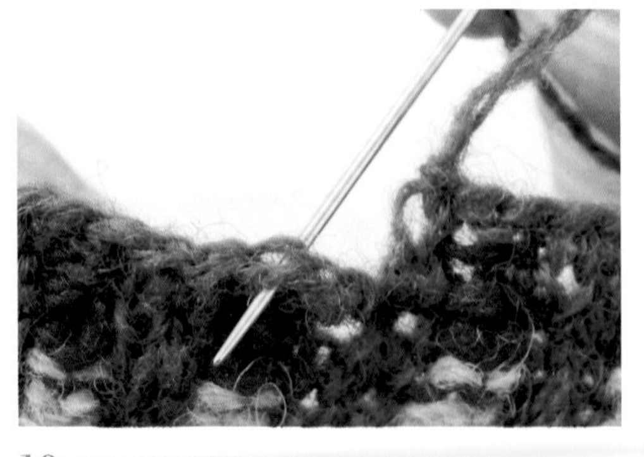

10. 將線端穿入毛線針，挑縫最初引拔的針目2條線。

11. 毛線針重新穿回最後一針的針目中央。

12. 領子完成。

剪開Steeks，編織袖襱

挑針使用1號針。
2併針的針目，
是挑重疊2針的下方針目編織；
不加減針的針目，
是挑Steeks與身片之間的織線。

1. 為了避免不慎剪斷肩線併縫的織線，最好事先掛上記號圈。

2. 沿中央配色線的2針目之間剪開，將手放入織片內側撐開後，逐一剪開。

3. 剪好的模樣。

袖襱的挑針

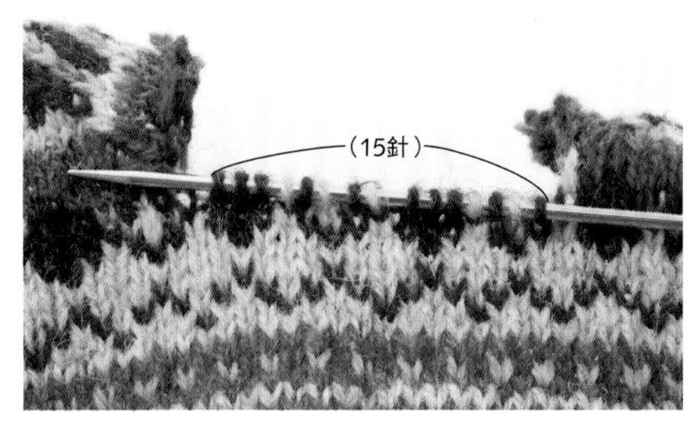

4. 將15針休針針目移至1號針上。

第1段

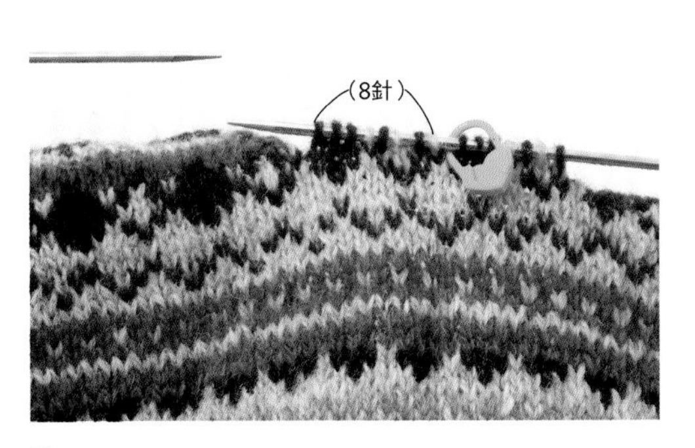

5. 因為是分別在前身片挑8針・後身片挑7針，因此在編織起點掛上記號圈。

6. 將編織起點前方（左側）的針目，移至另一端的輪針上。

7. 至Steeks前，以底色線編織8針下針。

第2段

8. 不加減針的針目，是挑Steeks與身片之間的織線；2併針的針目，則是挑重疊2針的下方針目編織。

9. 織法同領口，第2段開始改以3號針編織。挑針針數並不侷限於以4整除的2針鬆緊針針數，於第2段進行調整即可。此時先以底色線編織1針下針，再以配色線編織2針上針，接著繼續依織圖進行織入花樣的2針鬆緊針。最終段以鉤針進行引拔收縫。

分別進行各處的收針藏線，完成作品

處理為數不多的線頭、進行Steeks的後續收尾，作品終於要完成了。

收針藏線

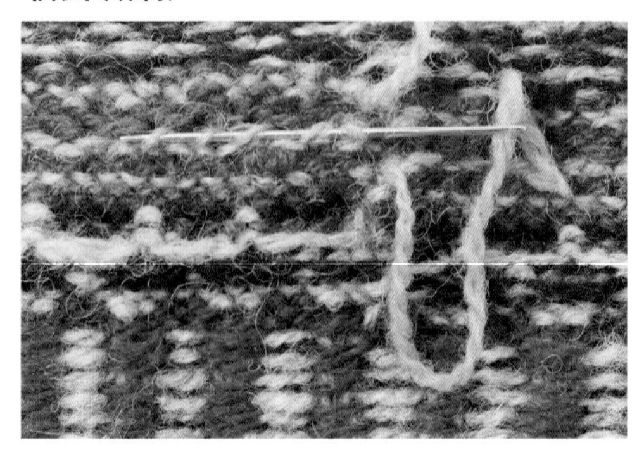

1. 將橫向渡線的線頭穿入兩側的相同色線之中，進行藏線。

2. 線頭較短時，不妨先穿入毛線針。

3. 接著再穿入織線，即可抽出縫針進行藏線。

Steeks的後續處理

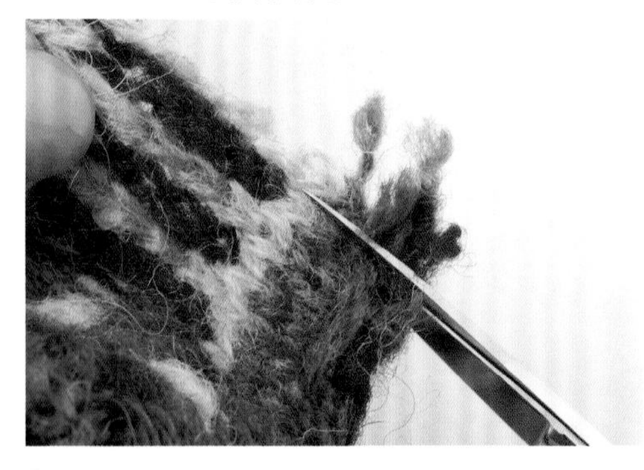

1. 預留5針Steeks，其餘剪掉。裁剪之前，最好先以蒸氣熨斗整燙為宜。

2. 與剪開Steeks的時候一樣，請使用俐落好剪的剪刀。

3. 由於幾乎不會綻線，雪特蘭當地的編織工匠當中，也有認為「到此階段就完成」的人。

4. 若不放心，可多一道手續。將邊端2針往內側摺入，以珠針逐一固定。

5. 穿入身片針目的織線與第3針的半針，進行藏針縫。

6. 曲線部分也是每2段挑縫1針為標準，進行藏針縫。

7. 由衣服背面充分地以蒸氣熨斗整燙，完成。

8. 完成！ 無論是置水浸泡，或釘上珠針再以熨斗整燙，雖然有著各式各樣的最終定型方法，由於現今可以購得的雪特蘭羊毛線品質非常優良，因此我個人覺得，只要以蒸氣熨斗整燙就足夠了。

Fair Isle Knitting Column ❹

Enjoy Original Color

臨機應變掌控豐富色彩！
編織世上獨一無二的毛衣

先前提過，逐步決定費爾島緹花顏色與花樣的組合期間，往往充滿了樂趣，但也並非如此簡單就能完成。本書介紹的作品，每一件都是我竭盡全力苦思而來的成果。其中甚至有使用了將近20色的作品。

那麼，真正打算動手編織的時候，是否真的能夠找到想要的顏色呢？ 事實上，即使是接受委託製作作品時，也會出現預定使用顏色缺貨的情況……而這樣的情況並不少見。由於雪特蘭毛線的廠商並非大規模經營，因此若沒有累積足量的訂單，就不會進行毛線的染色。

在此先說個題外話，前往雪特蘭島的交通方式是搭乘小型飛機，但經常會因故停班（特別是夏天）。我也經歷過漫長等待之後，當天的飛機航班最終還是取消的意外，正覺得我運氣太差時，沒想到雪特蘭島的人們卻安慰說「這種事常有」，心情才冷靜下來。日本人認為理所當然的事，像是交通工具準時出發，轉乘班次延誤時一定會等我們的想法……若是從雪特蘭人們的生活步調來考慮，似乎是太一板一眼了。

航班事件正如同一個象徵，關於雪特蘭毛線，不要抱持著「一定要拿到想要的顏色」這樣的想法，或許才是賢明之舉。取而代之的作法是，備齊豐富多彩的色線，即使沒有完全一樣的顏色，還是有很多顏色可以取代。再者，透過另一個替換的顏色，也有可能製作出與原本設計截然不同的獨家作品。正是希望大家能製作出這樣的原創作品，因此特地在書末附上空白的編織用方眼紙。請務必加以靈活運用。

書中介紹的線材，大多是以Jamieson's為主，但在此特地以作品4（P.58）與作品15進行步驟解說的開襟毛衣（P.65）為例，製作了以其他廠商線材進行編織時的顏色對照變換表。請多加參考利用。希望各位都能像雪特蘭的編織工匠們，超越廠商的藩籬多方組合，將線材運用自如。

4

Jamieson's Shetland Spindrift ···▸ J&S Heritage yarn

色號・英文名	色名
198・Peat	焦茶 mix
168・Clyde Blue	灰藍色
1160・Scotch Broom	芥末黃 mix
525・Crimson	深紅色
343・Ivory	象牙白
375・Flax	淺黃色
805・Spruce	灰綠色
350・Lemon	檸檬黃

英文名
peat
indigo
auld gold
madder
snaa white
auld gold
moss green
fluga white

15

Jamieson's Shetland Spindrift ···▸ J&S Heritage yarn ···▸ Puppy British Fine

色號・英文名	色名
727・Admiral Navy	藏青色
587・Madder	暗茜紅
289・Gold	金黃色
343・Ivory	象牙白
108・Moorit	栗色

英文名
mussel blue
berry wine
auld gold
snaa white
shade moorit

色號
005
013
035
001
024

［準備工具］

線材…Jamieson's　Shetland Spindrift

　　　色號・色名・使用量請參照表格

針具…輪針3號（80㎝）・輪針1號（80㎝）・

　　　鉤針3/0號

［完成尺寸］

胸圍99㎝・背肩寬37㎝・衣長64㎝

［密度］

10㎝平方的織入花樣為29針・31段

［織法重點］

※挑針使用輪針1號，此外皆使用輪針3號編織。

1. 起針。 →P.32
2. 針目接合成圈，編織鬆緊針。 →P.32
3. 接續編織織入花樣。 →P.70
4. 一邊編織Steeks，一邊進行袖襱的減針。 →P.36
5. 一邊編織Steeks，一邊進行領口的減針。 →P.40
6. 以鉤針進行肩線的引拔針併縫。 →P.41
7. 剪開領口的Steeks，編織領子。 →P.42
8. 最終段是以鉤針進行引拔收縫。 →P.44
9. 剪開袖襱的Steeks，編織袖襱。 →P.45
10. 最終段是以鉤針進行引拔收縫。 →P.44
11. 進行藏線或Steeks的收邊處理。 →P.46
12. 以蒸氣熨斗整燙定型，完成！ →P.46

※織入花樣全圖樣請見P.142

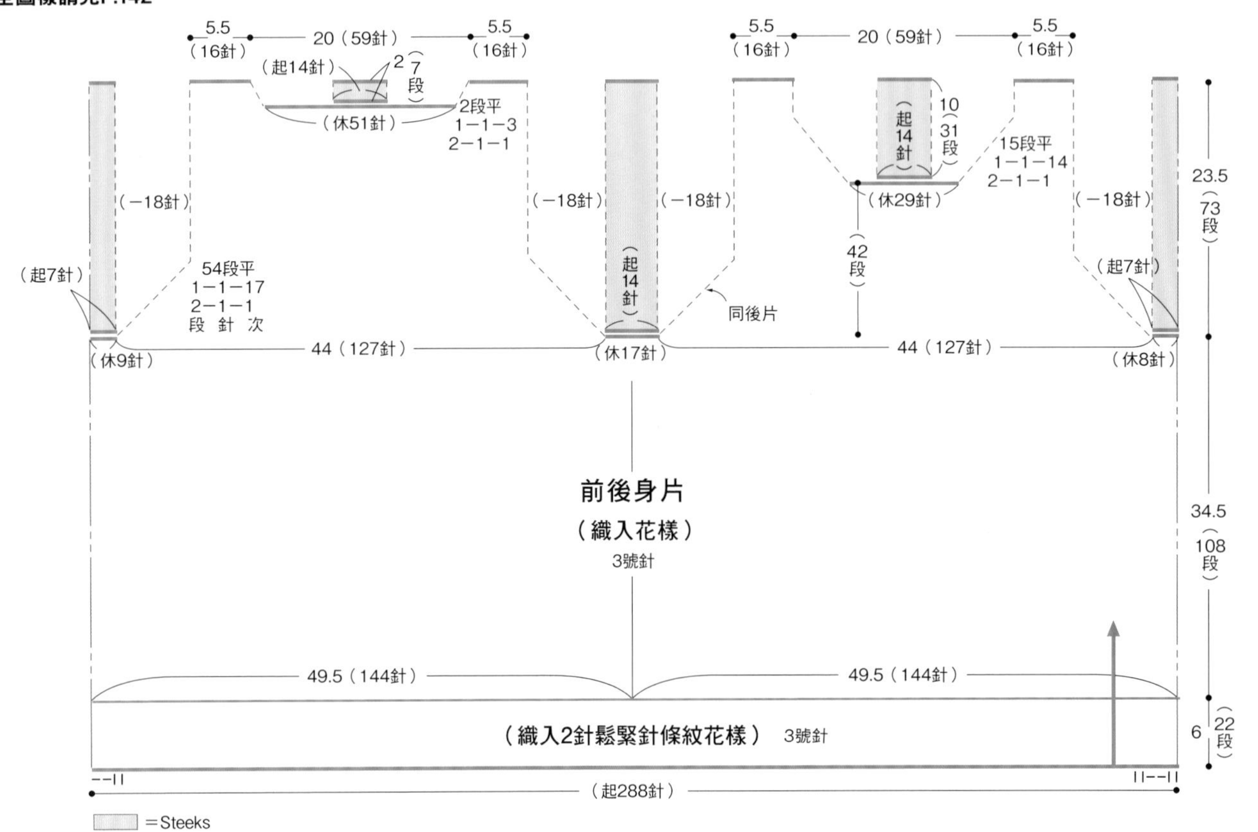

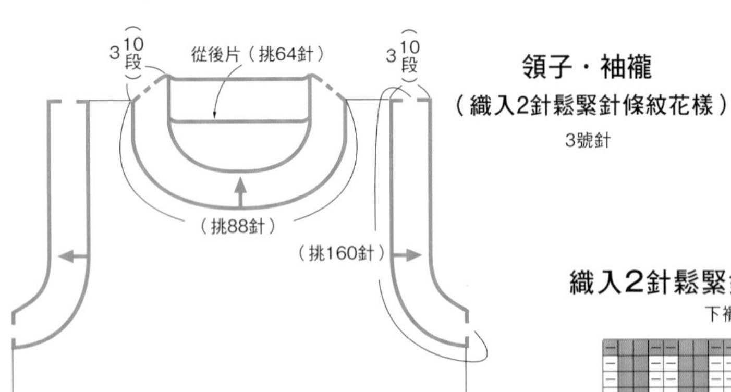

領子・袖襱

（織入2針鬆緊針條紋花樣）

3號針

織入2針鬆緊針條紋花樣

領子・袖襱

引拔收縫 3/0號

10
1
4 3 2 1

□ = ⊟ 以配色線編織下針

起針處

織入2針鬆緊針條紋花樣

下襬

22
20
10
1
4 3 2 1

□ = ⊟ 以配色線編織下針

起針處

配色&使用量

	色號・英文名	色名	使用量
	788・Leaf	深綠色	35g／2球
	122・Granite	淺灰色	35g／2球
	198・Peat	焦茶mix	30g／2球
	1290・Loganberry	深紫紅mix	25g／1球
	870・Cocoa	暗橘色	20g／1球
	168・Clyde Blue	灰藍色	20g／1球
	720・Dewdrop	青綠mix	15g／1球
	1140・Granny Smith	若葉色	15g／1球
	290・Oyster	灰桃mix	15g／1球
	760・Caspian	土耳其藍	少許／1球
	375・Flax	淺黃色	少許／1球
	400・Mimosa	含羞草粉	少許／1球

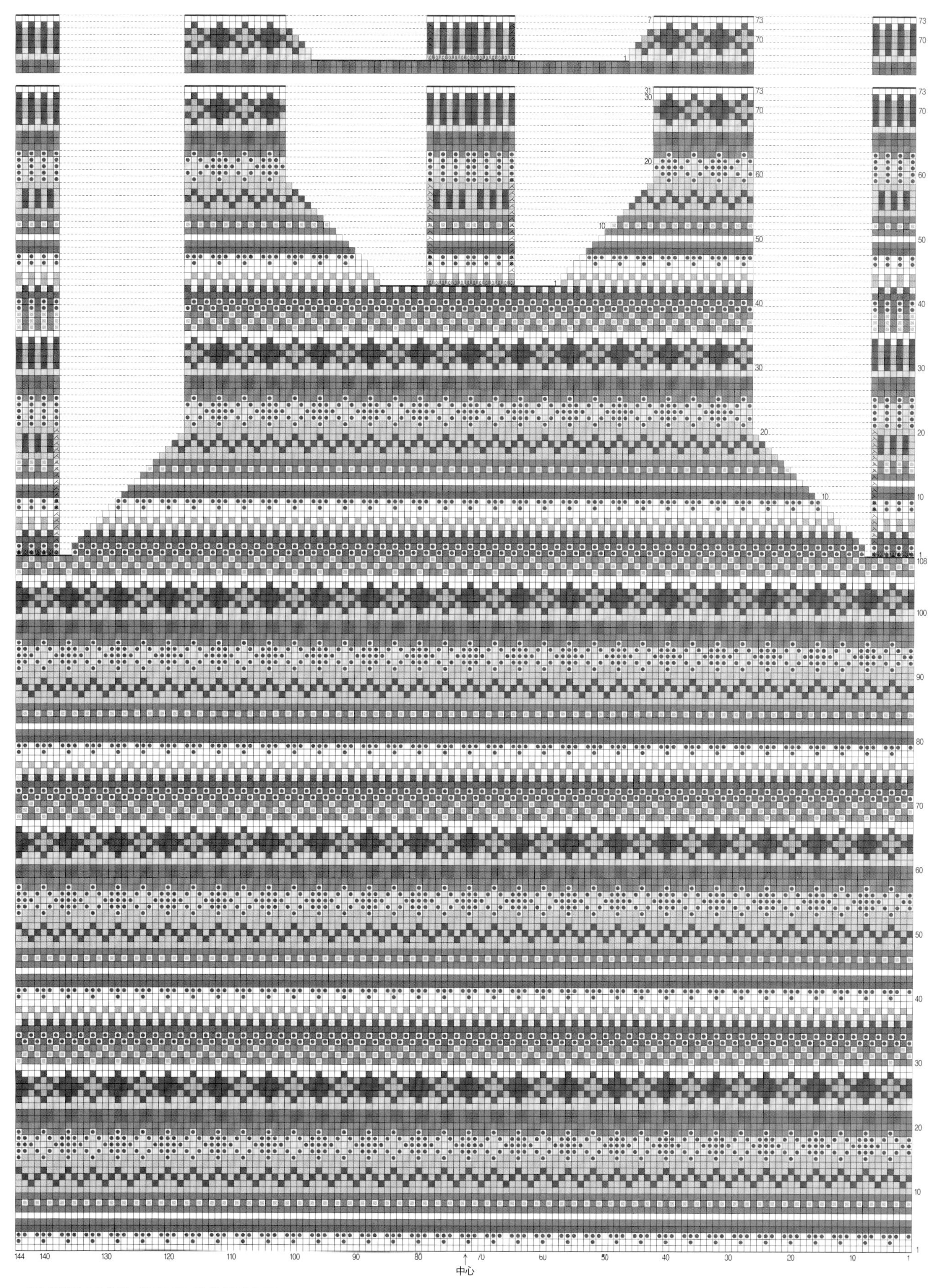

※織入花樣以中心為準，對稱配置，起針則前後相同。

2-M ● Picture on p.09

［準備工具］

線材…Jamieson's　Shetland Spindrift

　　色號・色名・使用量請參照表格

針具…輪針3號（80cm）・輪針1號（80cm）・

　　鉤針3/0號

［完成尺寸］

胸圍87cm・背肩寬34cm・衣長56.5cm

［密度］

10cm平方的織入花樣為31針・33段

［織法重點］

※挑針使用輪針1號，此外皆使用輪針3號編織。

1. 起針。 →P.32
2. 針目接合成圈，編織鬆緊針。 →P.32
3. 在第1段加針，編織織入花樣。 →P.70
4. 一邊編織Steeks，一邊進行袖襱的減針。 →P.36
5. 一邊編織Steeks，一邊進行領口的減針。 →P.40
6. 以鉤針進行肩線的引拔針併縫。 →P.41
7. 剪開領口的Steeks，編織領子。 →P.42
8. 最終段是以鉤針進行引拔收縫。 →P.44
9. 剪開袖襱的Steeks，編織袖襱。 →P.45
10. 最終段是以鉤針進行引拔收縫。 →P.44
11. 進行藏線或Steeks的收邊處理。 →P.46
12. 以蒸氣熨斗整燙定型，完成！ →P.46

※織入花樣全圖樣請見P.143

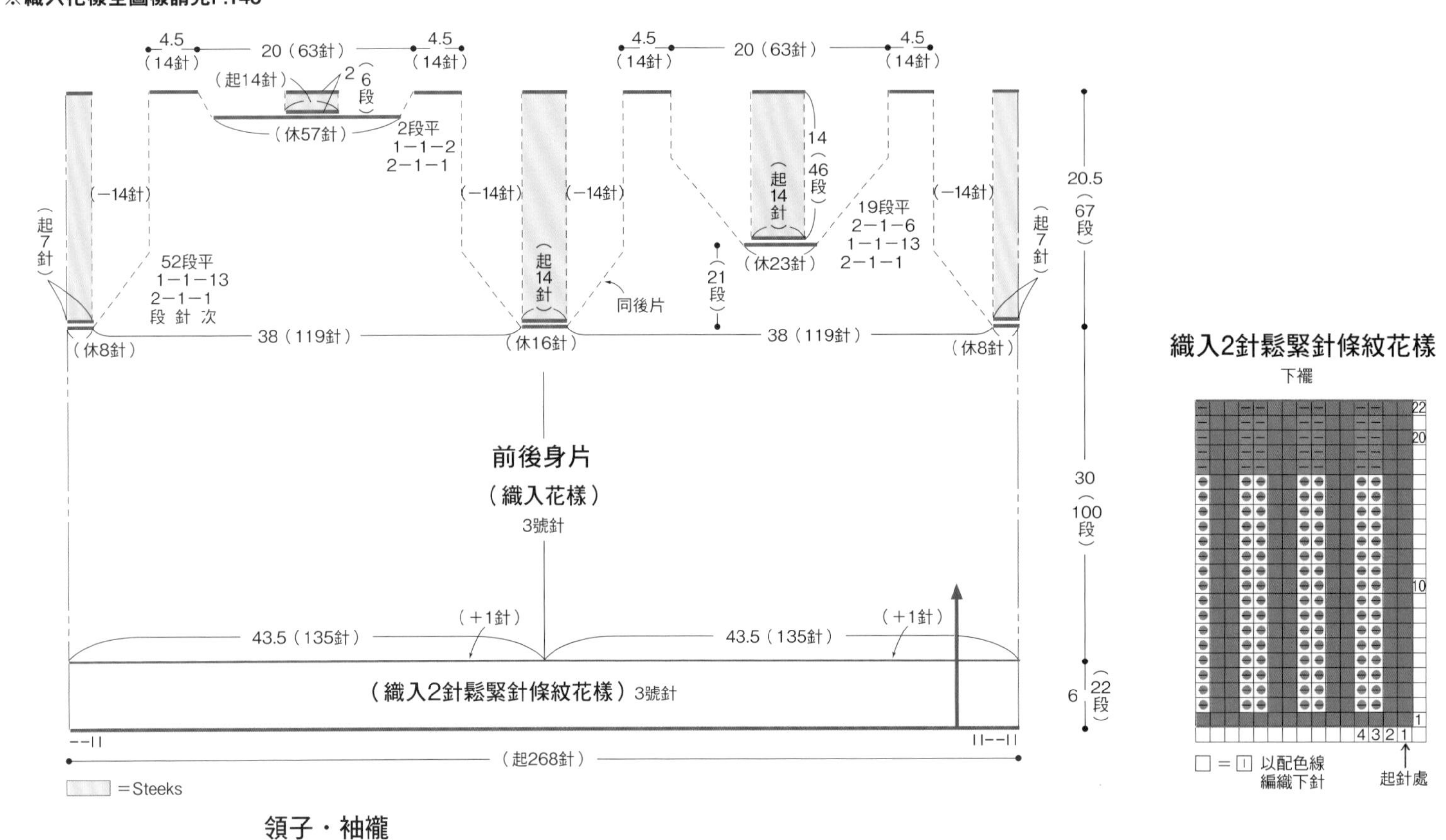

織入2針鬆緊針條紋花樣

下襬

□ = Ⅰ 以配色線編織下針

起針處

領子・袖襱

（織入2針鬆緊針條紋花樣）

3號針

2.5（9段）　從後片（挑62針）　2.5（9段）

（挑114針）　（挑144針）

織入2針鬆緊針條紋花樣

領子・袖襱

引拔收縫 3/0號

□ = Ⅰ 以配色線編織下針

起針處

配色&使用量

	色號・英文名	色名	使用量
■	106 ・ Mooskit	杏色	80g／4球
■	680 ・ Lunar	灰藍色	20g／1球
■	105 ・ Eesit	淺杏色	15g／1球
■	805 ・ Spruce	灰綠色	15g／1球
■	293 ・ Port Wine	酒紅色	15g／1球
■	294 ・ Blueberry	深紫mix	15g／1球
■	616 ・ Anemone	紫色	10g／1球
■	575 ・ Lipstick	玫瑰粉	10g／1球
■	576 ・ Cinnamon	磚紅色	5g／1球
■	880 ・ Coffee	焦茶色	5g／1球
■	147 ・ Moss	苔蘚綠mix	5g／1球
■	274 ・ Green Mist	薄荷mix	5g／1球
■	375 ・ Flax	淺黃色	少許／1球
■	526 ・ Spice	灰紅色	少許／1球
■	259 ・ Leprechaun	黃綠mix	少許／1球
■	1020 ・ Nighthawk	藍綠色	少許／1球
■	1160 ・ Scotch Broom	芥末黃mix	少許／1球
■	180 ・ Mist	淺紫mix	少許／1球

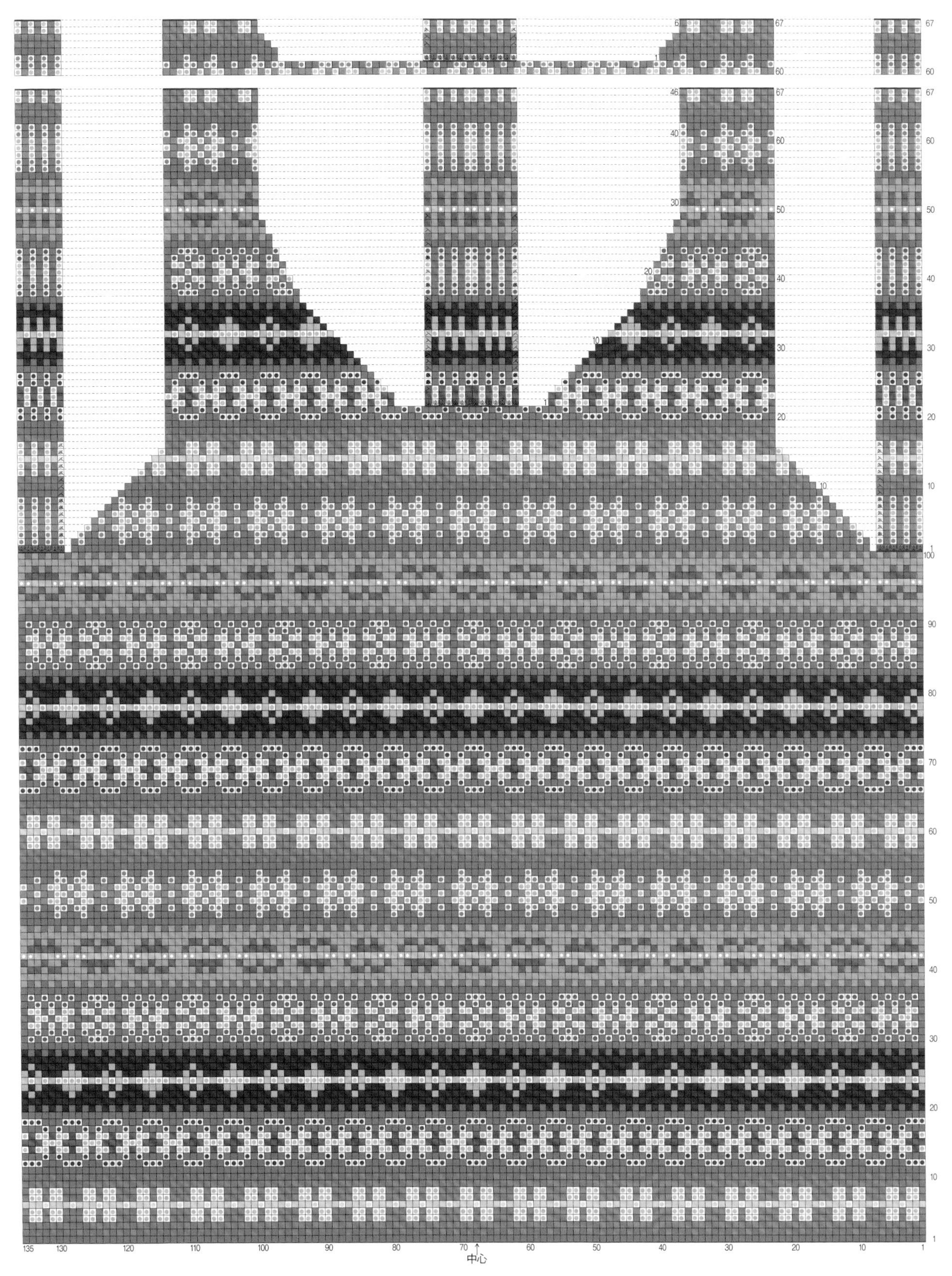

※ 織入花樣以中心為準，對稱配置，起針則前後相同。

［準備工具］

線材…Jamieson's　Shetland Spindrift
　　色號・色名・使用量請參照表格

針具…輪針3號（80cm）・輪針1號（80cm）・
　　鉤針3/0號

［完成尺寸］

胸圍96cm・背肩寬38cm・衣長59cm

［密度］

10cm平方的織入花樣為31針・33段

［織法重點］

※挑針使用輪針1號，此外皆使用輪針3號編織。

1. 起針。 →P.32
2. 針目接合成圈，編織鬆緊針。 →P.32
3. 在第1段加針，編織織入花樣。 →P.70
4. 一邊編織Steeks，一邊進行袖襱的減針。 →P.36
5. 一邊編織Steeks，一邊進行領口的減針。 →P.40
6. 以鉤針進行肩線的引拔針併縫。 →P.41
7. 剪開領口的Steeks，編織領子。 →P.42
8. 最終段是以鉤針進行引拔收縫。 →P.44
9. 剪開袖襱的Steeks，編織袖襱。 →P.45
10. 最終段是以鉤針進行引拔收縫。 →P.44
11. 進行藏線或Steeks的收邊處理。 →P.46
12. 以蒸氣熨斗整燙定型，完成！ →P.46

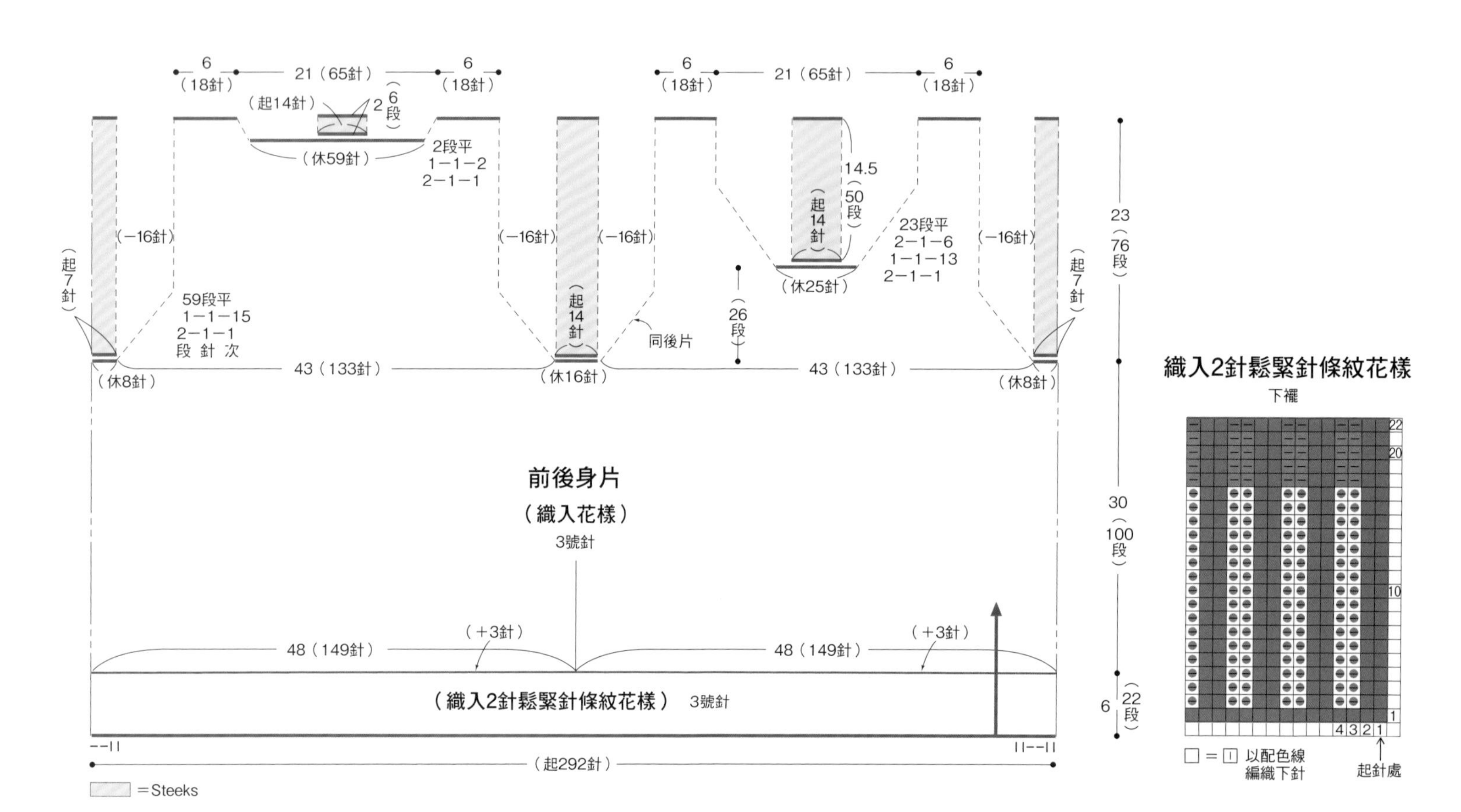

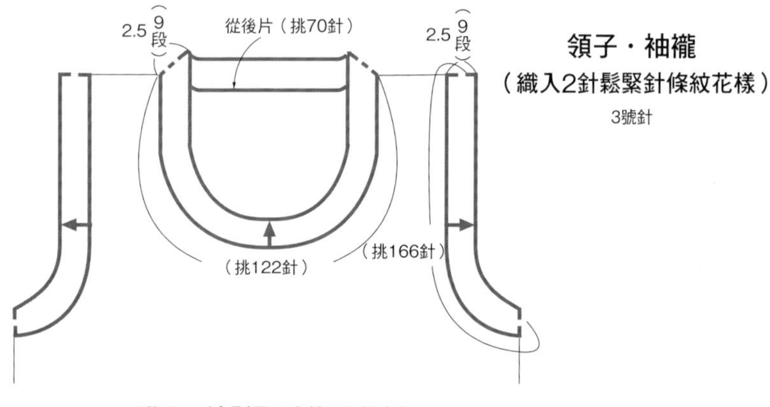

織入2針鬆緊針條紋花樣

領子・袖襱

引拔收縫
3/0號

□＝⊡ 以配色線編織下針

起針處

配色&使用量

	色號・英文名	色名	使用量
■	106 · Mooskit	杏色	90g／4球
■	680 · Lunar	灰藍色	25g／1球
■	105 · Eesit	淺杏色	20g／1球
■	805 · Spruce	灰綠色	20g／1球
■	293 · Port Wine	酒紅色	20g／1球
■	294 · Blueberry	深紫mix	20g／1球
■	616 · Anemone	紫色	15g／1球
■	575 · Lipstick	玫瑰粉	15g／1球
■	576 · Cinnamon	磚紅色	10g／1球
■	880 · Coffee	焦茶色	10g／1球
■	147 · Moss	苔蘚綠mix	10g／1球
■	274 · Green Mist	薄荷mix	10g／1球
□	375 · Flax	淺黃色	少許／1球
■	526 · Spice	灰紅色	少許／1球
■	259 · Leprechaun	黃綠mix	少許／1球
■	1020 · Nighthawk	藍綠色	少許／1球
■	1160 · Scotch Broom	芥末黃mix	少許／1球
■	180 · Mist	[illegible]	少許／1球

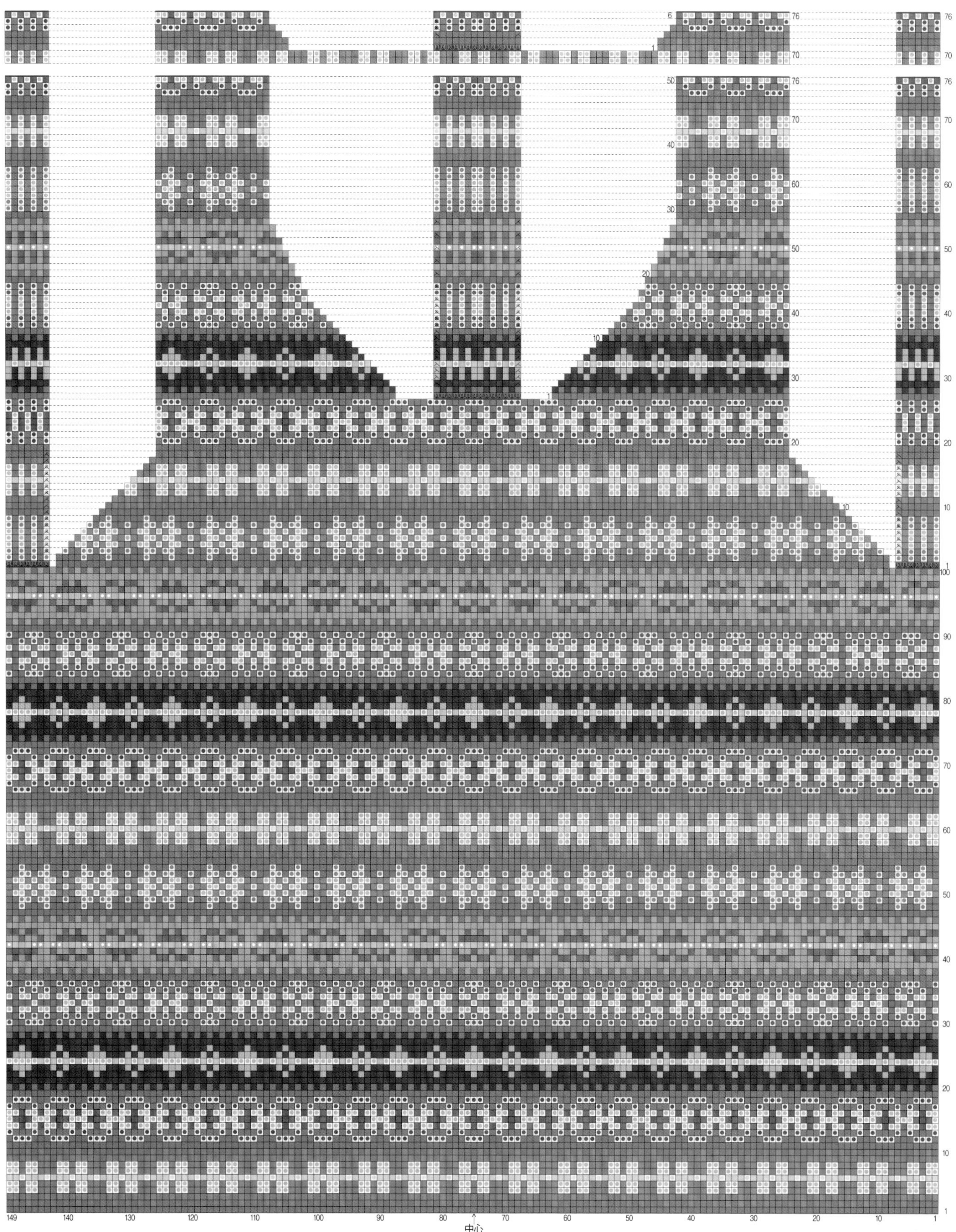

※ 織入花樣以中心為準，對稱配置，起針則前後相同。

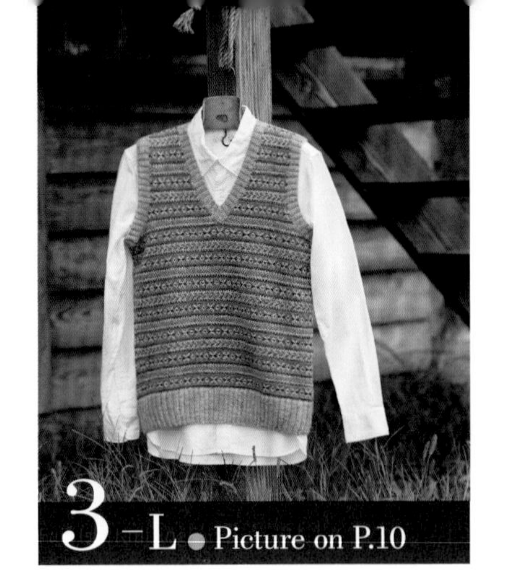

[**準備工具**]

線材…Jamieson's　Shetland Spindrift
　　色號・色名・使用量請參照表格

針具…輪針3號（80cm）・輪針1號（80cm）・
　　鉤針2/0號

[**完成尺寸**]

胸圍99cm・背肩寬37cm・衣長64.5cm

[**密度**]

10cm平方的織入花樣為31針・35段

[**織法重點**]

※2針鬆緊針與挑針使用輪針1號，此外皆使用輪針3號編織。

1. 起針。 →P.32
2. 針目接合成圈，編織鬆緊針。 →P.32
3. 在第1段加針，編織織入花樣。 →P.70
4. 一邊編織Steeks，一邊進行袖襱的減針。 →P.36
5. 一邊編織Steeks，一邊進行領口的減針。 →P.40
6. 以鉤針進行肩線的引拔針併縫。 →P.41
7. 剪開領口的Steeks，編織領子。 →P.42
8. 最終段是以鉤針進行引拔收縫。 →P.44
9. 剪開袖襱的Steeks，編織袖襱。 →P.45
10. 最終段是以鉤針進行引拔收縫。 →P.44
11. 進行藏線或Steeks的收邊處理。 →P.46
12. 以蒸氣熨斗整燙定型，完成！ →P.46

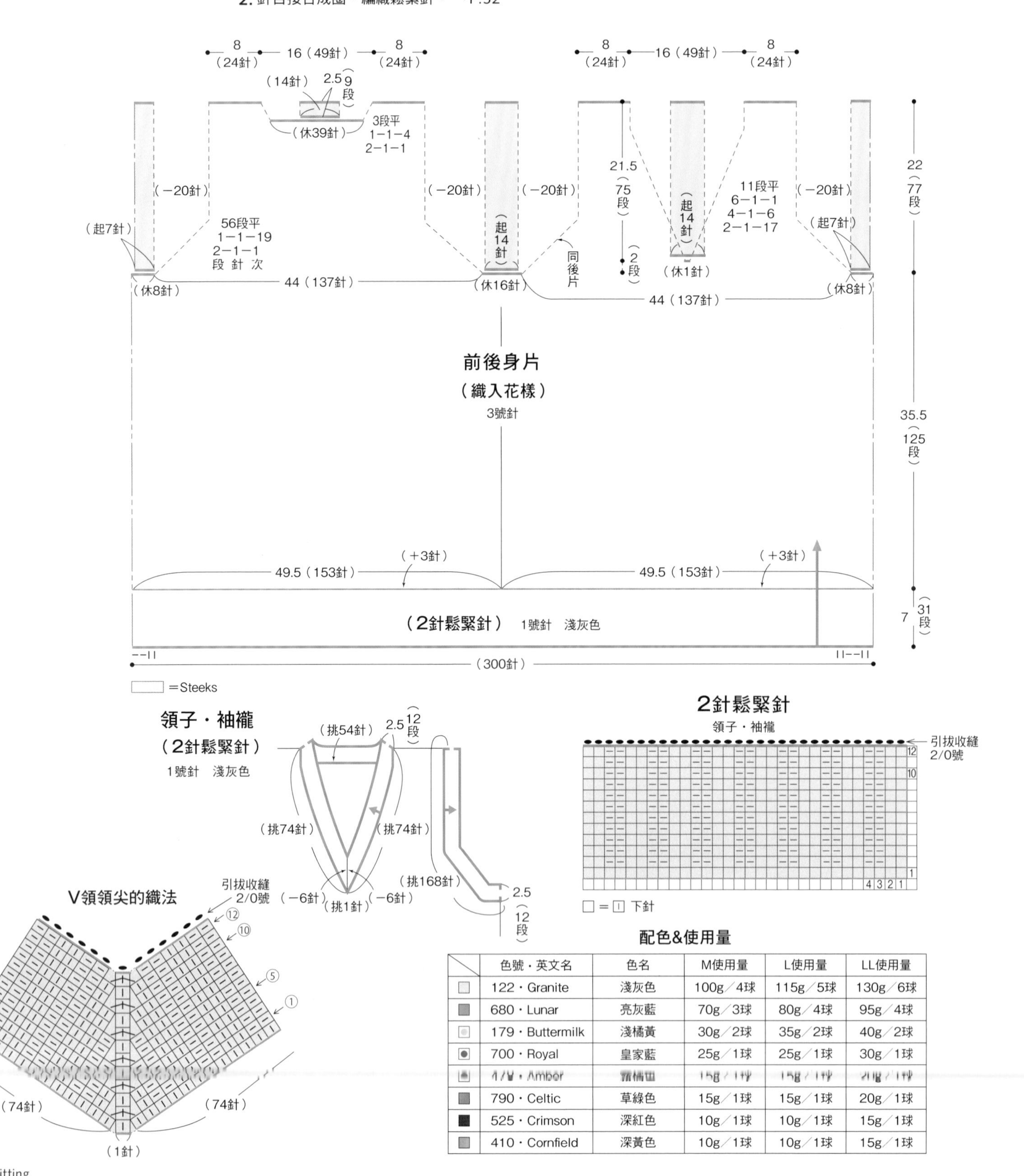

配色&使用量

	色號・英文名	色名	M使用量	L使用量	LL使用量
□	122・Granite	淺灰色	100g／4球	115g／5球	130g／6球
■	680・Lunar	亮灰藍	70g／3球	80g／4球	95g／4球
□	179・Buttermilk	淺橘黃	30g／2球	35g／2球	40g／2球
⊙	700・Royal	皇家藍	25g／1球	25g／1球	30g／1球
□	[illegible]・Amber	[illegible]	[illegible]	[illegible]	[illegible]
■	790・Celtic	草綠色	15g／1球	15g／1球	20g／1球
■	525・Crimson	深紅色	10g／1球	10g／1球	15g／1球
■	410・Cornfield	深黃色	10g／1球	10g／1球	15g／1球

※ 織入花樣以中心為準，對稱配置，起針則前後相同。

3-M ● Picture on P.10

［完成尺寸］

胸圍92㎝・背肩寬33㎝・衣長56.5㎝

※配色與使用量請見P.48

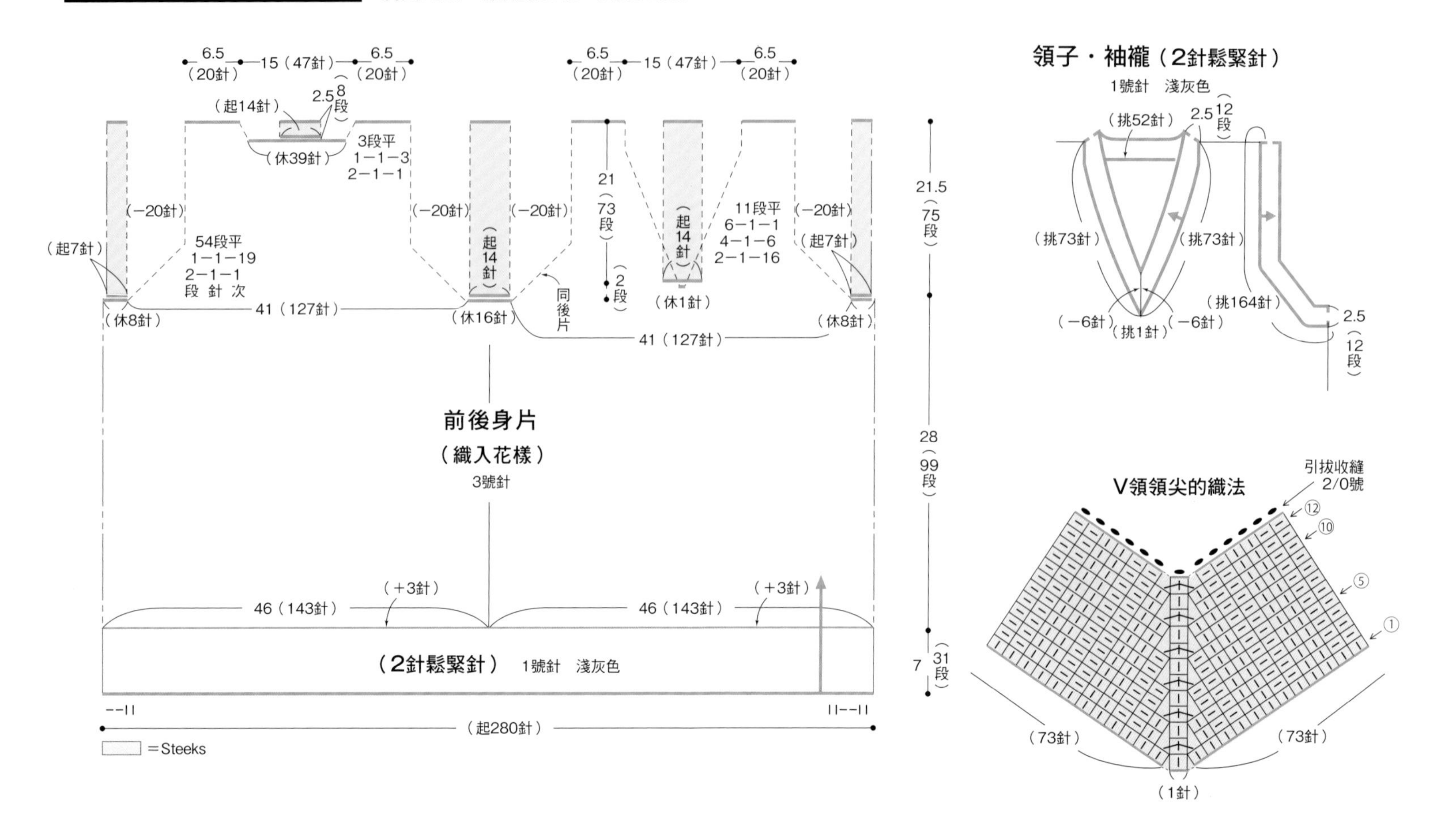

3-LL ● Picture on P.10

［完成尺寸］

胸圍106㎝・背肩寬40.5㎝・衣長68㎝

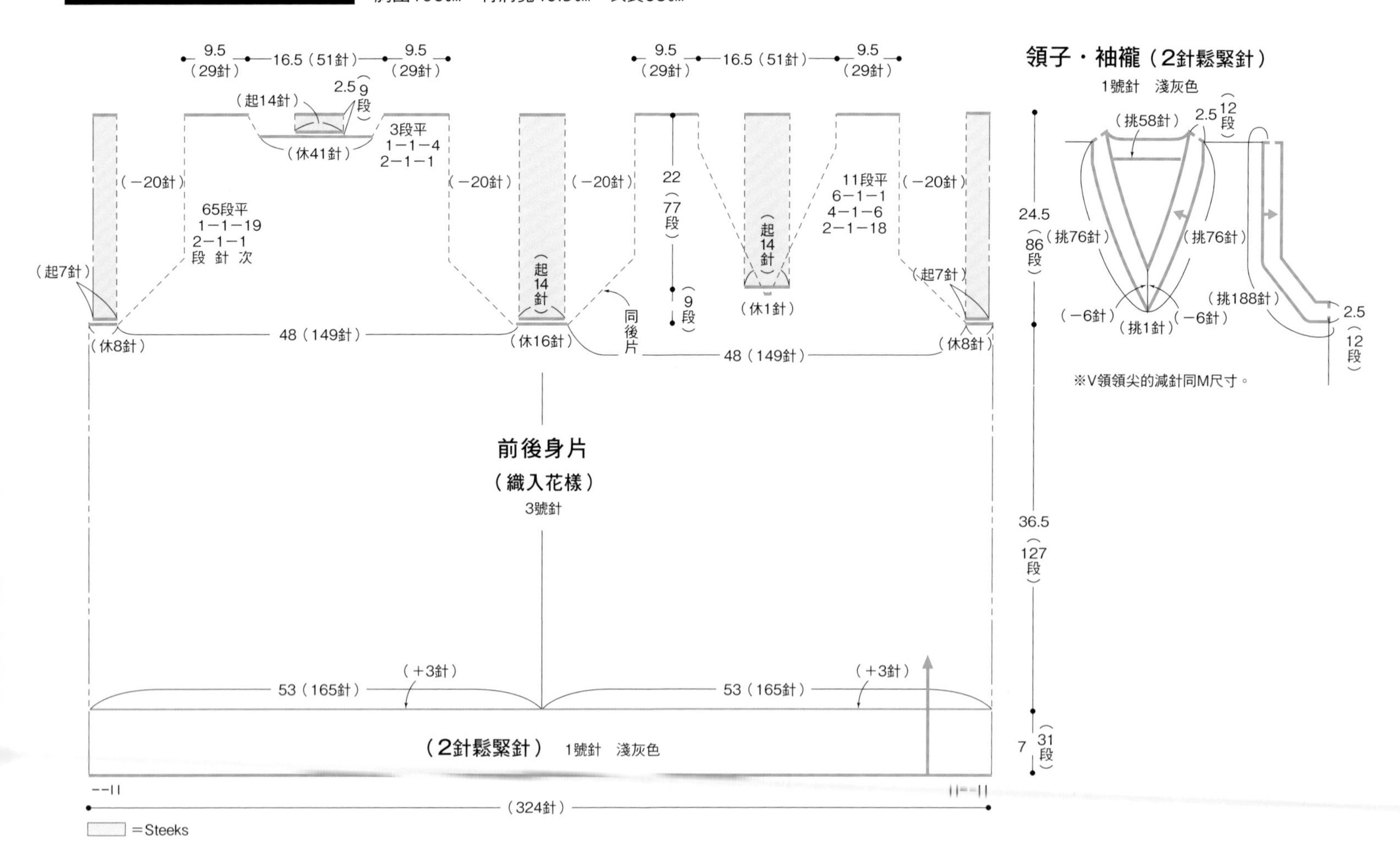

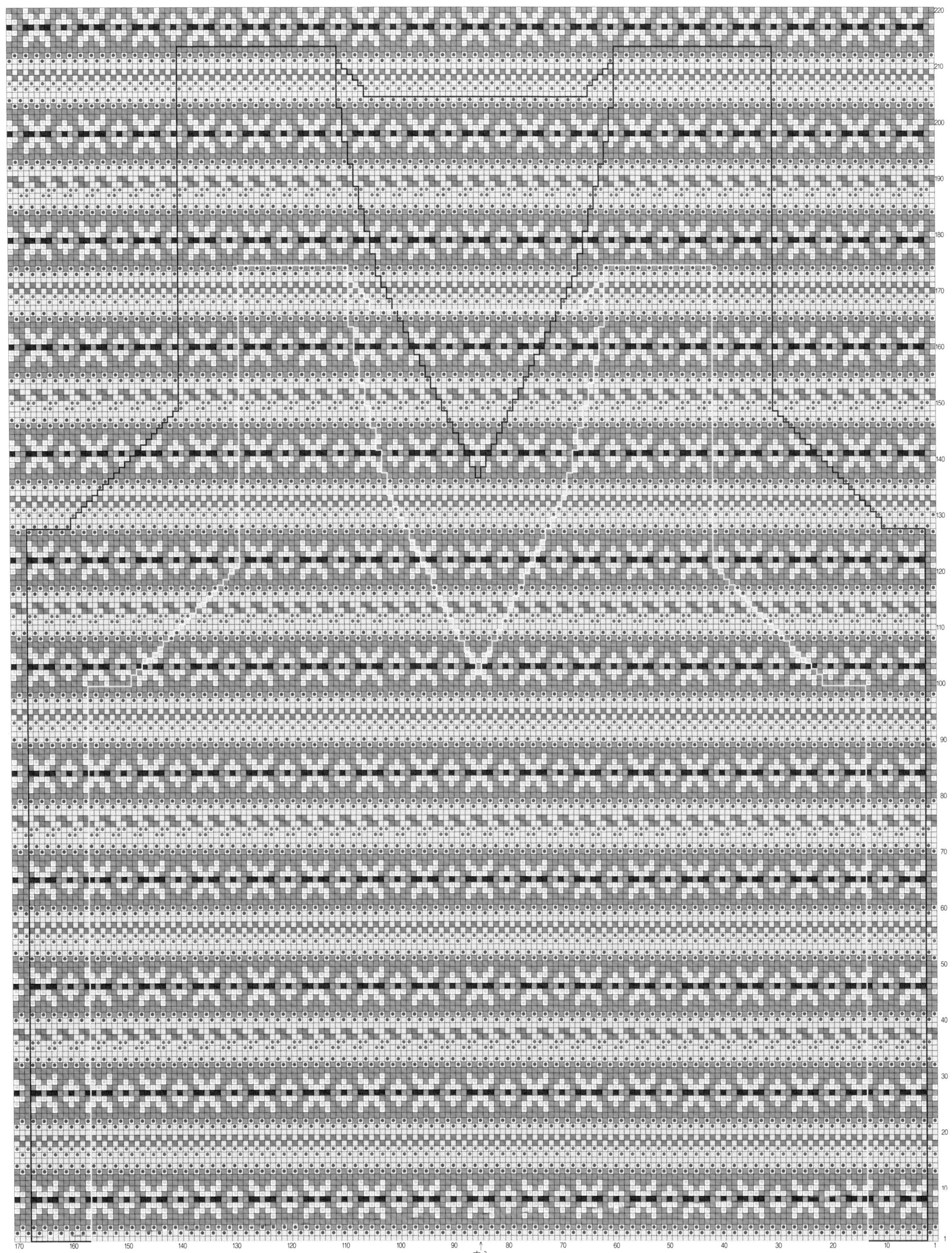

※ 織入花樣以中心為準，對稱配置，起針則前後相同。

=M size ——— =LL size

4－M ● Picture on P.10

[準備工具]

線材…Jamieson's　Shetland Spindrift
　　色號・色名・使用量請參照表格

針具…輪針3號（80cm）・輪針1號（80cm）・
　　鉤針2/0號

[完成尺寸]

胸圍90cm・背肩寬34cm・衣長54.5cm

[密度]

10cm平方的織入花樣為32針・33段

[織法重點]

※2針鬆緊針與挑針使用輪針1號，此外皆使用輪針3號編織。

1. 起針。 →P.32
2. 針目接合成圈，編織鬆緊針。 →P.32
3. 在第1段加針，編織織入花樣。 →P.70
4. 一邊編織Steeks，一邊進行袖襱的減針。 →P.36
5. 一邊編織Steeks，一邊進行領口的減針。 →P.40
6. 以鉤針進行肩線的引拔針併縫。 →P.41
7. 剪開領口的Steeks，編織領子。 →P.42
8. 最終段是以鉤針進行引拔收縫。 →P.44
9. 剪開袖襱的Steeks，編織袖襱。 →P.45
10. 最終段是以鉤針進行引拔收縫。 →P.44
11. 進行藏線或Steeks的收邊處理。 →P.46
12. 以蒸氣熨斗整燙定型，完成！ →P.46

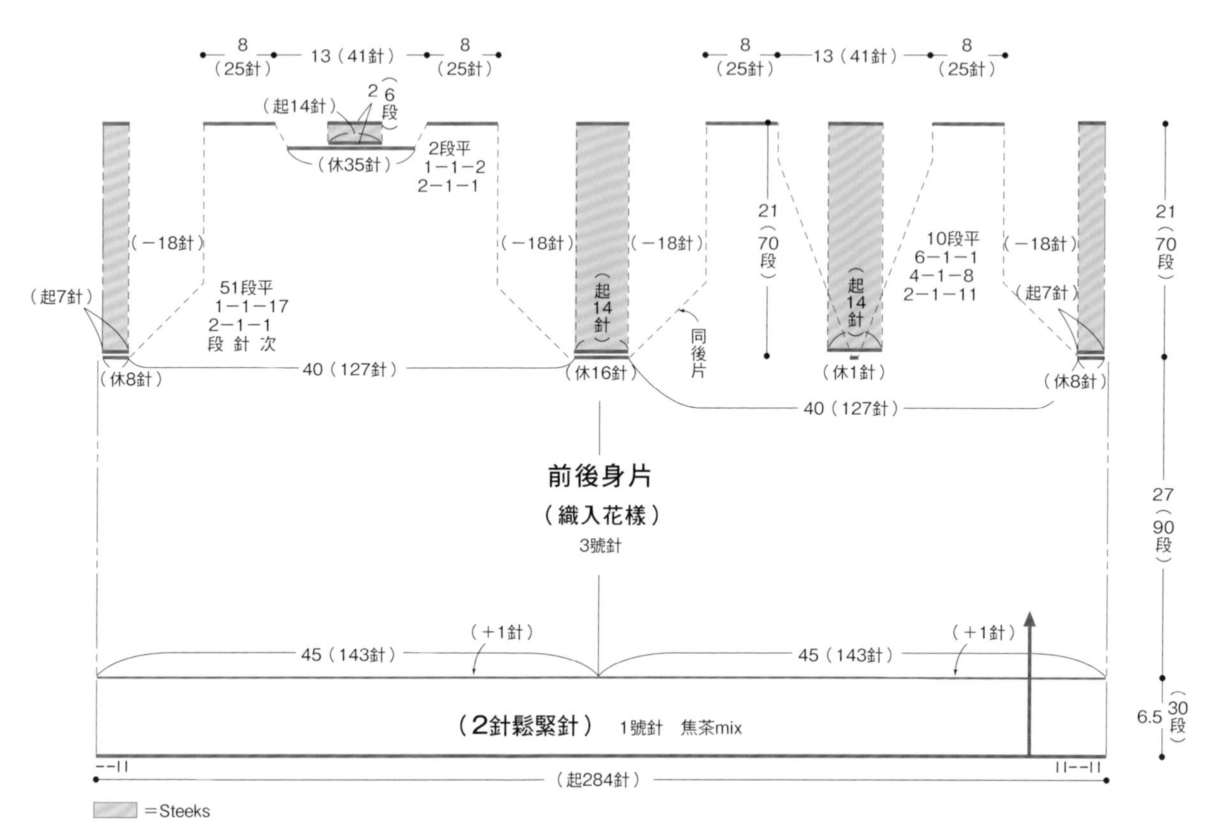

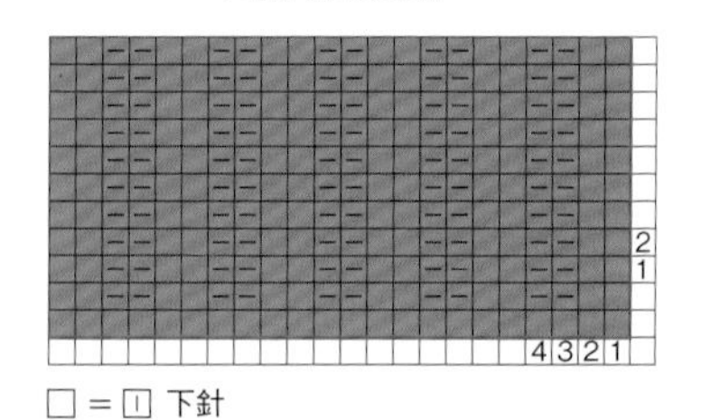

V領領尖的織法

引拔收縫
2/0號
⑫
⑩
⑤
①
（70針）
（70針）
（1針）

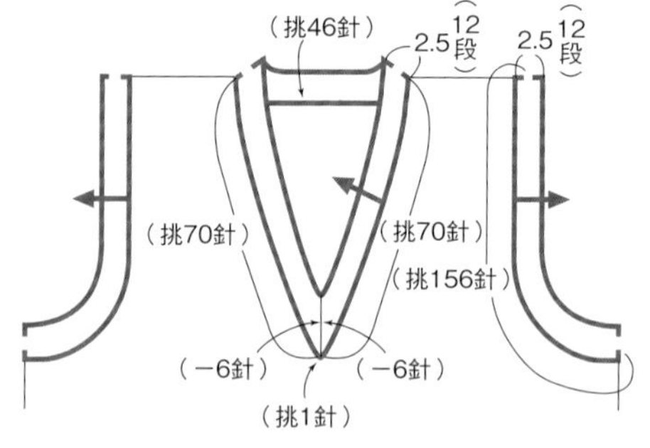

配色&使用量

	色號・英文名	色名	M使用量	L使用量	LL使用量
■	198・Peat	焦茶mix	75g／3球	95g／4球	110g／5球
■	168・Clyde Blue	灰藍色	45g／2球	55g／3球	65g／3球
⊡	1160・Scotch Broom	芥末黃mix	25g／1球	30g／2球	35g／2球
■	525・Crimson	深紅色	20g／1球	25g／1球	30g／2球
□	343・Ivory	象牙白	15g／1球	20g／1球	25g／1球
⊡	375・Flax	淺黃色	15g／1球	20g／1球	25g／1球
■	805・Spruce	灰綠色	10g／1球	15g／1球	15g／1球
□	350・Lemon	檸檬黃	10g／1球	15g／1球	15g／1球

※ 織入花樣以中心為準，對稱配置，起針則前後相同。

4-L ● Picture on P.10

［完成尺寸］
胸圍98cm・背肩寬37cm・衣長60.5cm

※配色與使用量請見P.58

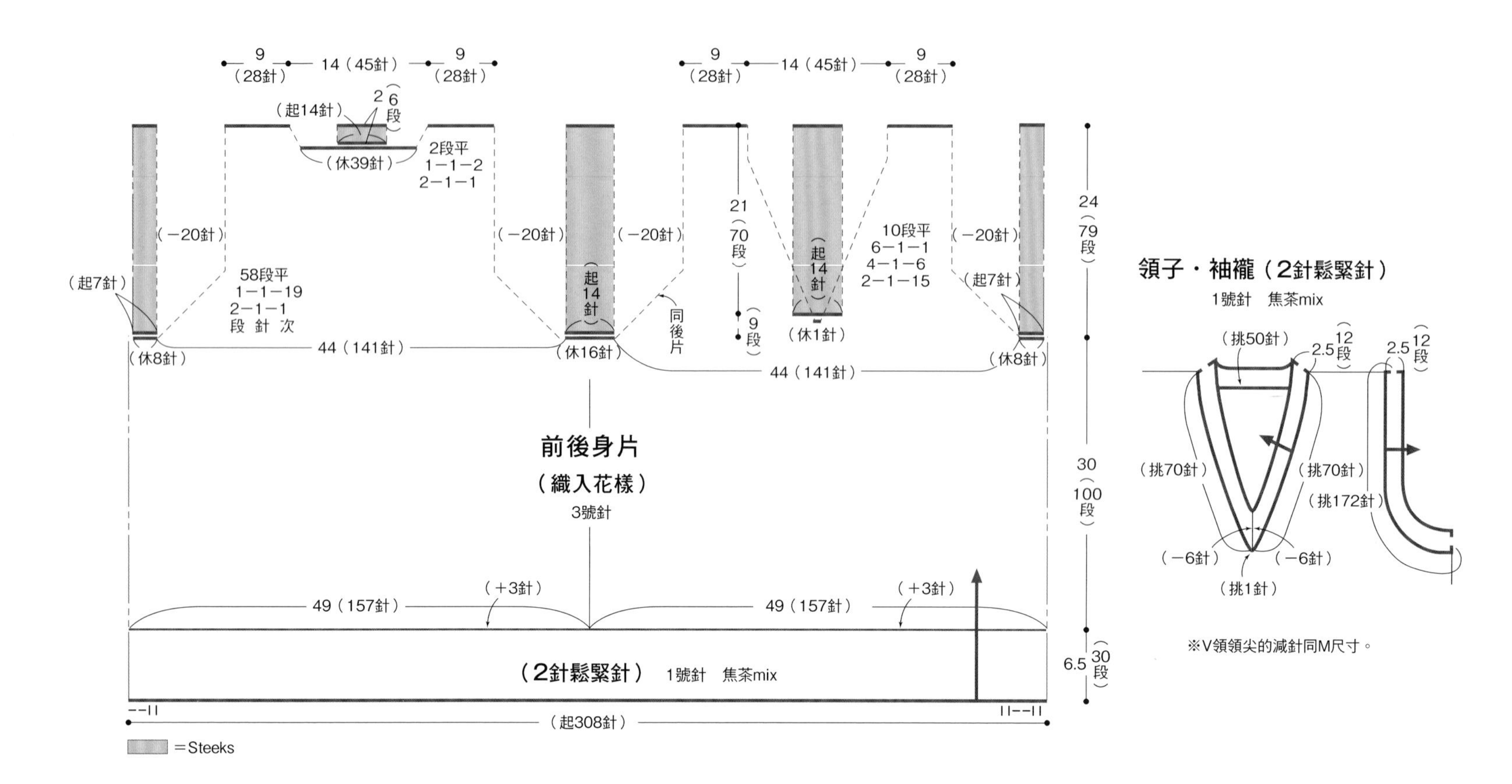

4-LL ● Picture on P.10

［完成尺寸］
胸圍106cm・背肩寬40cm・衣長65.5cm

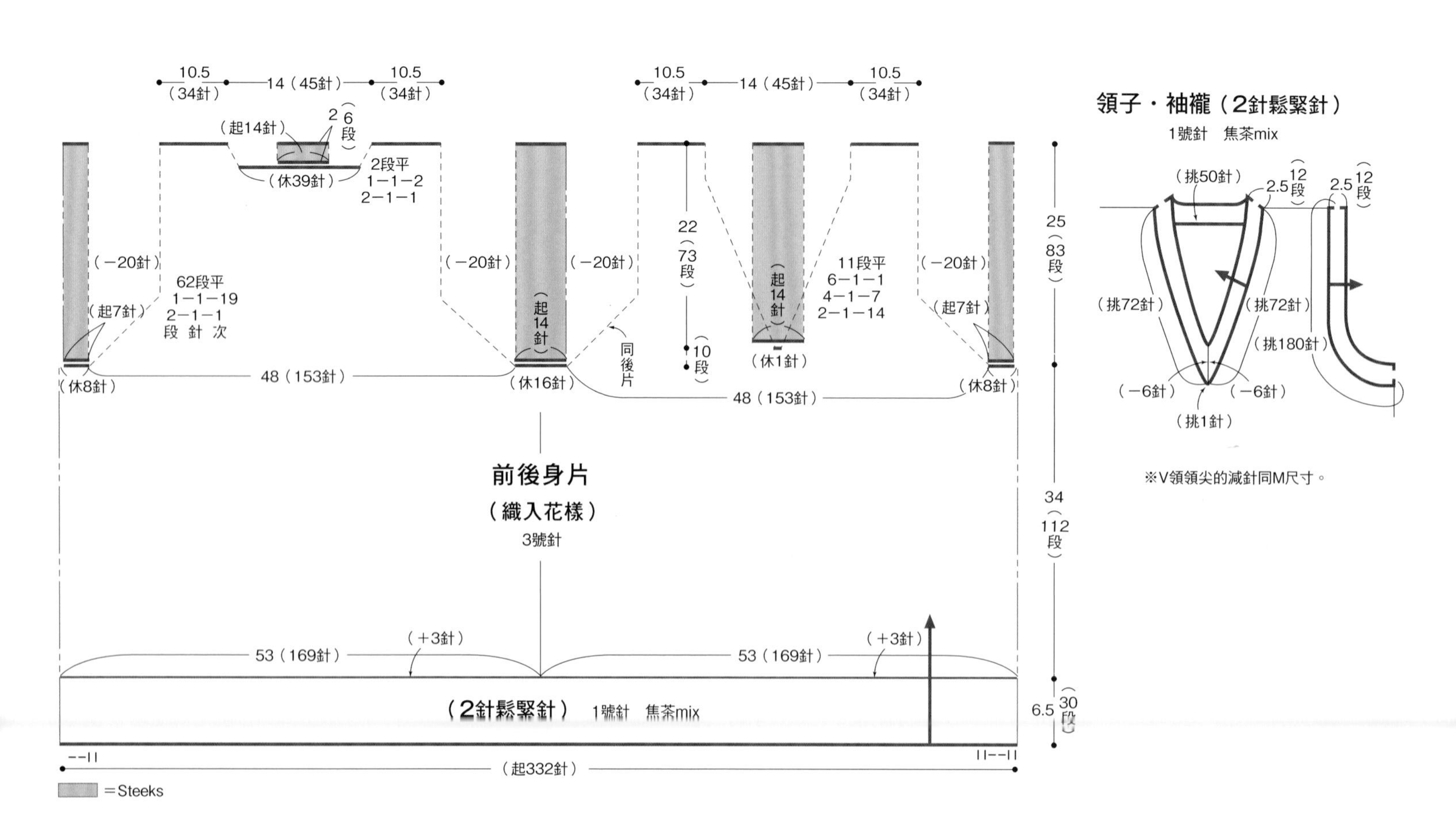

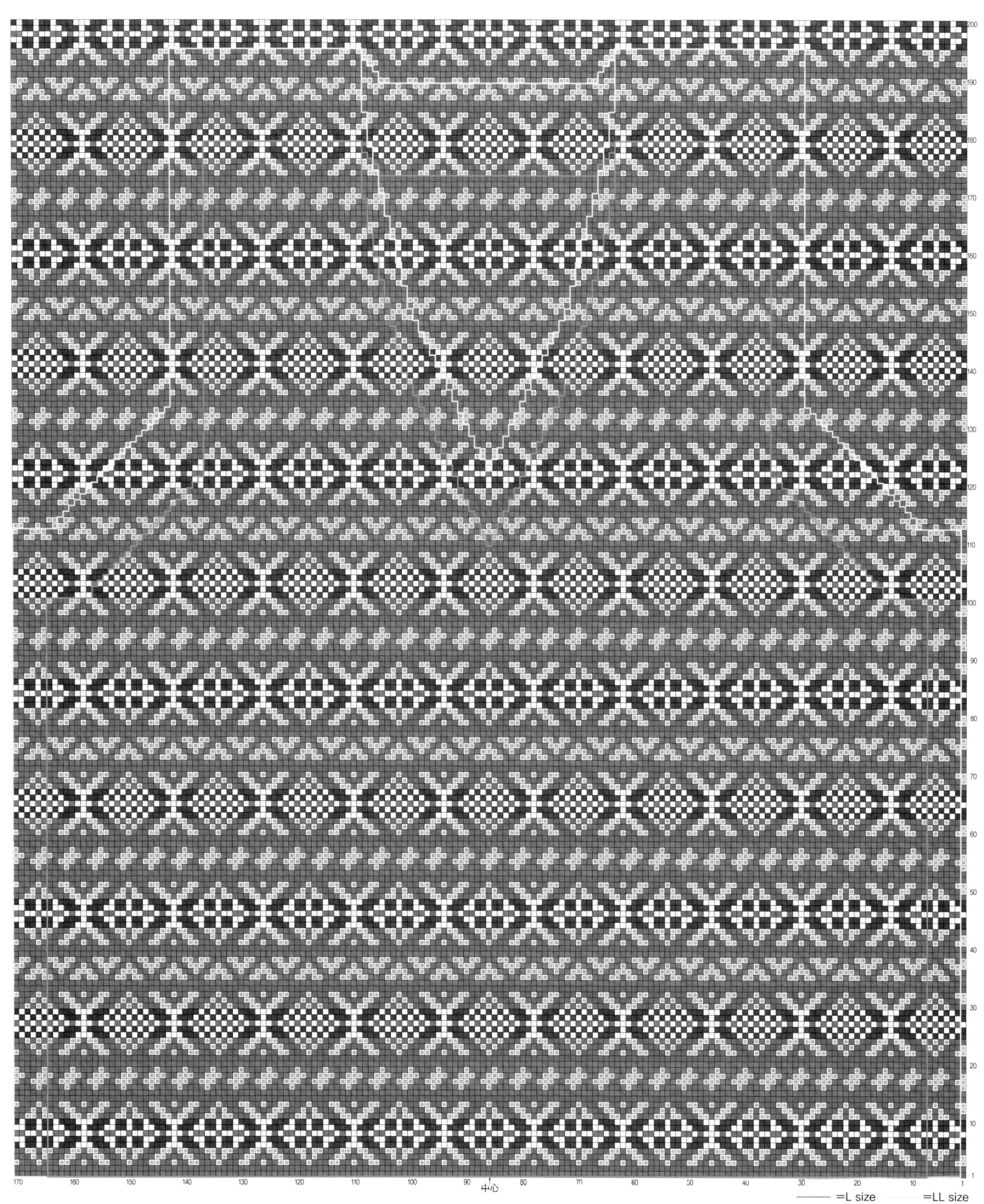

※ 織入花樣以中心為準，對稱配置，起針則前後相同。

5-M ● Picture on P.11

［準備工具］
線材…Jamieson's　Shetland Spindrift
　　色號・色名・使用量請參照表格
針具…輪針3號（80cm）・輪針1號（80cm）・
　　鉤針2/0號

［完成尺寸］
胸圍92cm・背肩寬31cm・衣長57cm

［密度］
10cm平方的織入花樣為29針・31段

［織法重點］
※2針鬆緊針與挑針使用輪針1號，此外皆使用輪針3號編織。

1. 起針。→P.32
2. 針目接合成圈，編織鬆緊針。→P.32
3. 在第1段加針，編織織入花樣。→P.70
4. 一邊編織Steeks，一邊進行袖襱的減針。→P.36
5. 一邊編織Steeks，一邊進行領口的減針。→P.40
6. 以鉤針進行肩線的引拔針併縫。→P.41
7. 剪開領口的Steeks，編織領子。→P.42
8. 最終段是以鉤針進行引拔收縫。→P.44
9. 剪開袖襱的Steeks，編織袖襱。→P.45
10. 最終段是以鉤針進行引拔收縫。→P.44
11. 進行藏線或Steeks的收邊處理。→P.46
12. 以蒸氣熨斗整燙定型，完成！→P.46

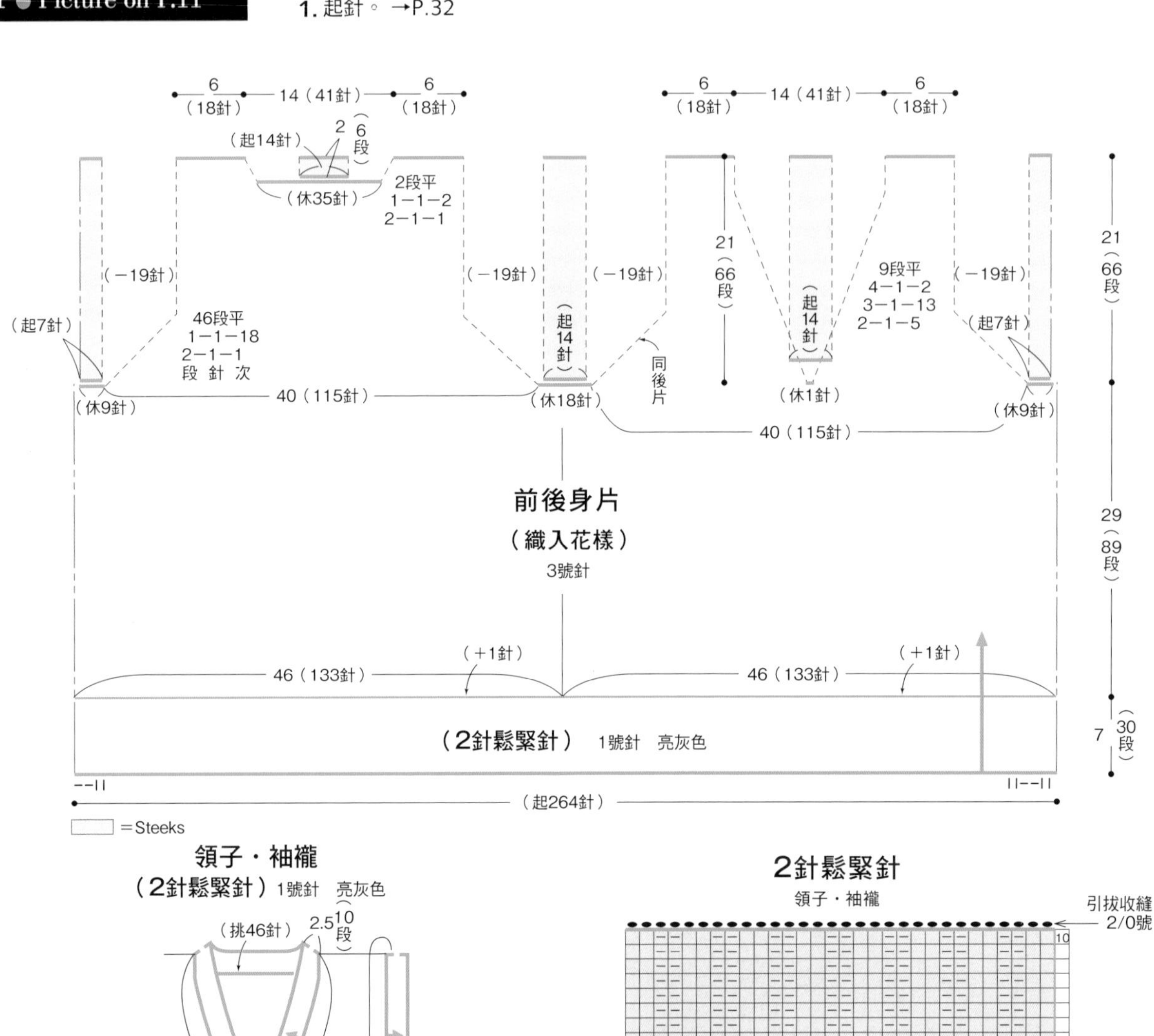

領子・袖襱

（2針鬆緊針）1號針　亮灰色

（挑46針）
2.5（10段）
（挑66針）
（挑66針）
（-8針）
（挑1針）
（-8針）
（挑148針）
2.5（10段）

2針鬆緊針

領子・袖襱

引拔收縫 2/0號

□ = ⊡ 下針

袖襱・領子起針處

V領領尖的織法

引拔收縫 2/0號

（挑66針）
（挑66針）
（1針）

配色&使用量

	色號・英文名	色名	M使用量	L使用量	LL使用量
□	127・Pebble	亮灰色	80g／4球	95g／4球	105g／5球
▨	770・Mint	淺綠色	25g／1球	30g／2球	35g／2球
⊙	1010・Seabright	淺藍綠	25g／1球	25g／1球	30g／2球
▨	680・Lunar	灰藍色	15g／1球	15g／1球	20g／1球
⊙	140・Rye	黃灰色	10g／1球	10g／1球	15g／1球
■	1300・Aubretia	藍紫色	10g／1球	10g／1球	15g／1球
⊙	792・Emerald	祖母綠	10g／1球	10g／1球	15g／1球
⊙	616・Anemone	紫色	10g／1球	10g／1球	15g／1球
▨	790・Celtic	草綠色	10g／1球	10g／1球	10g／1球
□	350・Lemon	檸檬黃	少許／1球	10g／1球	10g／1球
▨	390・Daffodil	黃色	少許／1球	10g／1球	10g／1球

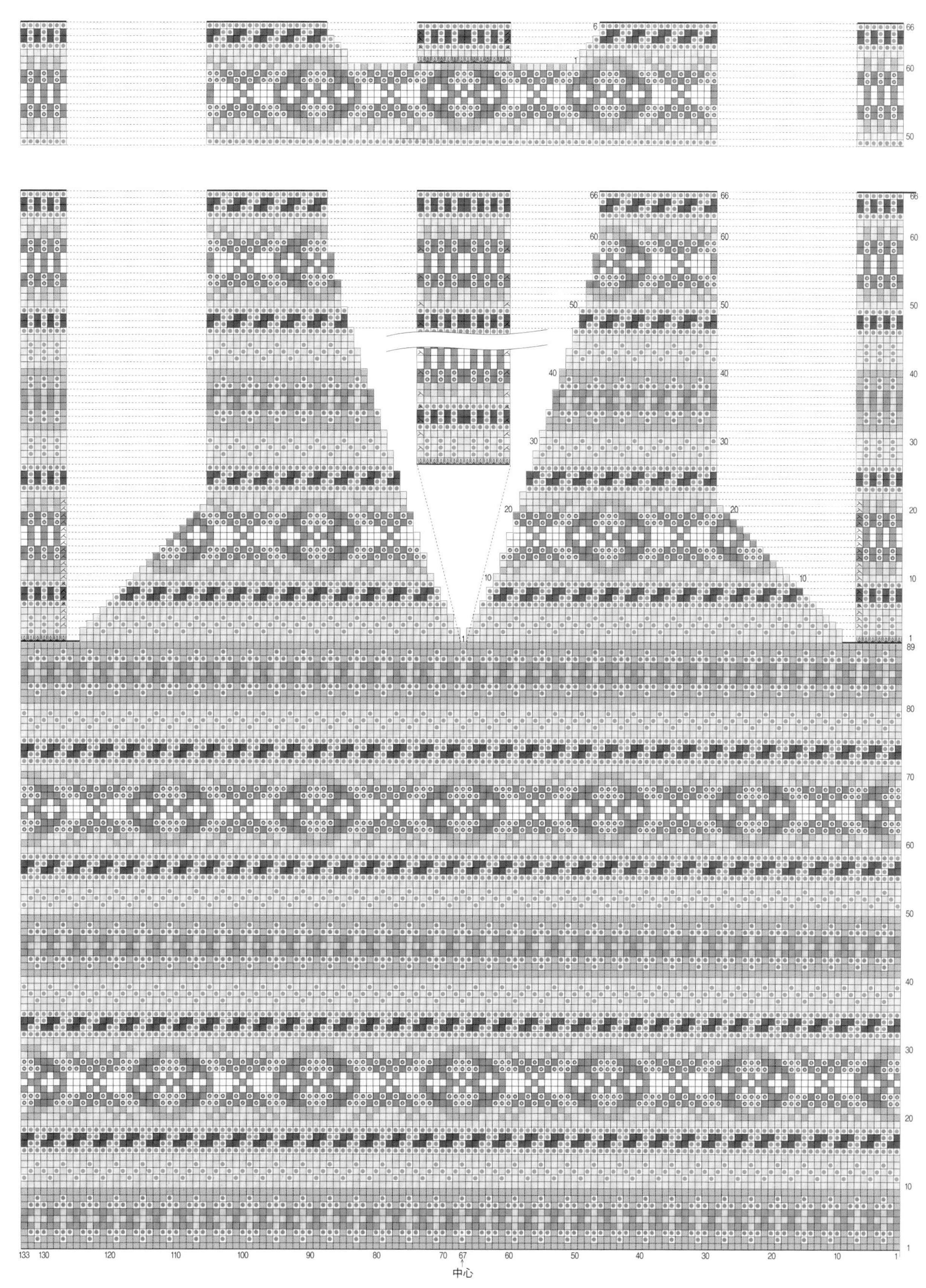

※ 織入花樣以中心為準，對稱配置，起針則前後相同。

5-L ● Picture on P.11

［完成尺寸］
胸圍100cm・背肩寬35cm・衣長60cm

※配色與使用量請見P.62

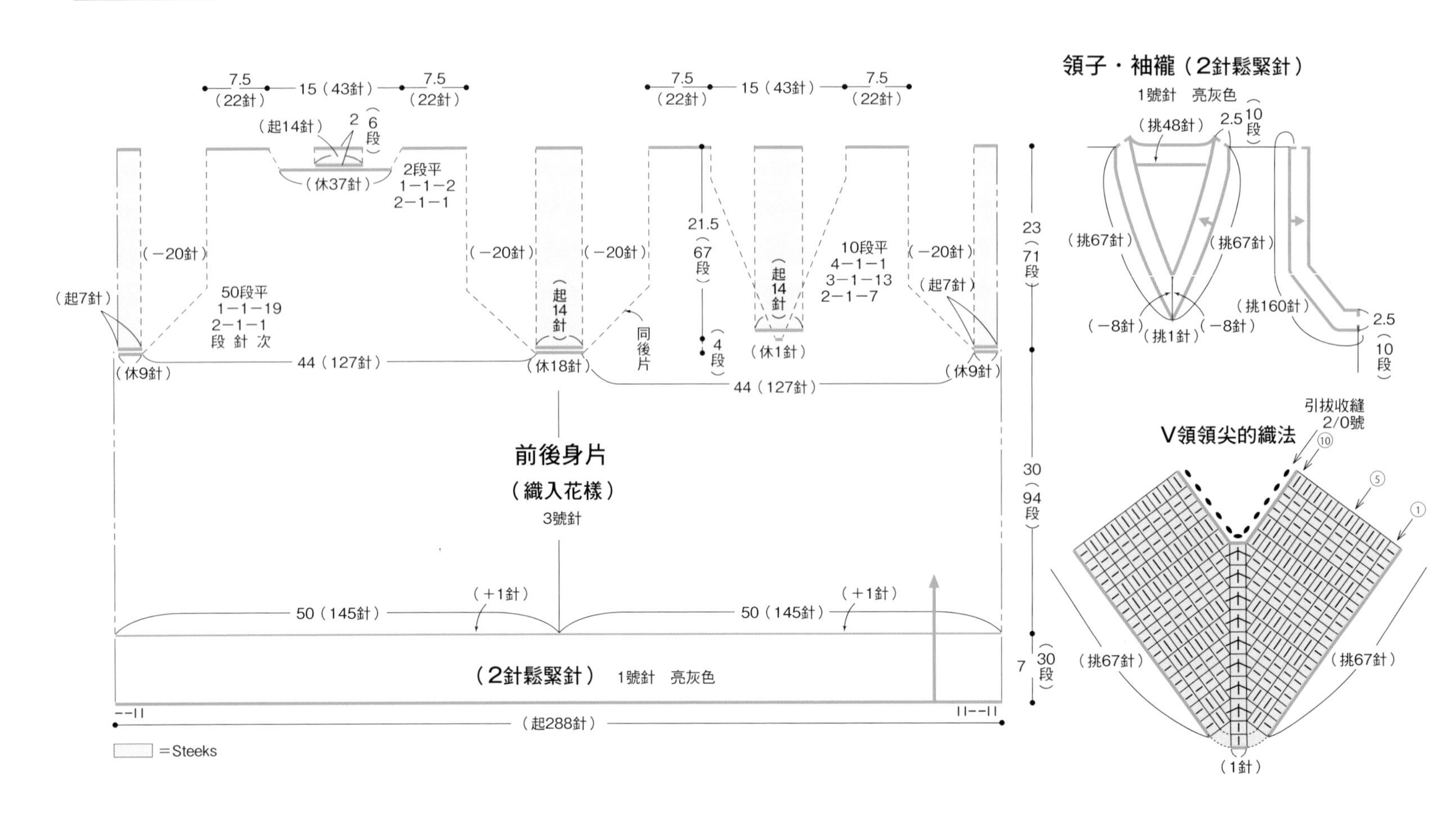

5-LL ● Picture on P.11

［完成尺寸］
胸圍108cm・背肩寬39cm・衣長64.5cm

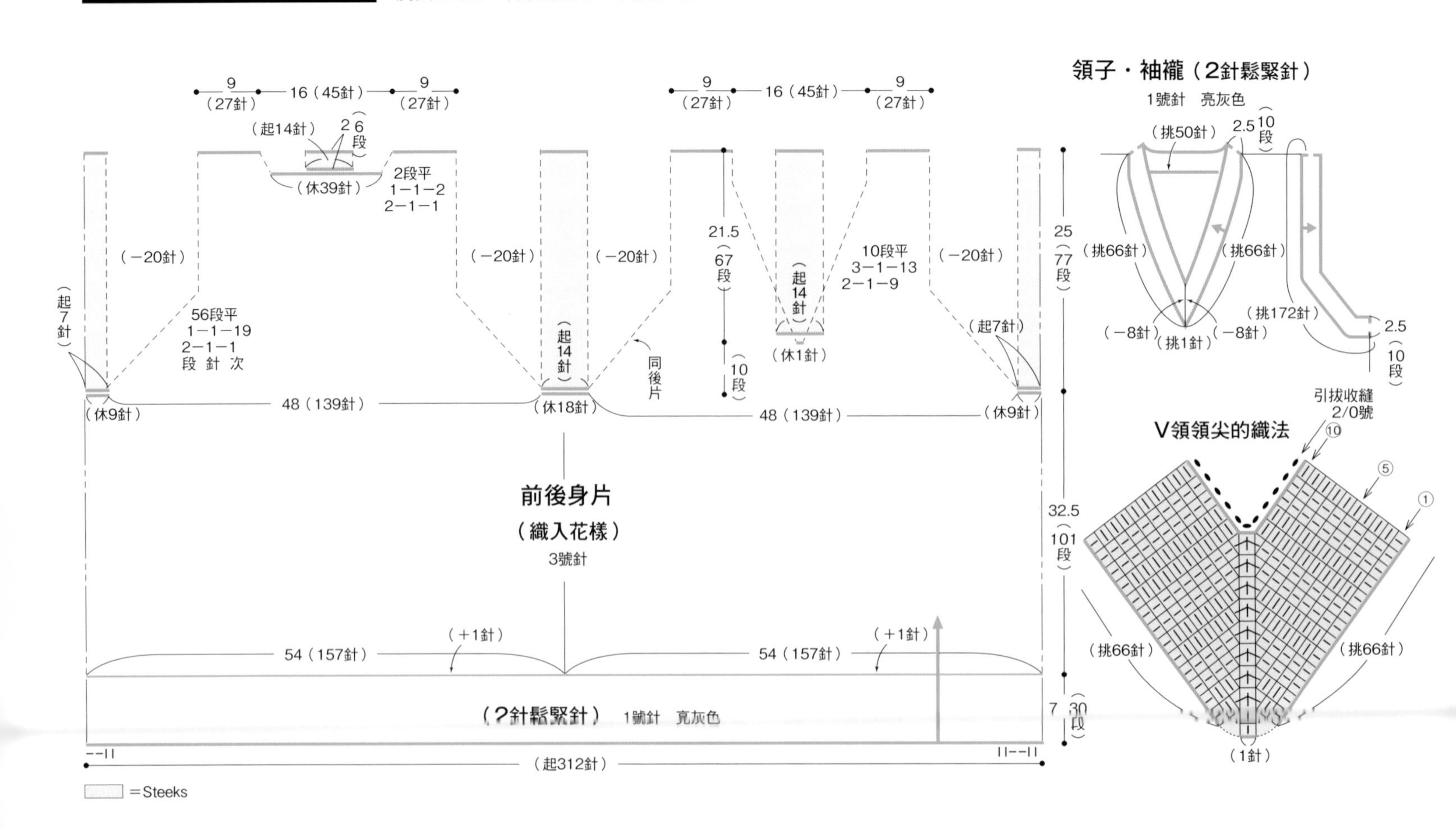

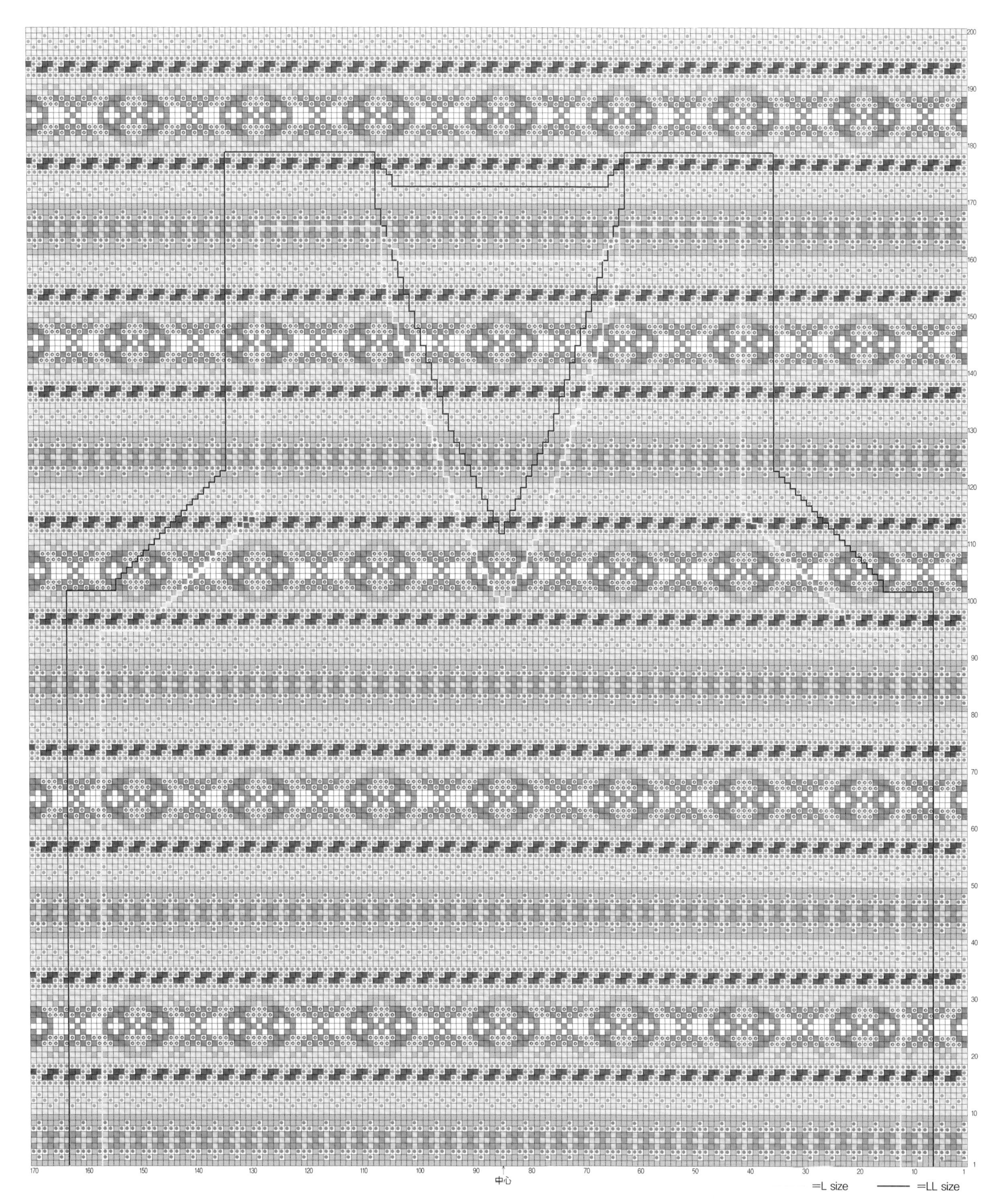

※ 織入花樣以中心為準，對稱配置，起針則前後相同。

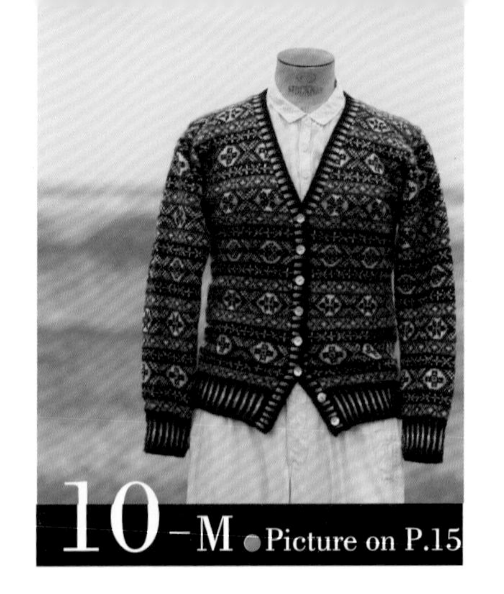

10-M ● Picture on P.15

［準備工具］
線材…Jamieson's　Shetland Spindrift
　　色號・色名・使用量請參照表格
針具…輪針3號（80cm）・輪針1號（80cm）・
　　鉤針3/0號

［完成尺寸］
胸圍94cm・背肩寬39cm・衣長61.5cm・袖長55cm

［密度］
10cm平方的織入花樣為29針・31段

［織法重點］
※挑針使用輪針1號，此外皆使用輪針3號編織。

1. 起針並加入14針Steeks裁份。 →P.67
2. 針目接合成圈，編織起點為7針Steeks，接著織鬆緊針，終點再織7針Steeks。 →P.67
3. 在第1段加針，一邊編織Steeks，一邊編織織入花樣。 →P.70
4. 一邊編織Steeks，一邊進行領口的減針。 → P.40
5. 袖襱暫休針，製作Steeks同時繼續編織。 → P.36
6. 以鉤針進行肩線的引拔針併縫。 → P.41
7. 剪開袖襱的Steeks。 → P.71
8. 沿袖襱挑針，依織圖編織袖子與Steeks至指定段數為止。 → P.73
9. 剪開前襟・領口的Steeks。 → P.76
10. 以往復編編織領子・前立，並於途中製作釦眼。 → P.76
11. 最終段是以鉤針進行引拔收縫。 → P.44
12. 進行藏線或Steeks的收邊處理。 → P.78
13. 以蒸氣熨斗整燙定型。 → P.78
14. 最後，接縫鈕釦即完成。

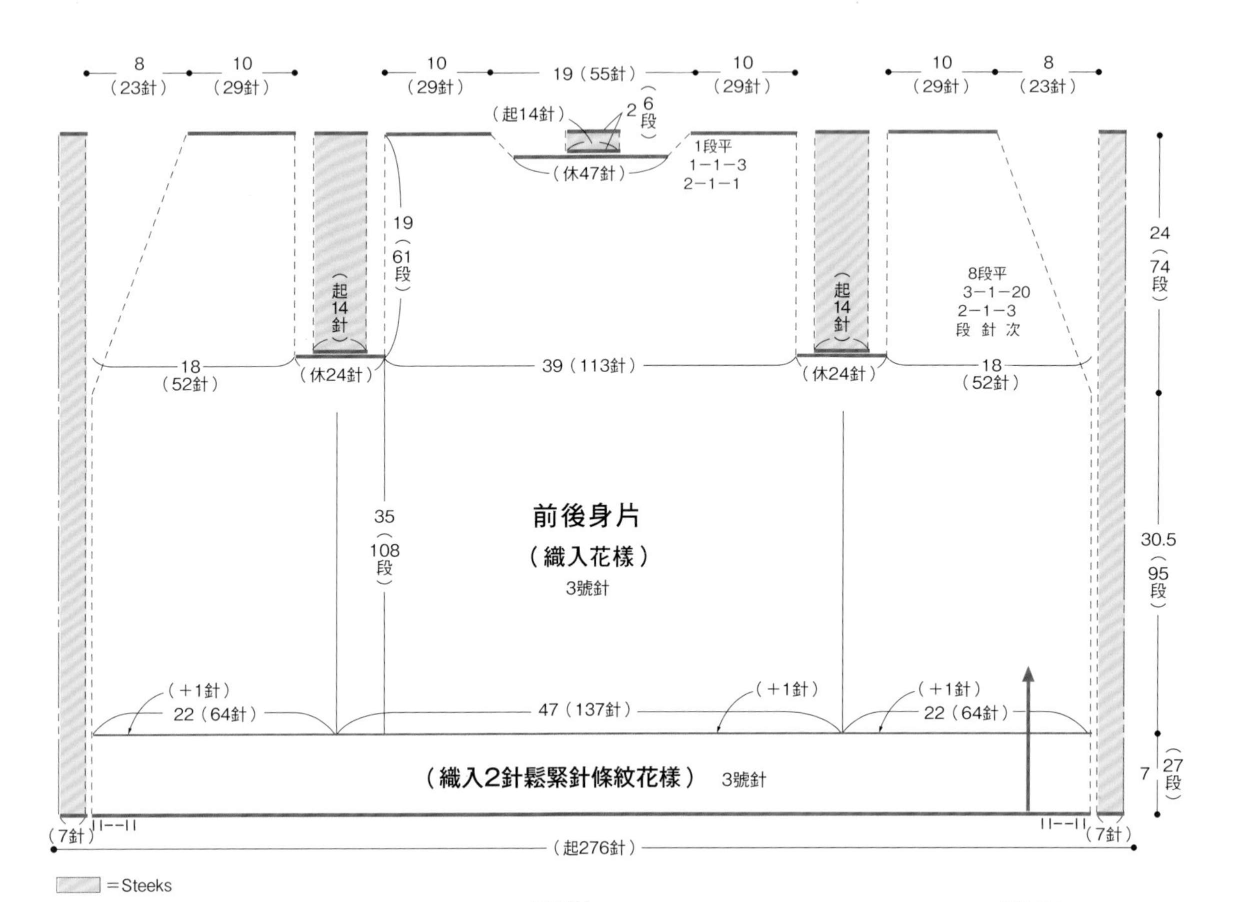

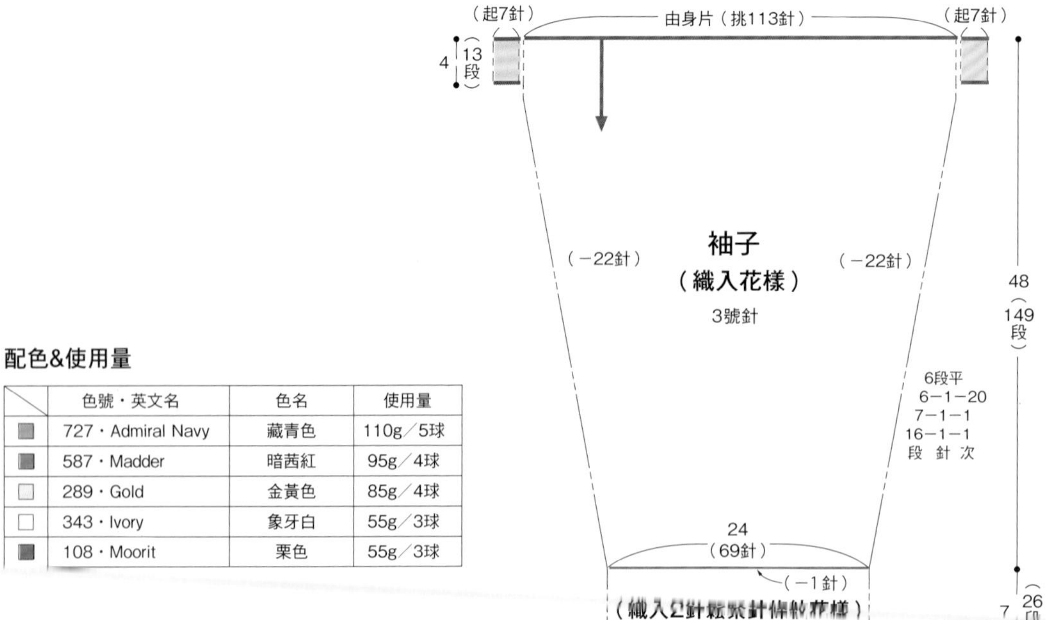

配色&使用量

	色號・英文名	色名	使用量
■	727・Admiral Navy	藏青色	110g／5球
■	587・Madder	暗茜紅	95g／4球
□	289・Gold	金黃色	85g／4球
□	343・Ivory	象牙白	55g／3球
■	108・Moorit	栗色	55g／3球

織入2針鬆緊針條紋

袖口

引拔收縫
3/0號

26
20
15
10
5
1

727
587
289
343
289
587

4 3 2 1

底色線 配色線

□＝⌷ 以配色線編織下針

起針處

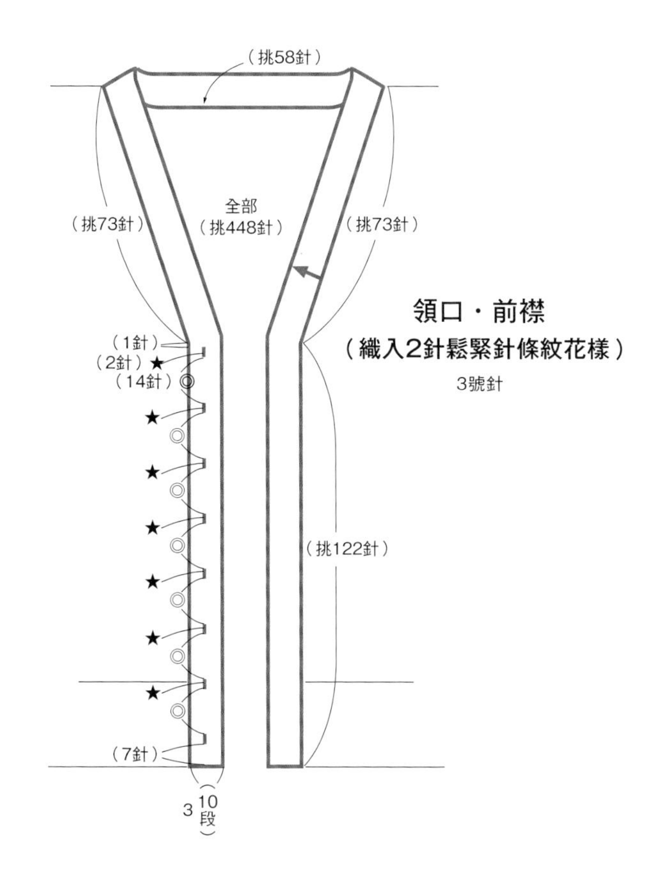

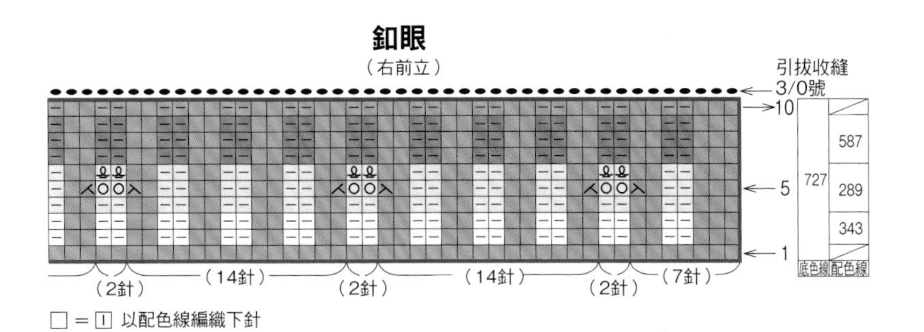

前開襟款式從下襬開始加入裁份Steeks的編織

開襟衫的款式是一邊在前襟部分製作Steeks，一邊編織。

第1段

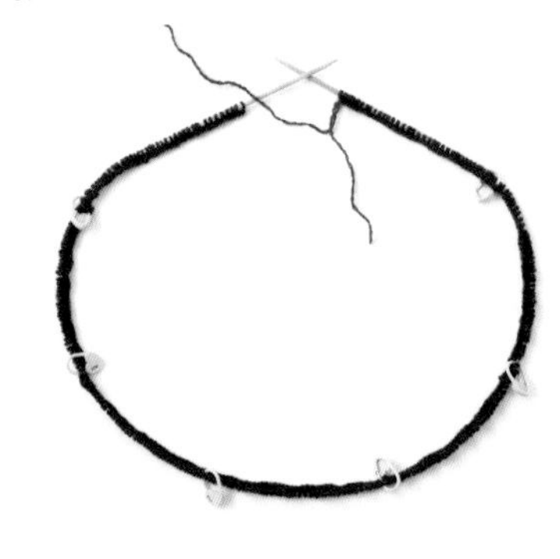

1. 預留織幅3倍，約290cm的線長後，以1支3號針進行手指掛線起針法。起針276針，建議每隔40針掛上記號圈便於識別。

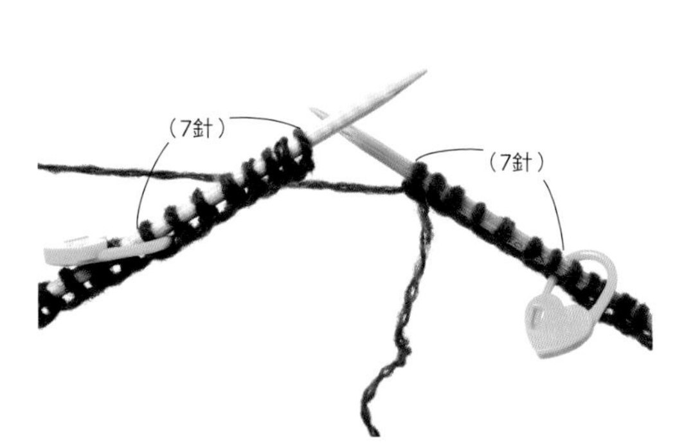

2. 分別在編織起點的7針Steeks，與編織終點的7針Steeks也掛上記號圈。

第2段

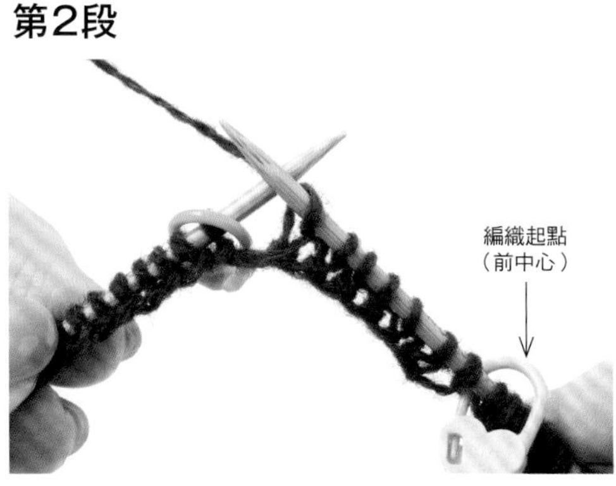

3. 在編織起點（前中心）掛上記號圈，以下針編織7針Steeks。

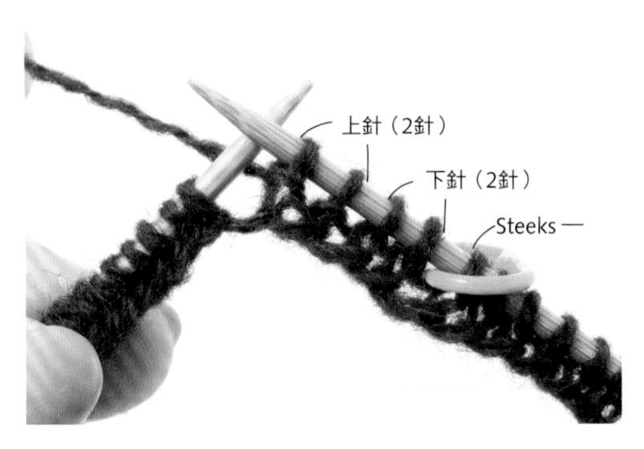

4. 下襬的鬆緊針是交替編織2針下針，2針上針。

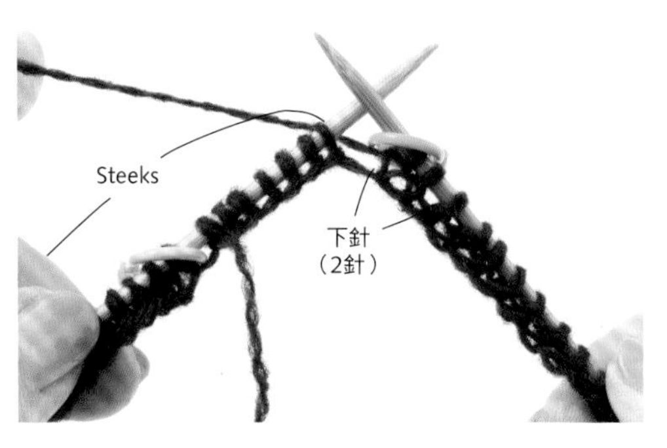

5. 至編織終點的Steeks前，皆重複進行2針下針、2針上針，並以2針下針結束。

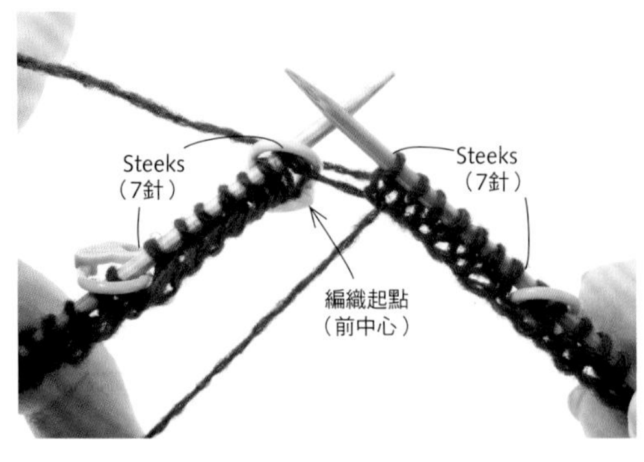

6. 編織終點的7針Steeks同起點處織下針。至此，第2段完成。

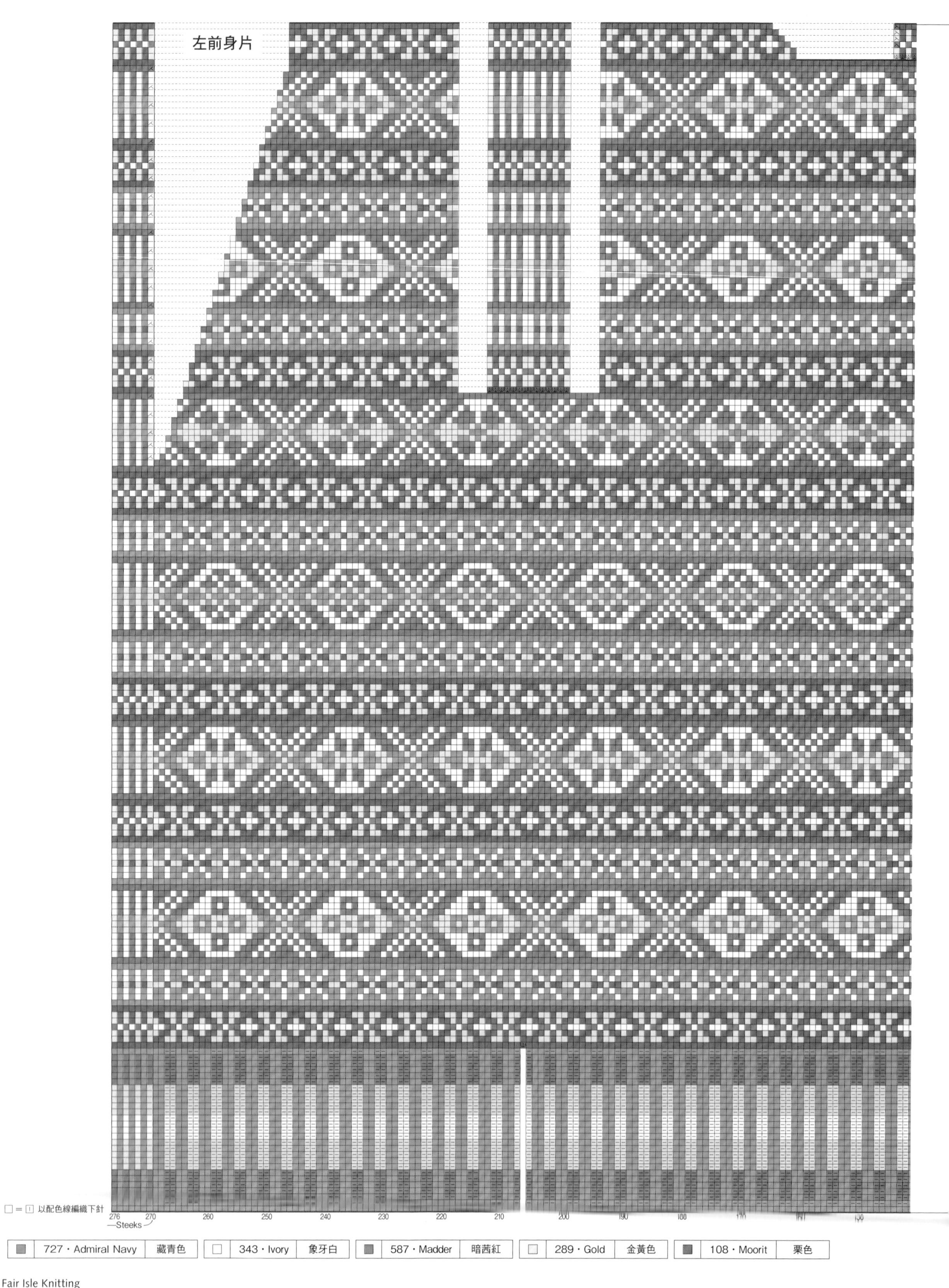

■	727・Admiral Navy	藏青色	□	343・Ivory	象牙白	■	587・Madder	暗茜紅	□	289・Gold	金黃色	■	108・Moorit	栗色

後身片
右前身片
織入花樣
織入2針鬆緊針條紋花樣
中心
Steeks
起針處

第3段

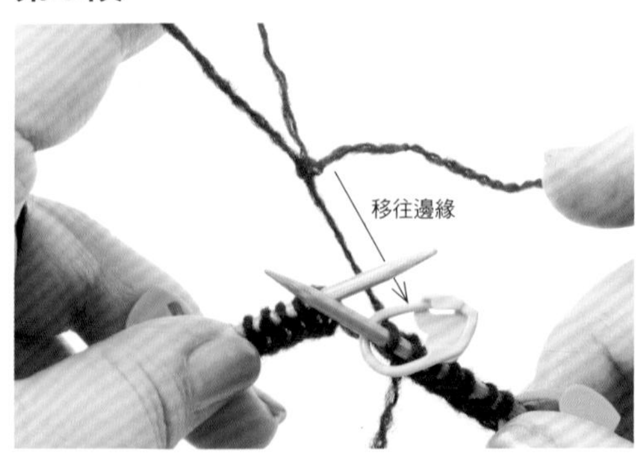

7. 從第3段開始，進行配色的編織。配色線的線頭在底色線上鬆鬆地打結。

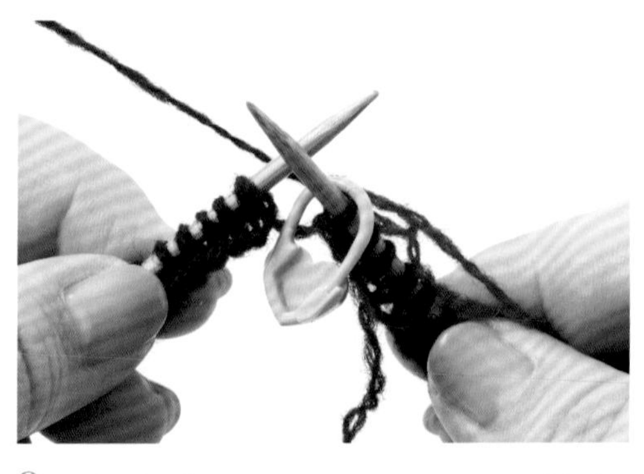

8. 將線結移至底色線的邊緣。千萬不要忘記在編織起點加上記號圈。

9. 7針Steeks是交替編織「配色線→底色線→配色線→底色線→配色線→底色線→配色線」。

10. 下襬處的鬆緊針是重複編織「以底色線織2針下針，以配色線織2針上針」。

11. 編織終點的Steeks前2針則是織下針。

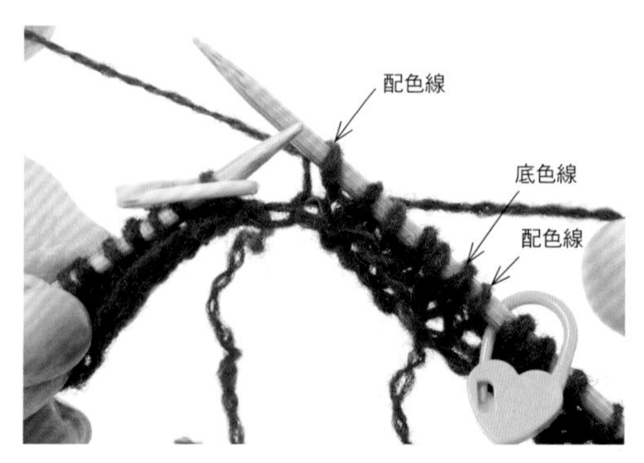

12. 編織終點的7針Steeks以「配色線→底色線→配色線→底色線→配色線→底色線→配色線」的順序編織，中央2針為配色線。第4段以後皆以配色方式編織下襬。

於織入花樣的第1段進行加針

依據花樣針數的不同，從鬆緊針改為織入花樣的第1段，也會有需要加針的情況。

1. 在上針與下針的交界處，將線掛於食指，如圖示入針。

2. 鬆開食指，完成捲加針。

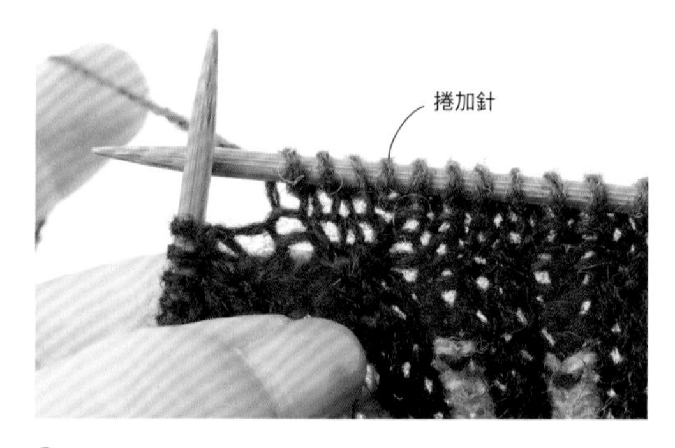

3. 幾乎毫無痕跡地完成了加針。此作品是於3處進行捲加針。

剪開袖子的Steeks

首先，進行編織袖子的準備。

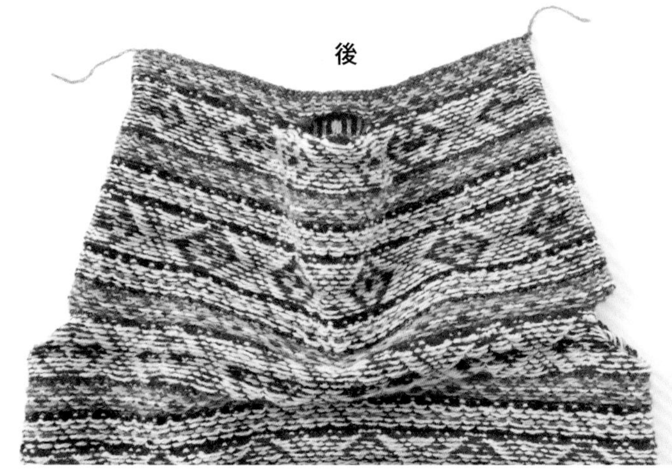

1. 身片的製作要領大致上與背心相同。將織片翻至背面，以鉤針進行肩線的引拔針併縫。（※參照P.41）

2. 肩線併縫完成的模樣。線頭暫時原樣擱置即可。

3. 剪開袖襱的Steeks。以Steeks中央2針的配色線之間為基準，剪開。

4. 在中央的2針之間剪開。請使用俐落好剪的剪刀。

5. 將另一隻手放入織片內側撐開，一點一點地裁剪。

6. 請注意，避免不慎剪到其他其他針目！

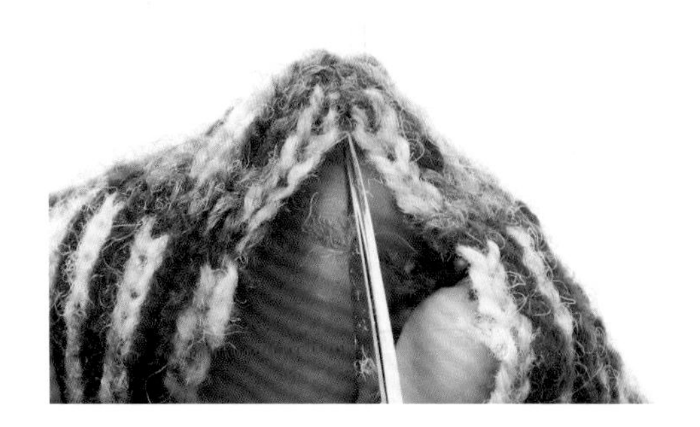

7. 剪至肩線併縫的邊緣為止。若擔心剪過頭，不妨事先在最終段掛上記號圈。（※參照P.45）

■	727・Admiral Navy	藏青色
□	343・Ivory	象牙白
■	587・Madder	暗茜紅
□	289・Gold	金黃色
■	108・Moorit	栗色

袖子

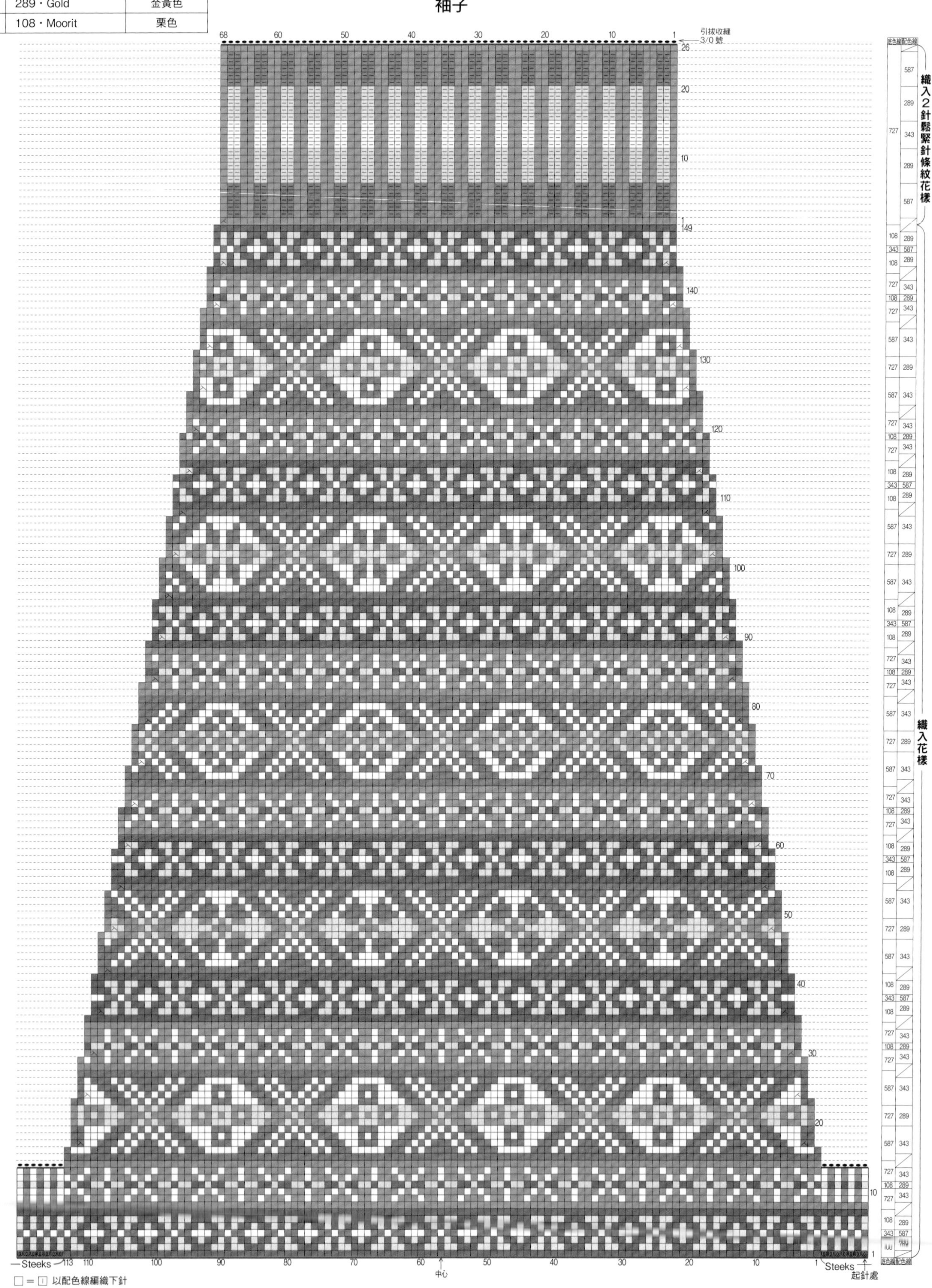

□ = ▢ 以配色線編織下針

挑針編織袖子

袖子同樣製作了Steeks，沿袖襱挑針之後，由肩膀往袖口的方向編織。
不需編織Steeks之後的段數，以輪編進行的織入花樣起點與終點，皆以底色線編織。

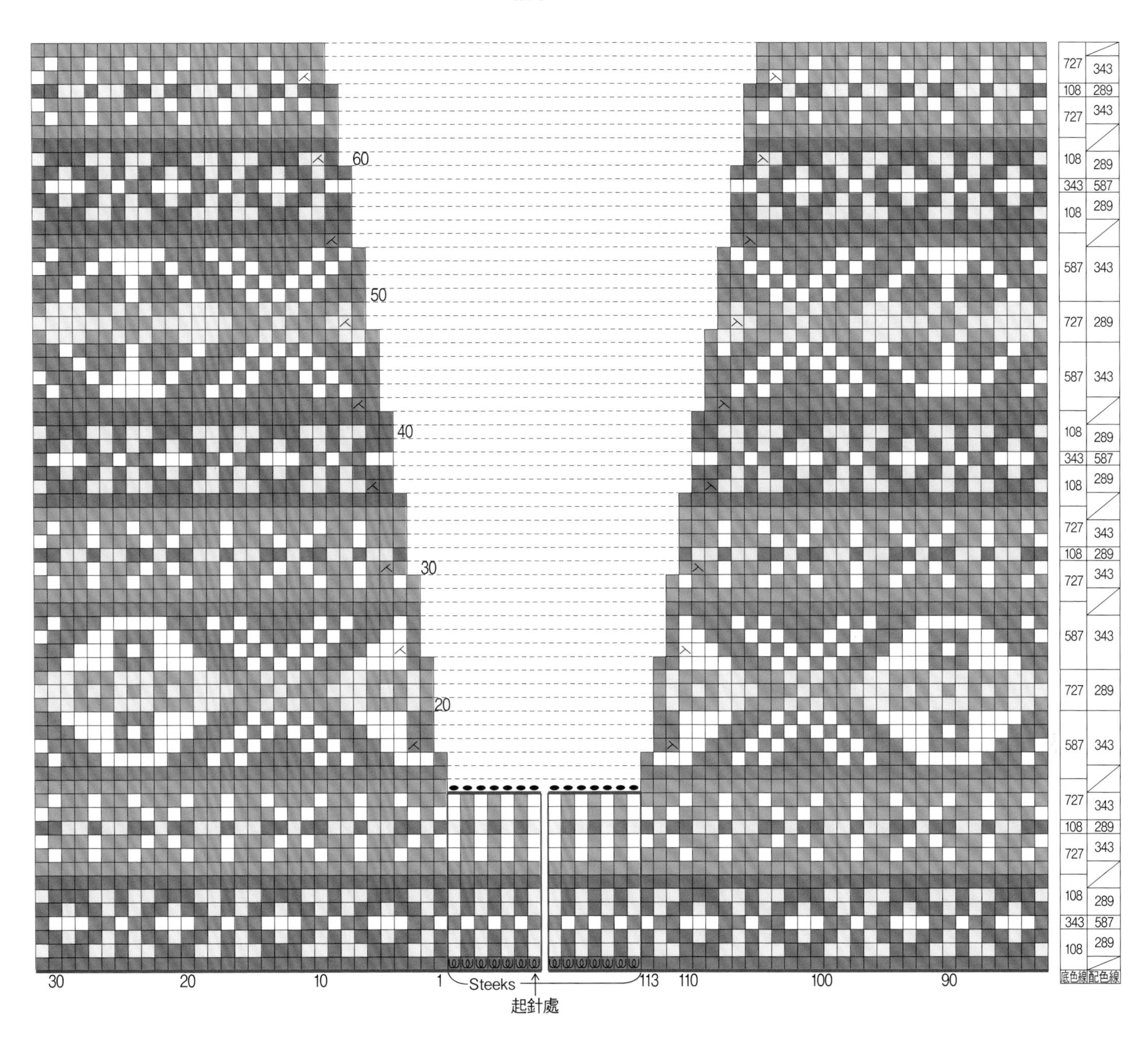

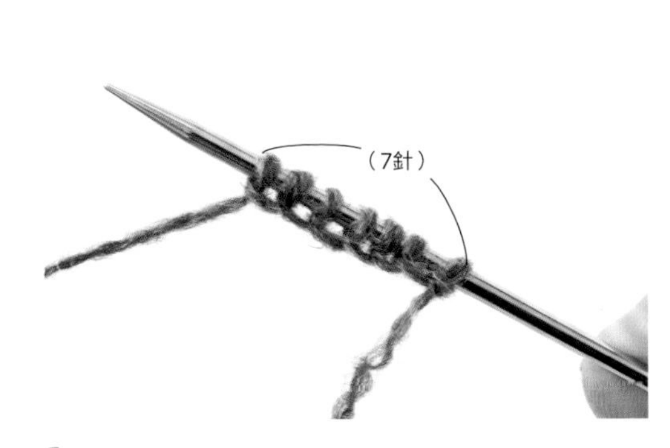

1. 編織起點與終點，合計製作14針的Steeks。以1號針作出7針捲針。

2. 輪針由正面穿入Steeks與身片之間的織線，將Steeks部分倒向內側。針上掛線，往正面鉤出織線。

3. 接下來在每1段挑1針，之後再配合袖子的針數，從針上取下針目即可。（※參照P.43）

	727・Admiral Navy	藏青色		343・Ivory	象牙白		587・Madder	暗茜紅		289・Gold	金黃色		108・Moorit	栗色

4. 跳過肩線併縫處，繼續挑針。

5. 挑針至身片脇邊的休針前之時，製作7針捲針成為終點處的Steeks針目。第2段開始，改換3號針編織。

6. 袖襱挑針完畢的模樣。第2段之後，為了讓Steeks的中央2針皆為配色線，因此編織起點的7針為「配色線→底色線→配色線→底色線→配色線→底色線→配色線」，終點的7針為「配色線→底色線→配色線→底色線→配色線→底色線→配色線」。至第13段為止增加14針的Steeks，不加減針編織織入花樣。

第14段 編織起點

7. 織好13段Steeks進行套收針。首先，以下針編織起點的2針，再以左針挑起右側針目，覆蓋左側針目套住。（亦可以鉤針進行引拔收縫）

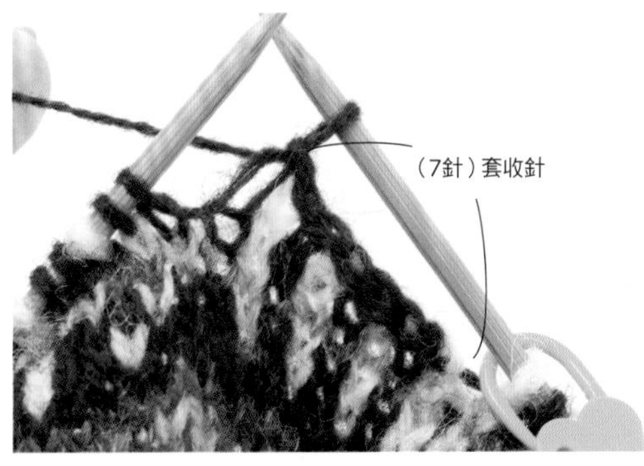

8. 重複「編織1針下針，以右側針目覆蓋」，進行7針套收針。接著，參照記號圖編織織入花樣。

第14段 編織終點

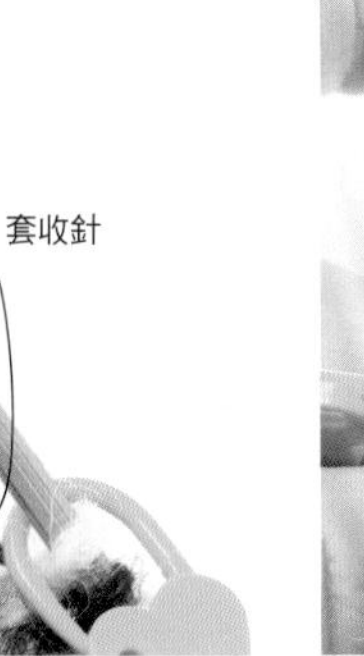

9. 編織至終點的Steeks之前。

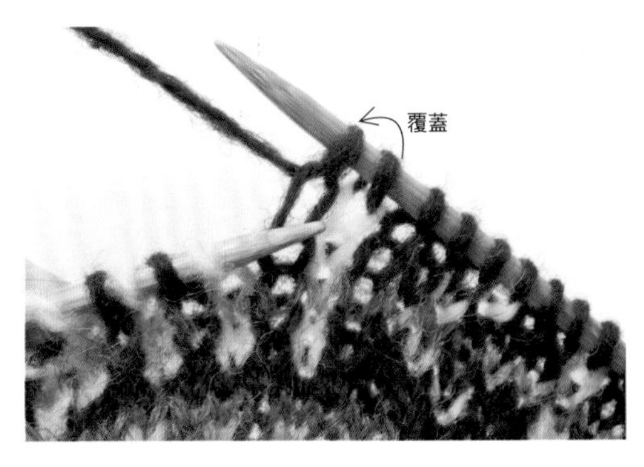

10. 以下針編織Steeks的2針，以左針挑起右側針目，覆蓋在左側針目上。

11. 織好1針套收針的模樣。

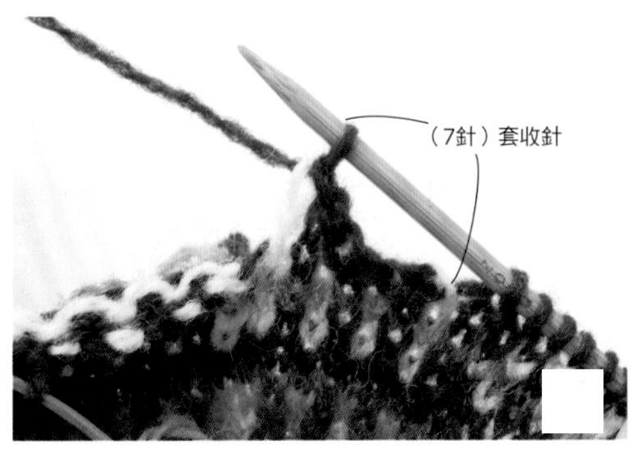

12. 以相同要領編織7針套收針，剪線。

第15段之後

1. 此段開始不編織Steeks，以輪編編織袖子。更換色線，為了便於辨識編織起點，因而掛上記號圈。

2. 第15段織好的模樣。繼續編織第16段。

3. 第17段開始減針。起點是以底色線織1針下針，再以2併針編織第2針與第3針。

4. 終點處倒數的第2針與第3針進行右上2併針，最後一針則是以底色線織下針。以此要領進行減針，編織袖子。

5. 完成袖子的模樣。最終段進行引拔收縫。（※參照P.44）

以往復編編織前立

由下襬往上一直線的剪開Steeks，有種特別的快感。
編織前立，再處理少許的線頭收尾或Steeks後續，就快要完成作品了。

剪開Steeks

1. 以Steeks中央2針的配色線之間為基準，從下襬開始剪開。為了避免剪到其他針目，將手放入織片內側撐開。

2. 至後領口為止，一口氣直線剪開！ 在熟稔之前，最好一點一點地剪開。

3. 瞬間形成開襟衫的形狀。

編織前立　第1段（挑針）

1. 使用1號針，由右身片下襬開始挑針。在Steeks與身片之間的織線挑針，每1段挑1針。

2. 在前立與領子的交界處掛上記號圈。領口的2併針，是挑重疊2針的下方針目。（※參照P.42）

第2段

3. 前立是使用Steeks技巧的作品中，唯一以往復編編織之處。看著背面編織鬆緊針。挑針針數在第2段調整，使其符合織圖針數即可。（※參照P.43）

第5段（釦眼）

4. 編織至指定位置時，織一針右上2併針。

5. 在右針上以配色線作2針掛針。

6. 以底色線將2針目織左上2併針。

第6段

7. 第6段為看著背面編織的織段，在前段的2針掛針處，織扭針的下針。

8. 從正面看著織片的模樣。形成2針上針。

9. 編至途中的模樣。最終段以鉤針進行引拔收縫。（參照P.44）

釦眼
（右前立）

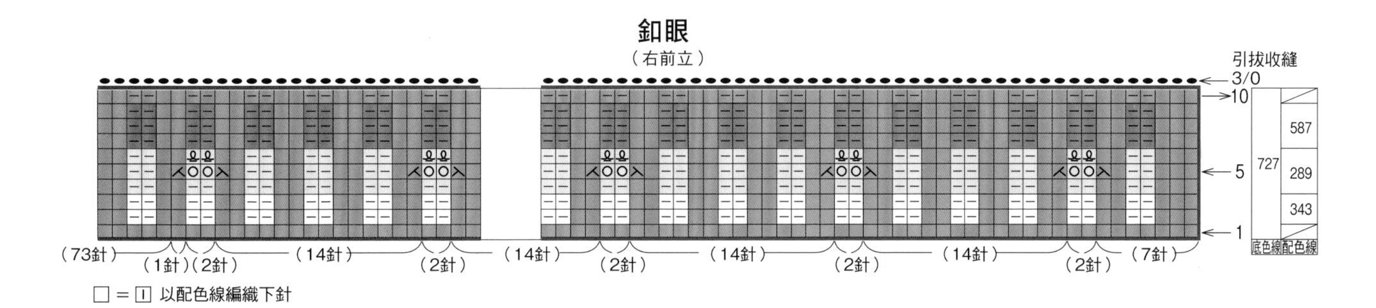

□＝⊡ 以配色線編織下針

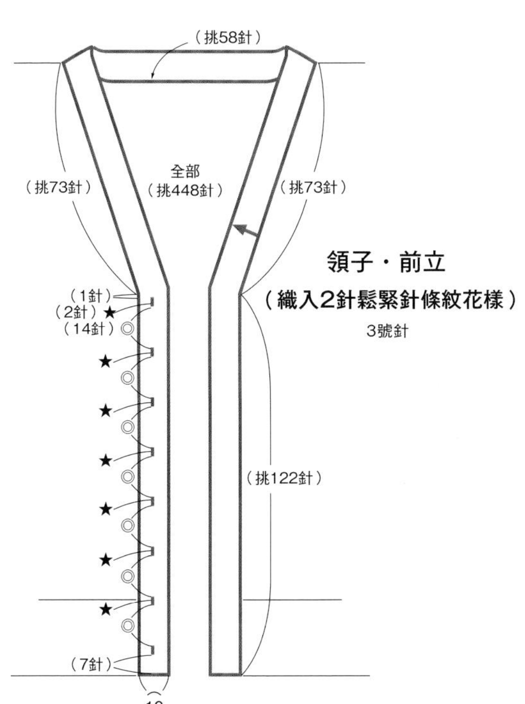

2針目的釦眼（2針鬆緊針）

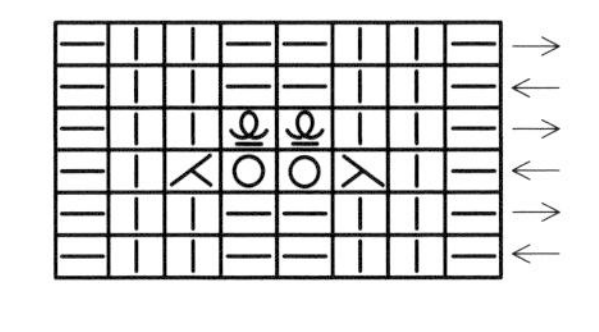

看著正面編織的織段

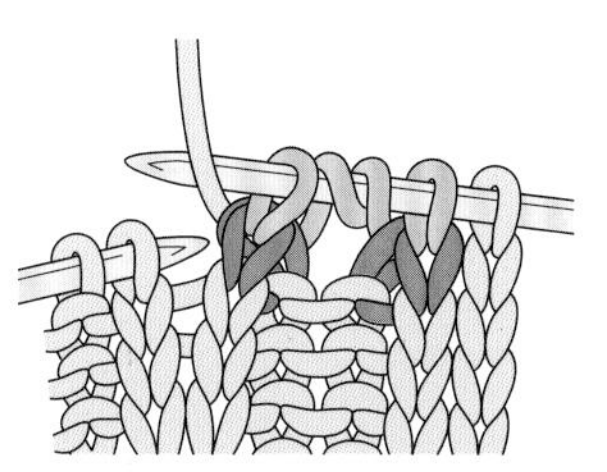

1.2針掛針依圖示於右針上掛線。

2.編織右上2併針、2針掛針、左上2併針的模樣。

看著背面編織的織段

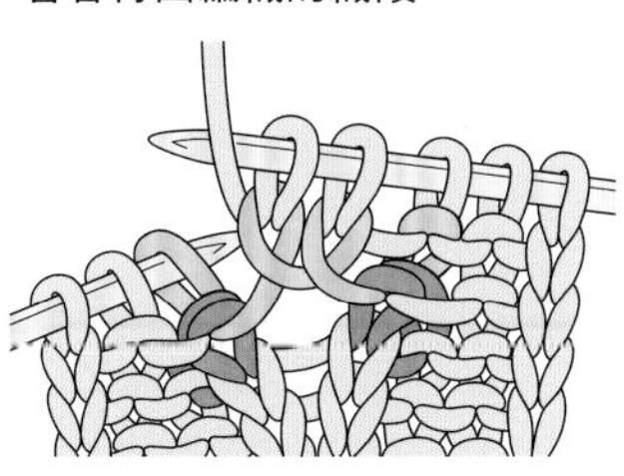

3.2針掛針上方分別織扭針。

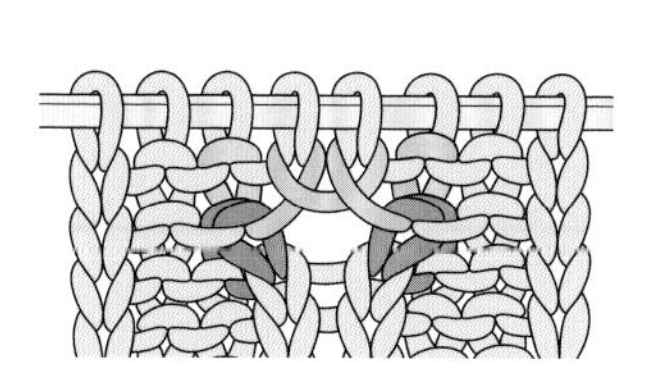

4.下一針是織上針。

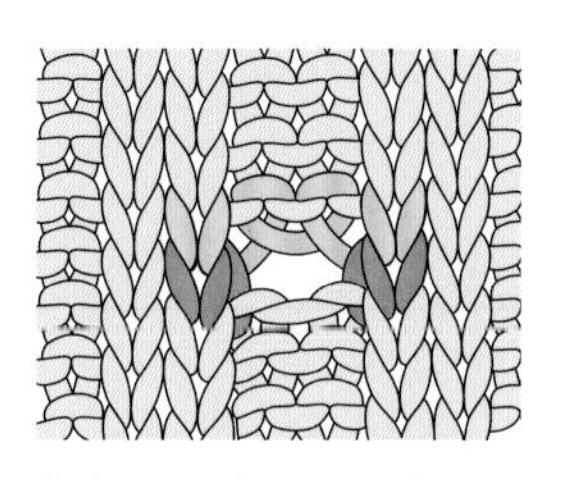

5.完成後，織片正面的模樣。

分別進行各處的收針藏線，完成作品

進行脇邊併縫．Steeks的後續處理，作品終於要完成了。

Steeks的後續處理

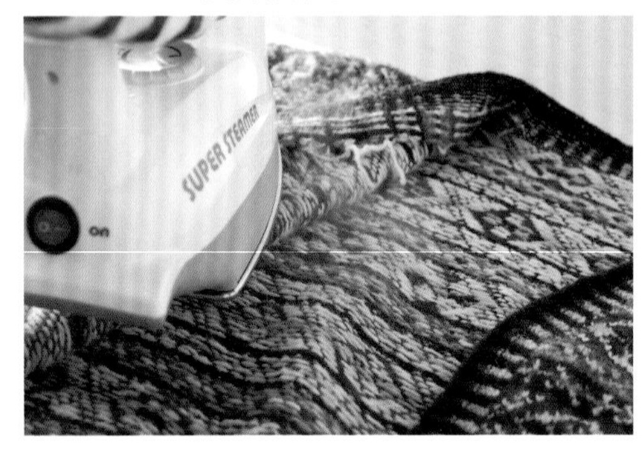

1. 修剪Steeks之前，最好先以蒸氣熨斗重點性的整燙為宜。

2. 預留5針Steeks，其餘剪掉。與剪開Steeks的時候一樣，請使用俐落好剪的剪刀。

3. 將邊端2針往內側摺入，以珠針逐一固定。將反摺於背面的邊端半針、第3針的半針，與身片的渡線一起進行藏針縫。

併縫脇邊

1. 將身片的休針移至針上。

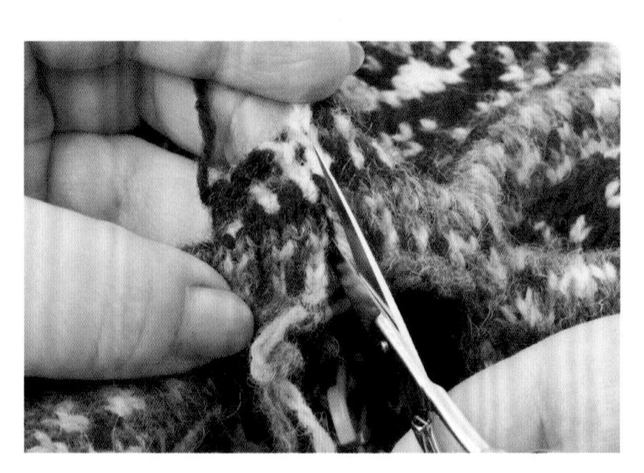

2. 剪開袖子的Steeks。

3. 挑Steeks與身片之間，以及休針的針目，進行針目與織段的併縫。

4. 雖然縫線拉緊之後就看不見，但還是以不醒目的顏色進行併縫為宜。

5. 併縫完成的模樣。

6. 翻至背面，袖子Steeks的後續處理方式同前立。

針目與織段的併縫

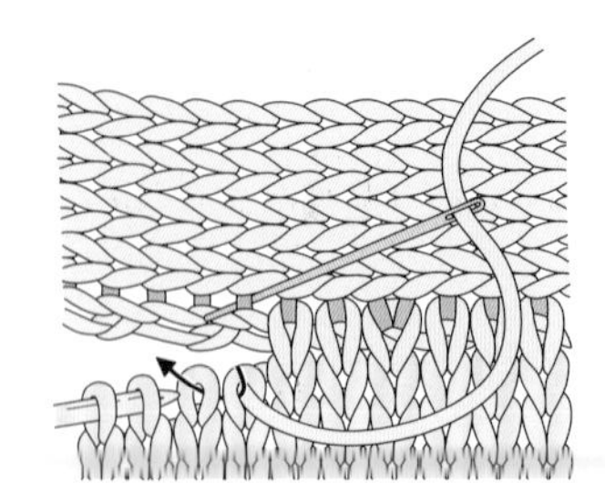

1. 每一織段挑針目之間的渡線，縫針依箭頭指示穿入下方織片的2針目。

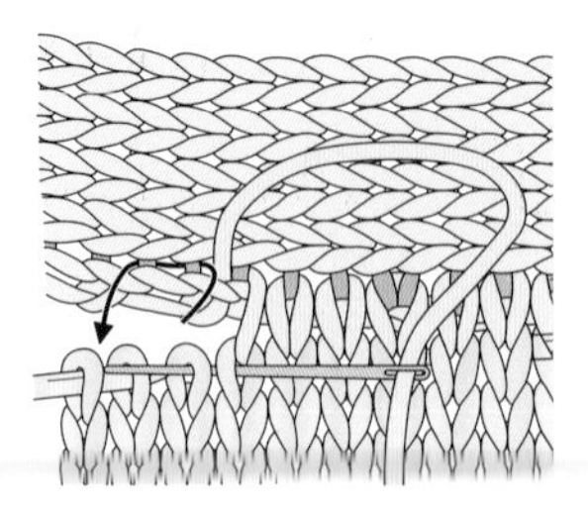

2. 織段較多時，可一次挑2段來調整。

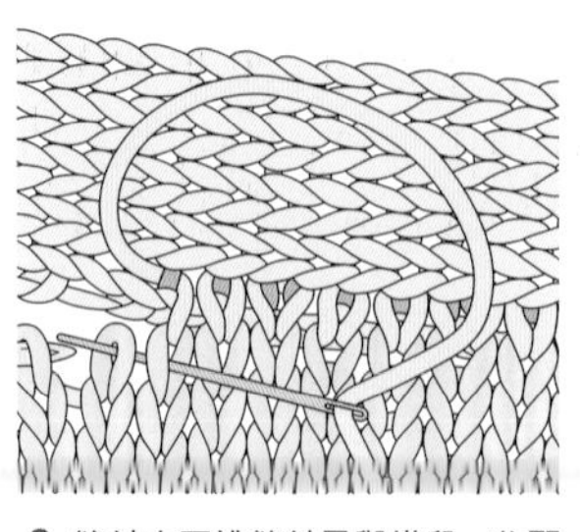

3. 縫針交互挑縫針目與織段，收緊縫線，直至看不見的程度。

7. 完成作品。

［準備工具］
線材…Jamieson's　Shetland Spindrift
色號・色名・使用量請參照表格（P.80）
其他…直徑15mm的鈕釦7顆
針具…輪針3號（80cm）・輪針1號（80cm）・鉤針3/0號

［完成尺寸］
胸圍107cm・背肩寬45cm・衣長66cm・袖長59cm

［密度］
10cm平方的織入花樣為29針・31段

［織法重點］
※挑針使用輪針1號，此外皆使用輪針3號編織。

1. 起針並加入14針Steeks裁份。→P.67
2. 針目接合成圈，編織起點為7針Steeks，接著織鬆緊針，終點再織7針Steeks。→P.67
3. 在第1段加針，一邊編織Steeks，一邊編織織入花樣。→P.70
4. 一邊編織Steeks，一邊進行領口的減針。→P.40
5. 袖襱暫休針，製作Steeks同時繼續編織。→P.36
6. 以鉤針進行肩線的引拔針併縫。→P.41
7. 剪開袖襱的Steeks。→P.71
8. 沿袖襱挑針，依織圖編織袖子與Steeks至指定段數為止。→P.73
9. 剪開前襟・領口的Steeks。→P.76
10. 以往復編編織領子・前立，並於途中製作釦眼。→P.76
11. 最終段是以鉤針進行引拔收縫。→P.44
12. 進行藏線或Steeks的收邊處理。→P.78
13. 以蒸氣熨斗整燙定型。→P.78
14. 最後，接縫鈕釦即完成。

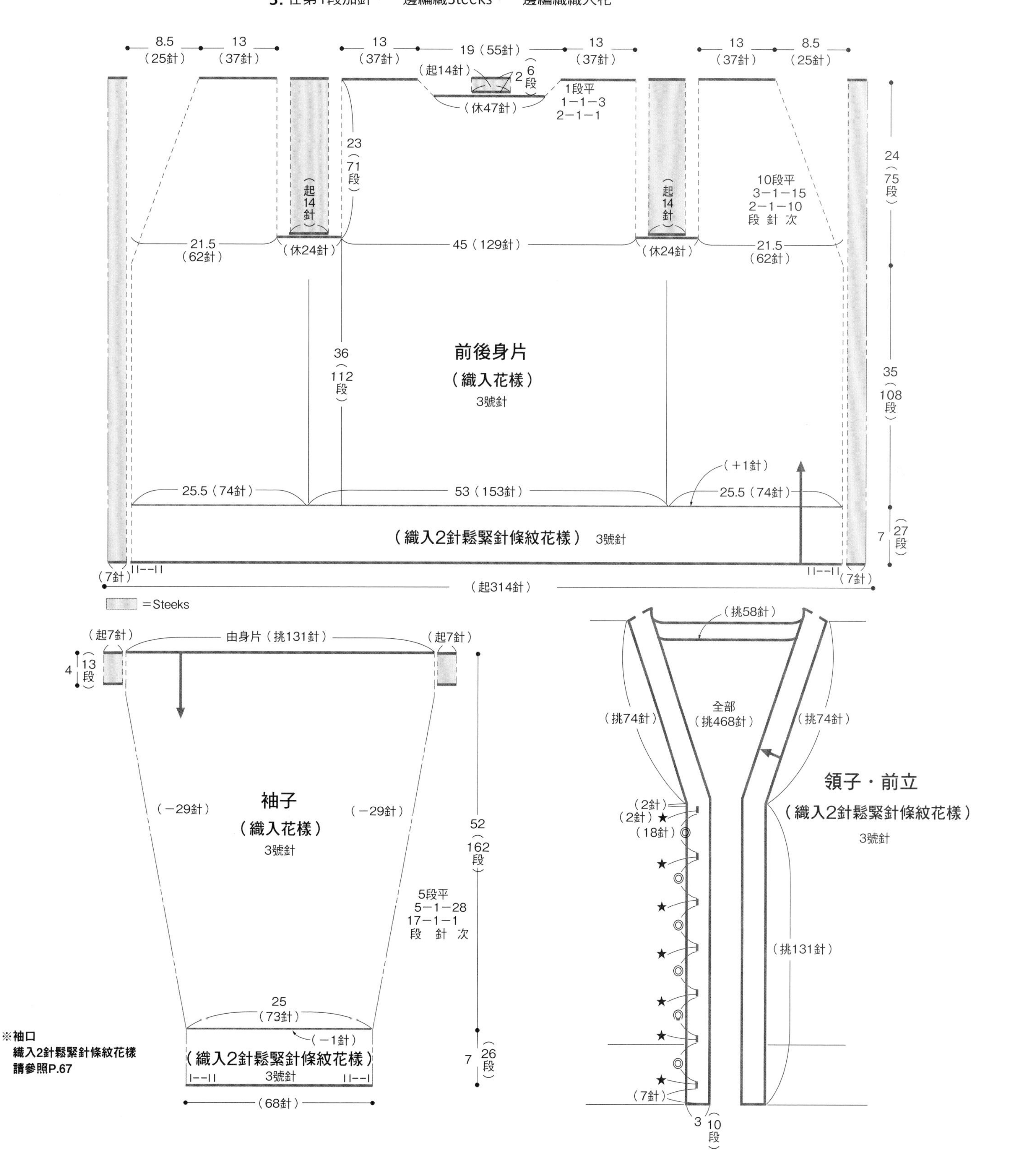

※下襬的織入2針鬆緊針條紋花樣請參照P.68・P.69

配色&使用量

	色號・英語名	色名	使用量
■	727・Admiral Navy	藏青色	125g／5球
■	587・Madder	暗茜紅	110g／5球
□	289・Gold	金黃色	100g／4球
□	343・Ivory	象牙白	65g／3球
■	108・Moorit	栗色	65g／3球

196
190
180
170
169
160
150
140
130
120
110
100
90
80
70
60
50
40
30
20
10
1
169
160
150
140
130
120
110
100
90
80
70
60
50
40
30
20
10
1
中心
— = L size（後片） — = L size（袖子）
— = LL size（後片） — = LL size（袖子）
釦眼（右前立）
引拔收縫
3/0號
10
5
1
（74針）
（2針）（2針）
（18針）
（2針）
（18針）
（2針）
（18針）
（2針）（7針）
□ = □ 以配色線編織下針

[準備工具]

線材…Jamieson's　Shetland Spindrift
　　色號・色名・使用量請參照表格

其他…直徑15㎜的鈕釦8顆

針具…輪針3號（80㎝）・輪針1號（80㎝）・
　　鉤針3/0號

[完成尺寸]

胸圍116㎝・背肩寬50㎝・衣長70㎝・袖長61.5㎝

[密度]

10㎝平方的織入花樣為29針・31段

[織法重點]

※挑針使用輪針1號，此外皆使用輪針3號編織。

1. 起針並加入14針Steeks裁份。 →P.67
2. 針目接合成圈，編織起點為7針Steeks，接著織鬆緊針，終點再織7針Steeks。 →P.67
3. 在第1段加針，一邊編織Steeks，一邊編織織入花樣。 →P.70
4. 一邊編織Steeks，一邊進行領口的減針。 → P.40
5. 袖襱暫休針，製作Steeks同時繼續編織。 → P.36
6. 以鉤針進行肩線的引拔針併縫。 → P.41
7. 剪開袖襱的Steeks。 → P.71
8. 沿袖襱挑針，依織圖編織袖子與Steeks至指定段數為止。 → P.73
9. 剪開前襟・領口的Steeks。 → P.76
10. 以往復編編織領子・前立，並於途中製作釦眼。 → P.76
11. 最終段是以鉤針進行引拔收縫。 → P.44
12. 進行藏線或Steeks的收邊處理。 → P.78
13. 以蒸氣熨斗整燙定型。 → P.78
14. 最後，接縫鈕釦即完成。

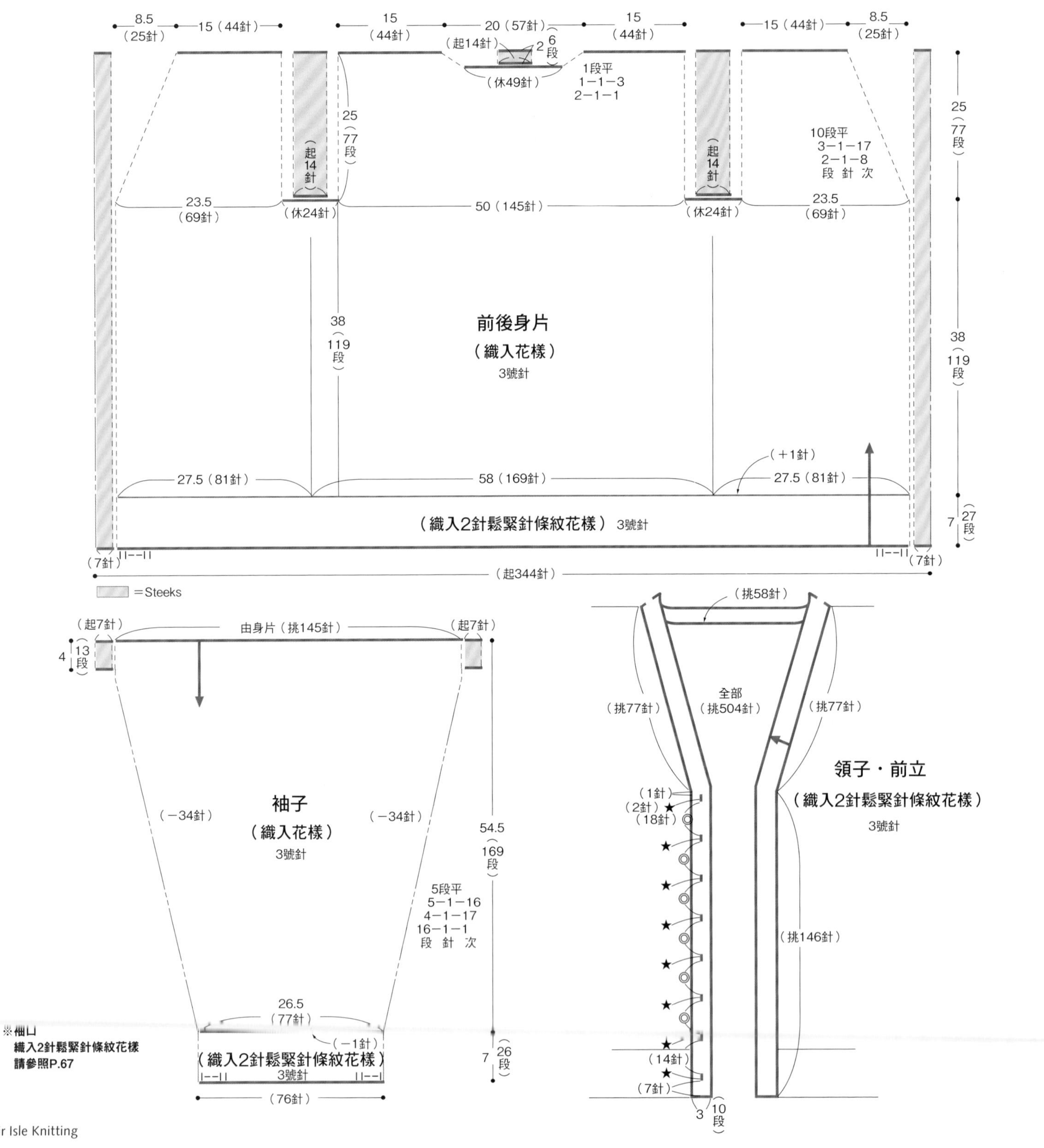

※後身片與袖子請參見P.81

釦眼（右前立）

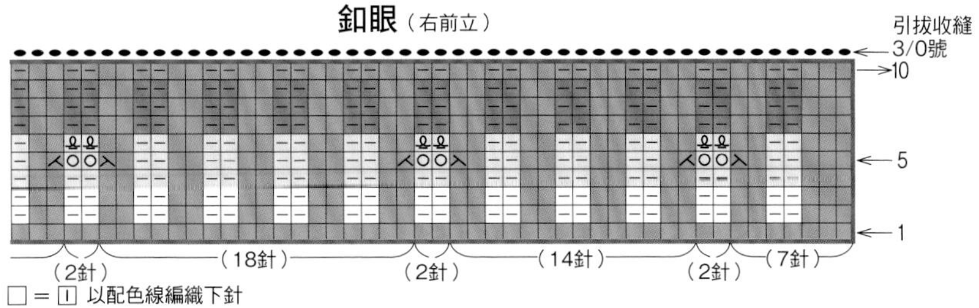

配色&使用量

	色號・英文名	色名	使用量
■	727・Admiral Navy	藏青色	145g／6球
■	587・Madder	暗茜紅	125g／5球
□	289・Gold	金黃色	110g／5球
□	343・Ivory	象牙白	75g／3球
■	108・Moorit	栗色	75g／3球

［準備工具］

線材…J&S（Jamieson & Smith） 2ply

色號・色名・使用量請參照表格

其他…直徑18mm的鈕釦6顆

針具…輪針3號（80cm）・輪針1號（80cm）・鉤針3/0號

［完成尺寸］

胸圍93cm・背肩寬38cm・衣長58.5cm・袖長54cm

［密度］

10cm平方的織入花樣為28針・30.5段

［織法重點］

※挑針使用輪針1號，此外皆使用輪針3號編織。

1. 起針並加入14針Steeks裁份。 →P.67
2. 針目接合成圈，編織起點為7針Steeks，接著織鬆緊針，終點再織7針Steeks。 →P.67
3. 在第1段減針，一邊編織Steeks，一邊編織織入花樣。
4. 一邊編織Steeks，一邊進行領口的減針。 → P.40
5. 一邊編織Steeks，一邊進行袖襱的減針。 → P.36
6. 以鉤針進行肩線的引拔針併縫。 → P.41
7. 剪開袖襱的Steeks。 → P.71
8. 沿袖襱挑針，依織圖編織袖子與Steeks至指定段數為止。 → P.73
9. 剪開前襟・領口的Steeks。 → P.76
10. 沿前襟及領口挑針，以往復編編織領子・前立，並於途中製作釦眼。 → P.76
11. 最終段是以鉤針進行引拔收縫。 → P.44
12. 進行藏線或Steeks的收邊處理。 → P.78
13. 以蒸氣熨斗整燙定型。 → P.78
14. 最後，接縫鈕釦即完成。

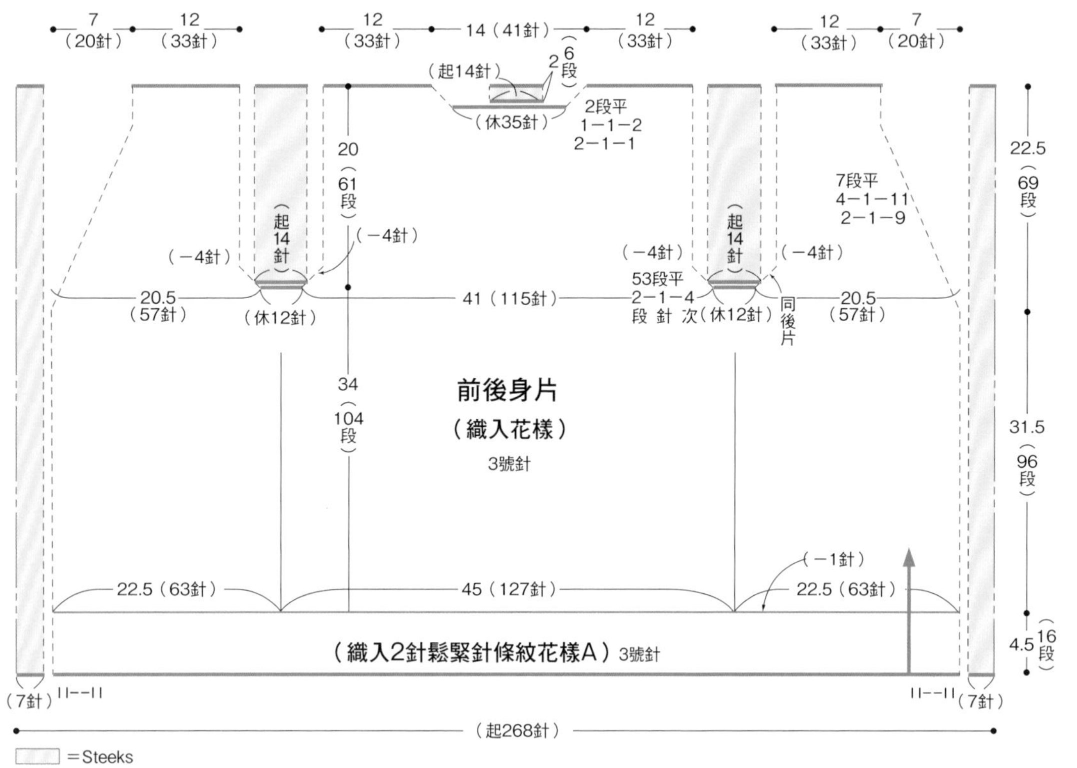

織入2針鬆緊針條紋花樣A

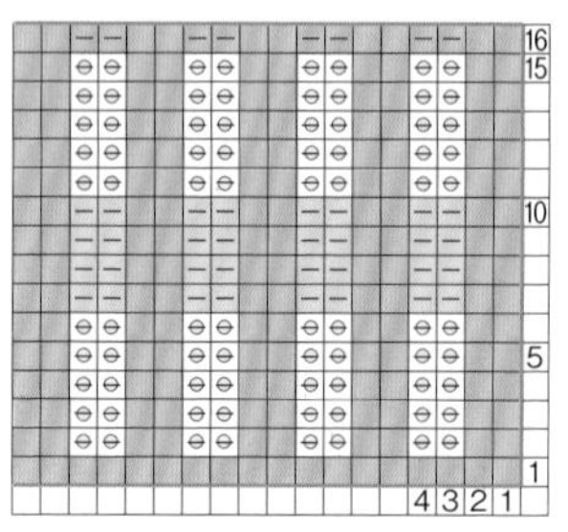

□ = ⊡ 以配色線編織下針

織入2針鬆緊針條紋花樣A'

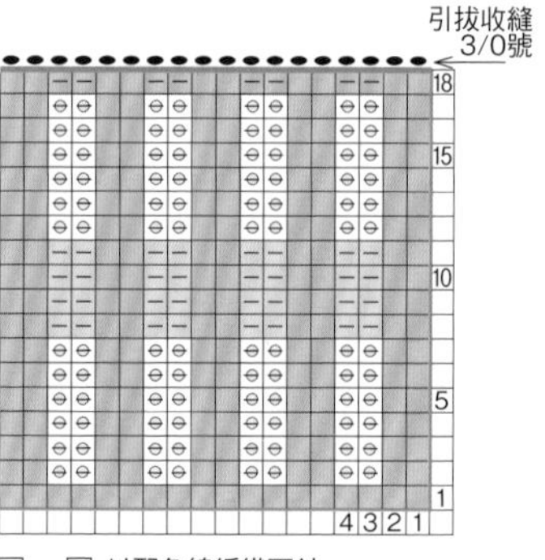

□ = ⊡ 以配色線編織下針

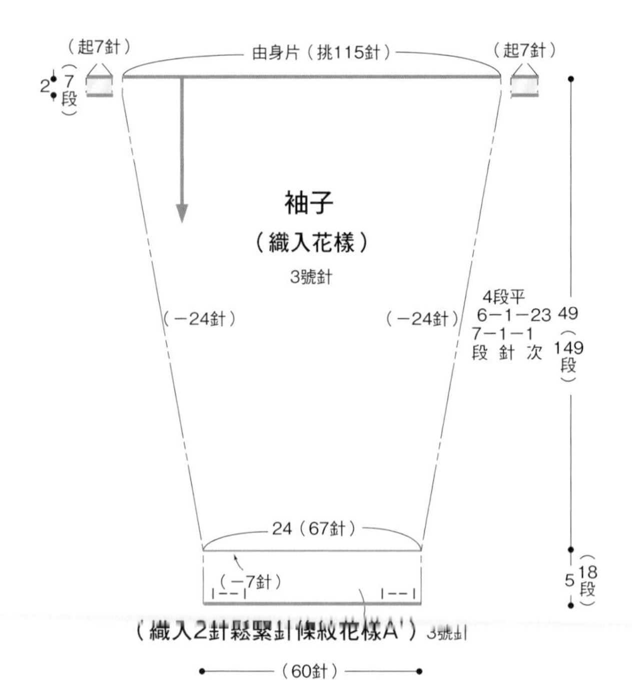

領子・前立

（織入2針鬆緊針條紋花樣B）3號針

織入2針鬆緊針條紋花樣B

釦眼（右前立）

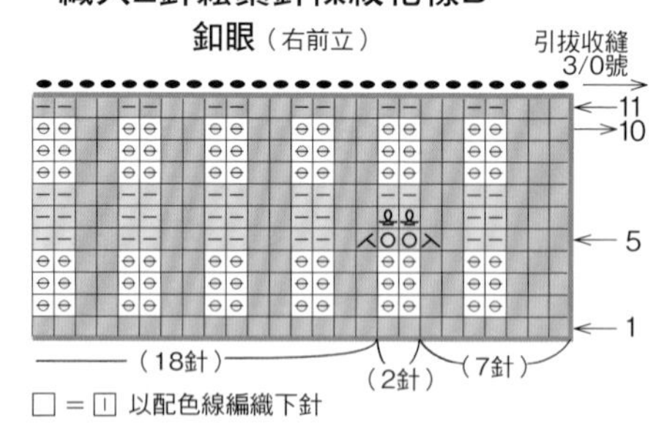

□ = ⊡ 以配色線編織下針

配色&使用量

	色號・色名	使用量
■	5・黑茶色	100g／4球
■	4・焦茶色	100g／4球
⊡	202・灰杏色	70g／3球
□	FC61・藍灰色	45g／2球
■	125・磚紅色	30g／2球
◉	FC58・茶色	20g／1球
■	142・鉛藍色	少許／1球
□	121・黃色	少許／1球

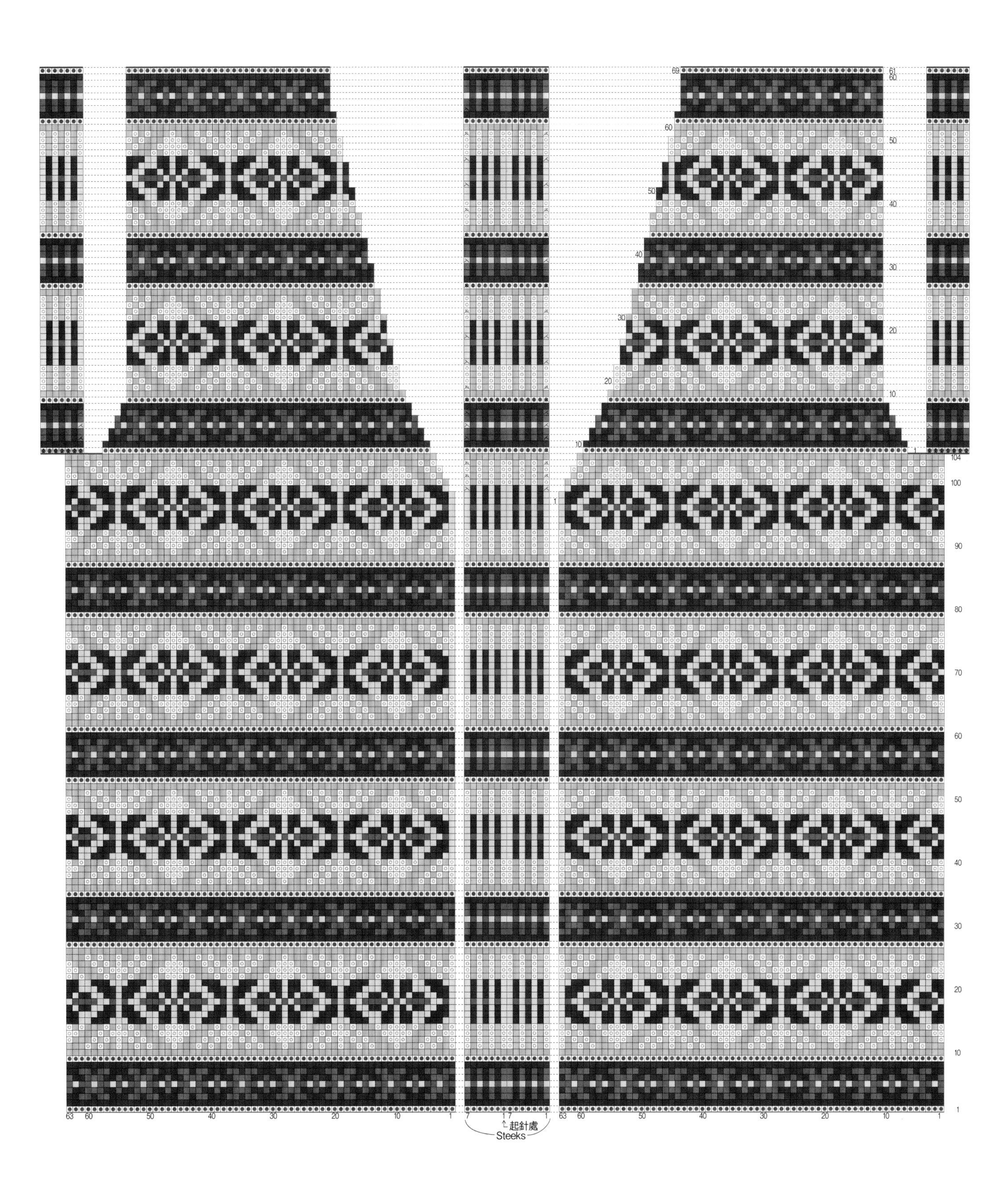
起針處
Steeks

※織入花樣以中心為準，對稱配置。

［準備工具］

線材…J&S（Jamieson & Smith） 2ply
色號・色名・使用量請參照表格

其他…直徑18mm的鈕釦7顆

針具…輪針3號（80cm）・輪針1號（80cm）・
鉤針3/0號

［完成尺寸］

胸圍106cm・背肩寬42cm・衣長64.5cm・袖長59.5cm

［密度］

10cm平方的織入花樣為28針・30.5段

［織法重點］

※挑針使用輪針1號，此外皆使用輪針3號編織。

1. 起針並加入14針Steeks裁份。 →P.67
2. 針目接合成圈，編織起點為7針Steeks，接著織鬆緊針，終點再織7針Steeks。 →P.67
3. 在第1段加針，一邊編織Steeks，一邊編織織入花樣。 → P.70
4. 一邊編織Steeks，一邊進行領口的減針。 → P.40
5. 一邊編織Steeks，一邊進行袖襱的減針。 → P.36
6. 以鉤針進行肩線的引拔針併縫。 → P.41
7. 剪開袖襱的Steeks。 → P.71
8. 沿袖襱挑針，依織圖編織袖子與Steeks至指定段數為止。 → P.73
9. 剪開前襟・領口的Steeks。
10. 沿前襟及領口挑針，以往復編編織領子・前立，並於途中製作釦眼。 → P.76
11. 最終段是以鉤針進行引拔收縫。 → P.44
12. 進行藏線或Steeks的收邊處理。 → P.78
13. 以蒸氣熨斗整燙定型。 → P.78
14. 最後，接縫鈕釦即完成。

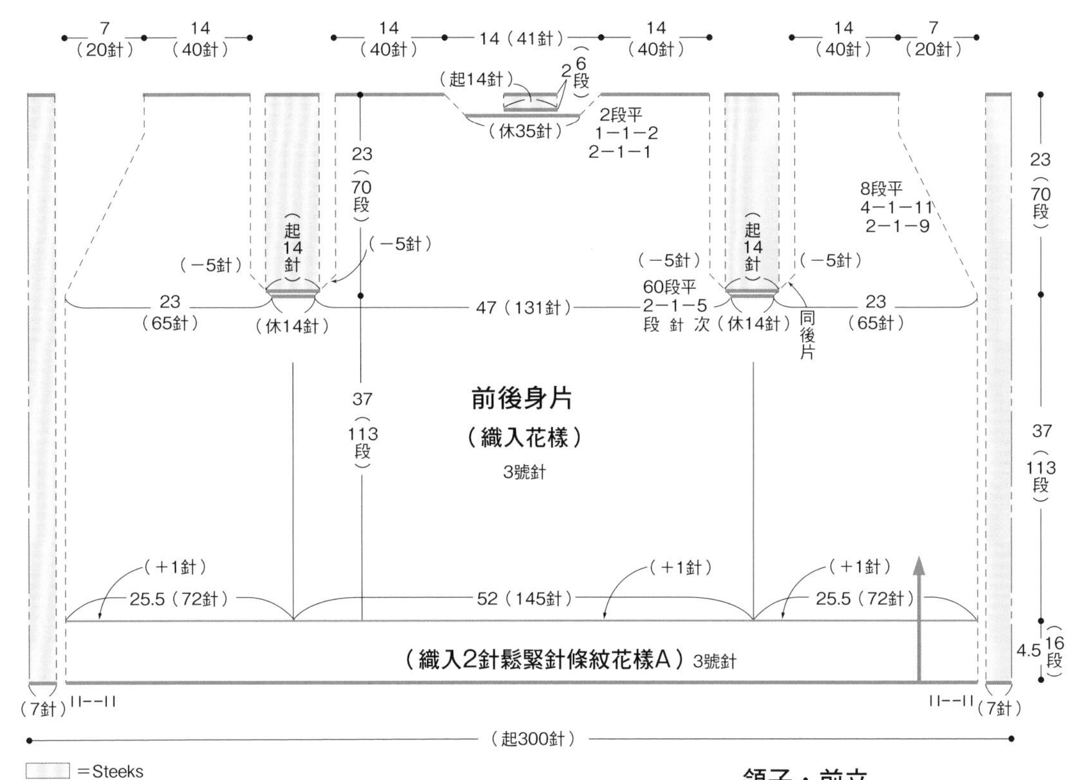

織入2針鬆緊針條紋花樣A

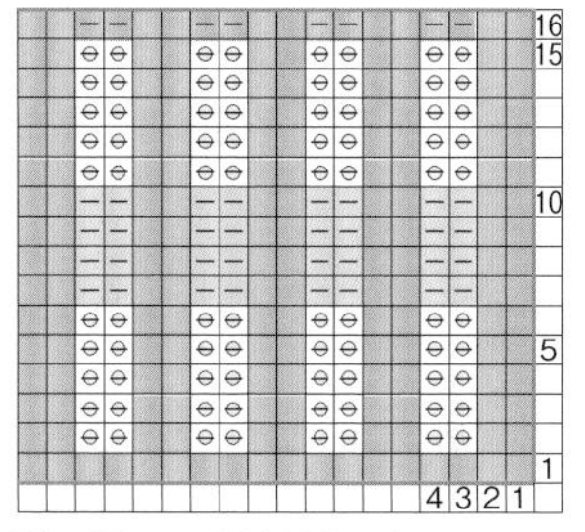

□ = ⊡ 以配色線編織下針

織入2針鬆緊針條紋花樣A'

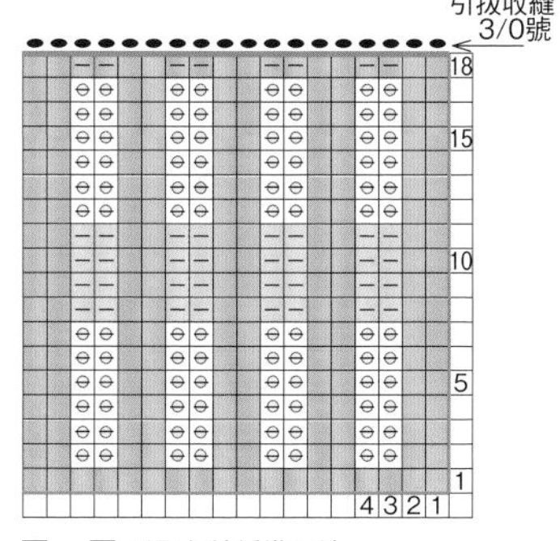

□ = ⊡ 以配色線編織下針

由身片（挑129針）
(起7針)
(起7針)
2.5 (8段)

袖子
（織入花樣）
3號針

(−30針)
(−30針)
8段平
5−1−24
6−1−5
8−1−1
段 針 次
54.5 (166段)
25 (69針)
(−1針)
5 (18段)
（織入2針鬆緊針條紋花樣A'）3號針
(68針)

領子・前立
（織入2針鬆緊針條紋花樣B）3號針

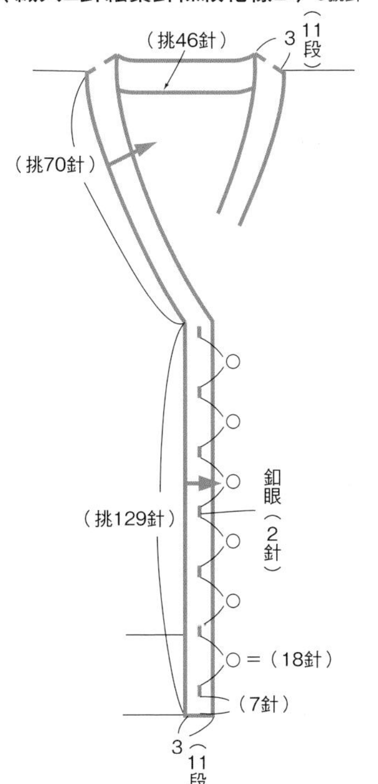

織入2針鬆緊針條紋花樣B
釦眼（右前立）

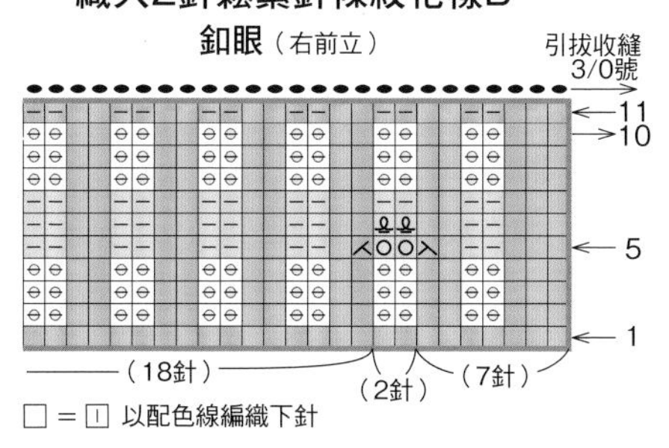

□ = ⊡ 以配色線編織下針

配色&使用量

	色號・色名	使用量
■	5・黑茶色	125g／5球
■	4・焦茶色	125g／5球
◎	202・灰杏色	90g／4球
□	FC61・藍灰色	60g／3球
■	125・磚紅色	40g／2球
◉	FC58・茶色	25g／1球
■	142・鈷藍色	少許／1球
□	121・黃色	少許／1球

↑起針處
Steeks

※織入花樣以中心為準，對稱配置。

［準備工具］

線材…J&S（Jamieson & Smith） 2ply
色號・色名・使用量請參照表格

其他…直徑18㎜的鈕釦8顆

針具…輪針3號（80㎝）・輪針1號（80㎝）・鉤針3/0號

［完成尺寸］

胸圍119㎝・背肩寬48㎝・衣長68.5㎝・袖長61㎝

［密度］

10㎝平方的織入花樣為28針・30.5段

［織法重點］

※挑針使用輪針1號，此外皆使用輪針3號編織。

1. 起針並加入14針Steeks裁份。 →P.67
2. 針目接合成圈，編織起點為7針Steeks，接著織鬆緊針，終點再織7針Steeks。 →P.67
3. 在第1段加針，一邊編織Steeks，一邊編織織入花樣。 →P.70
4. 一邊編織Steeks，一邊進行領口的減針。 → P.40
5. 一邊編織Steeks，一邊進行袖襱的減針。 → P.36
6. 以鉤針進行肩線的引拔針併縫。 → P.41
7. 剪開袖襱的Steeks。 → P.71
8. 沿袖襱挑針，依織圖編織袖子與Steeks至指定段數為止。 → P.73
9. 剪開前襟・領口的Steeks。 → P.76
10. 以往復編編織領子・前立，並於途中製作釦眼。 → P.76
11. 最終段是以鉤針進行引拔收縫。 → P.44
12. 進行藏線或Steeks的收邊處理。 → P.78
13. 以蒸氣熨斗整燙定型。 → P.78
14. 最後，接縫鈕釦即完成。

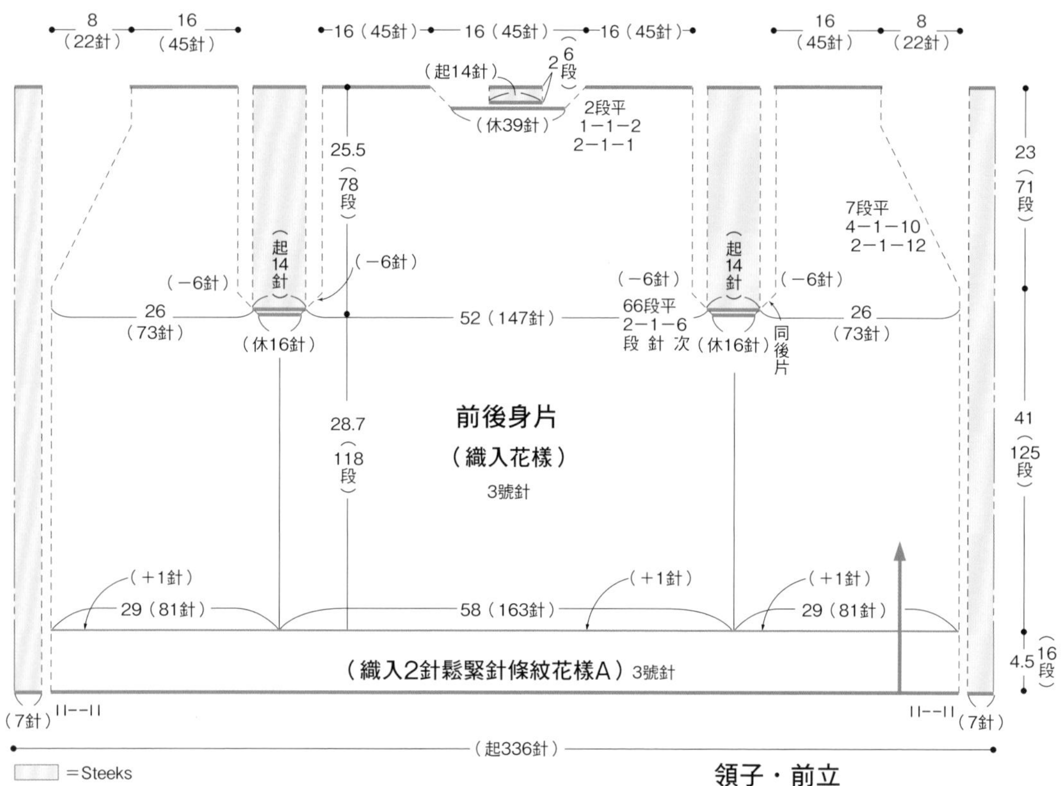

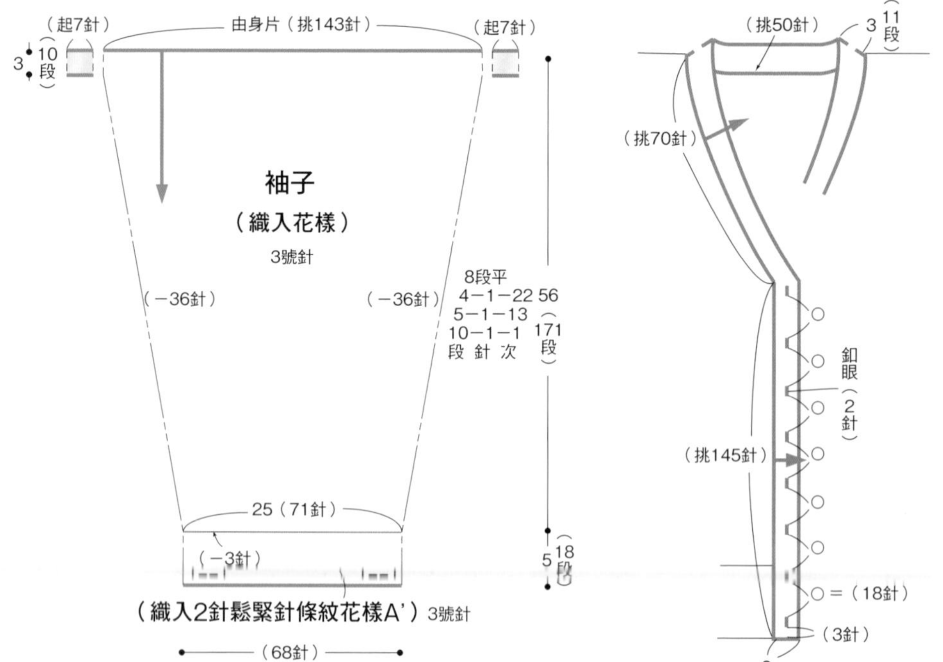

織入2針鬆緊針條紋花樣A

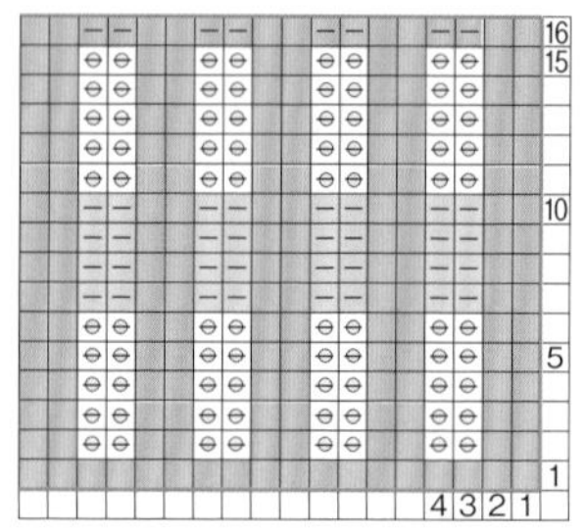

□＝⊡ 以配色線編織下針

織入2針鬆緊針條紋花樣A'

引拔收縫 3/0號

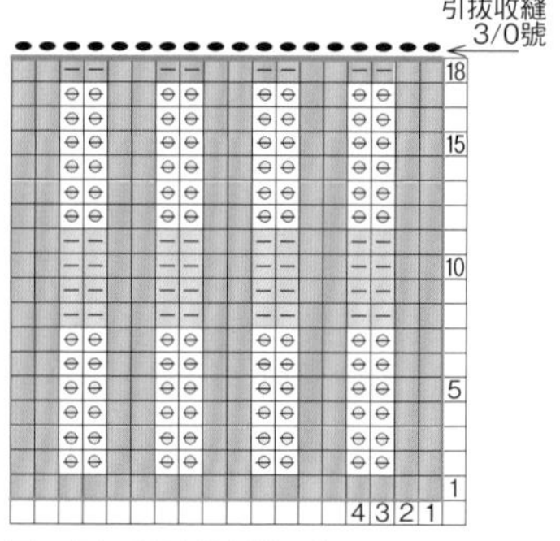

□＝⊡ 以配色線編織下針

織入2針鬆緊針條紋花樣B

釦眼（右前立）

引拔收縫 3/0號

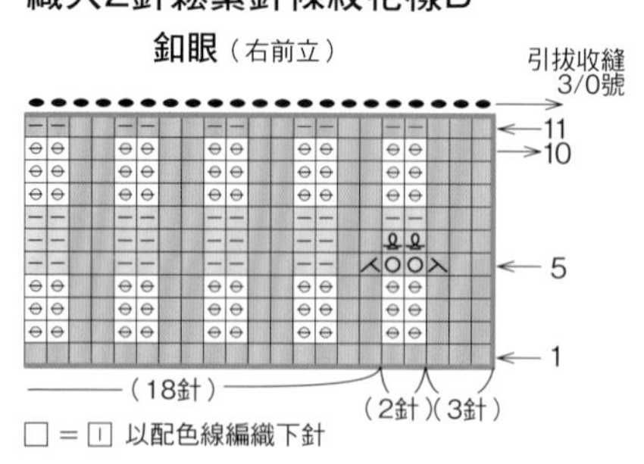

□＝⊡ 以配色線編織下針

配色&使用量

	色號・色名	使用量
■	5・黑茶色	150g／6球
■	4・焦茶色	150g／6球
◎	202・灰杏色	110g／5球
□	FC61・藍灰色	65g／3球
■	125・磚紅色	45g／2球
◉	FC58・茶色	30g／2球
■	142・鈷藍色	少許／1球
□	121・黃色	少許／1球

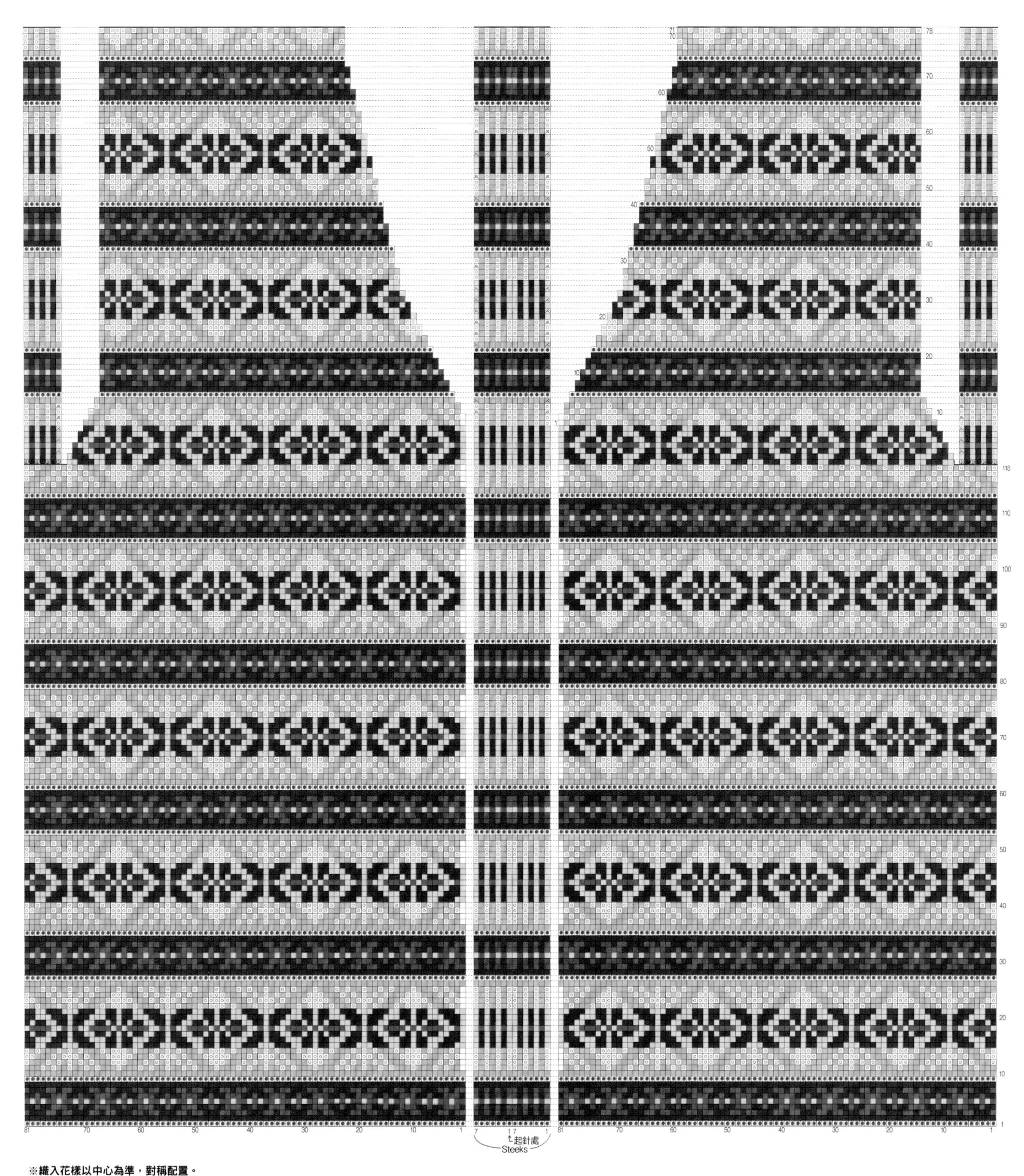

※織入花樣以中心為準，對稱配置。
※後身片與袖子請見P.86。

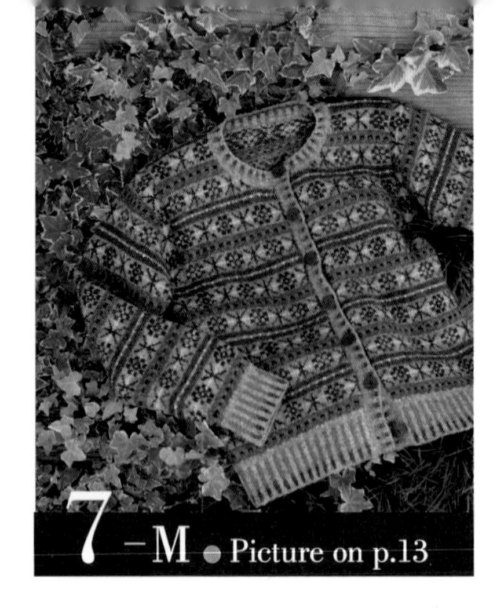

［準備工具］
線材…Jamieson's　Shetland Spindrift
色號・色名・使用量請參照表格
其他…直徑20mm的鈕釦7顆
針具…輪針3號（80cm）・輪針1號（80cm）・
鉤針3/0號

［完成尺寸］
胸圍90.5cm・背肩寬35cm・衣長57cm・袖長55.5cm

［密度］
10cm平方的織入花樣為31.5針・33段

［織法重點］
※挑針使用輪針1號，此外皆使用輪針3號編織。

1. 起針並加入14針Steeks裁份。→P.67
2. 針目接合成圈，編織起點為7針Steeks，接著織鬆緊針，終點再織7針Steeks。→P.67
3. 在第1段加針，一邊編織Steeks，一邊編織織入花樣。→P.70
4. 袖襱暫休針，製作Steeks同時繼續編織。→P.36
5. 一邊編織Steeks，一邊進行領口的減針。→P.40
6. 以鉤針進行肩線的引拔針併縫。→P.41
7. 剪開袖襱的Steeks。→P.71
8. 沿袖襱挑針，依織圖編織袖子與Steeks至指定段數為止。→P.73
9. 剪開前襟・領口的Steeks。→P.76
10. 以往復編編織領口。→P.76
11. 以往復編編織領子・前立，並於途中製作釦眼。→P.76
12. 最終段是以鉤針進行引拔收縫。→P.44
13. 進行藏線或Steeks的收邊處理。→P.78
14. 以蒸氣熨斗整燙定型。→P.78
15. 最後，接縫鈕釦即完成。

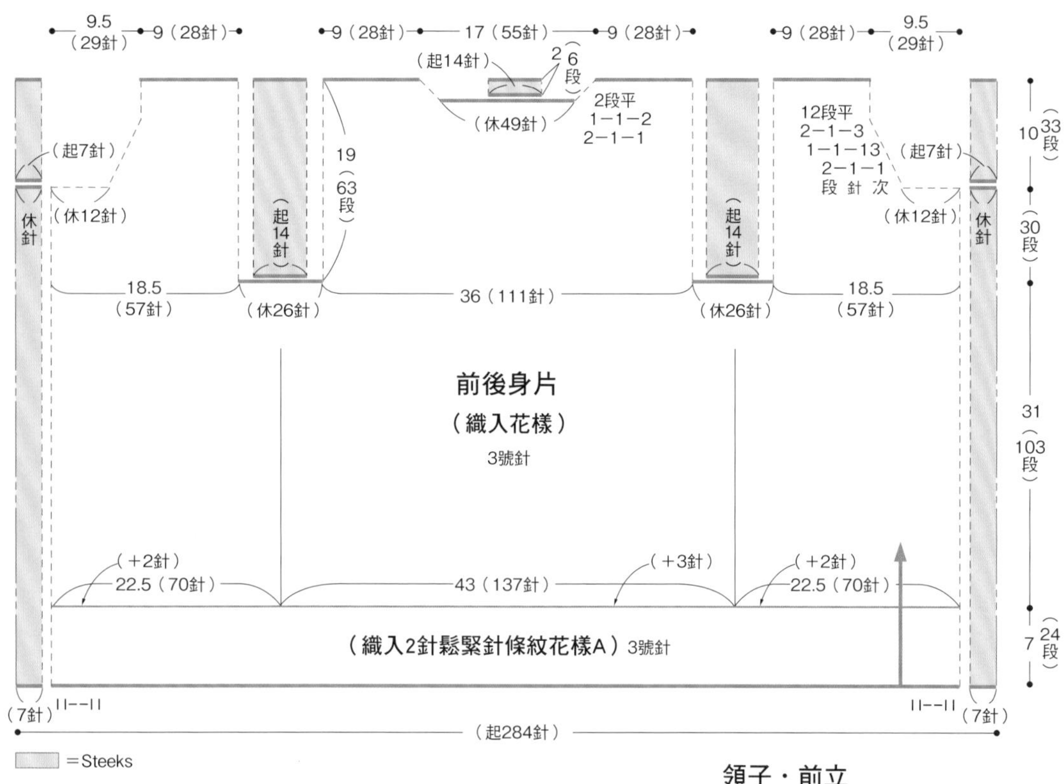

織入2針鬆緊針條紋花樣A

□＝⊡ 以配色線編織下針

織入2針鬆緊針條紋花樣A'

引拔收縫 3/0號

□＝⊡ 以配色線編織下針

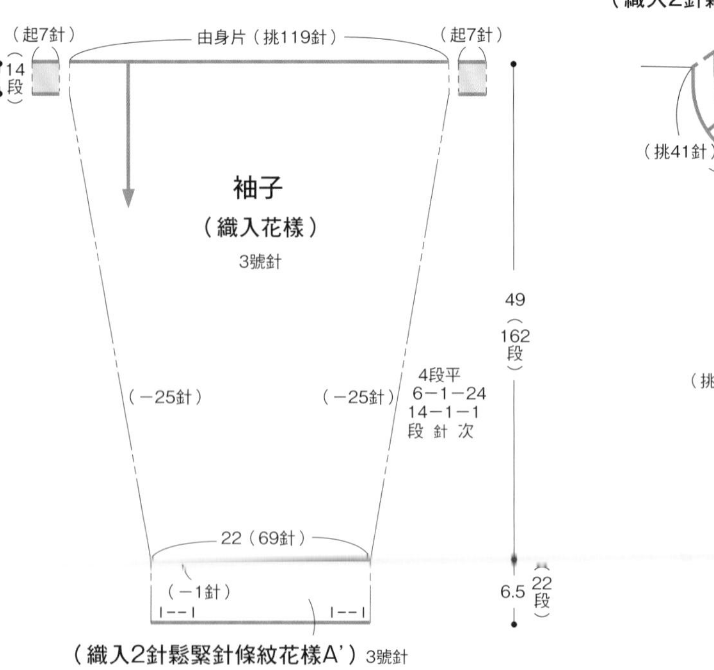

領子・前立
（織入2針鬆緊針條紋花樣B）3號針

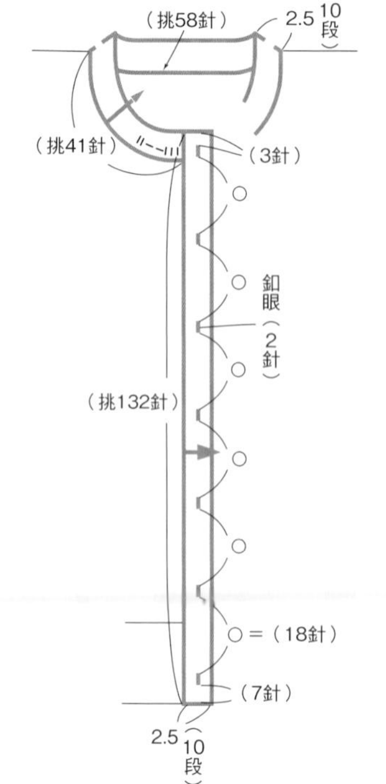

配色&使用量

	色號・英文名	色名	使用量
	103・Sholmit	灰色	100g／4球
	1130・Lichen	灰綠色	40g／2球
	253・Seaweed	卡其色	40g／2球
	168・Clyde blue	灰藍色	35g／2球
	580・Cherry	深紅色	30g／2球
	861・Sandal wood	灰橘色	20g／1球
	239・Purple Heather	酒紅mix	20g／1球
	1300・Aubretia	藍紫色	20g／1球
	789・Marjoram	苔蘚綠	20g／1球
	578・Rust	深橘紅	15g／1球
	140・Rye	灰黃色	15g／1球
	769・Willow	灰黃綠	少許／1球
	595・Maroon	褐紅色	少許／1球
	350・Lemon	檸檬黃	少許／1球

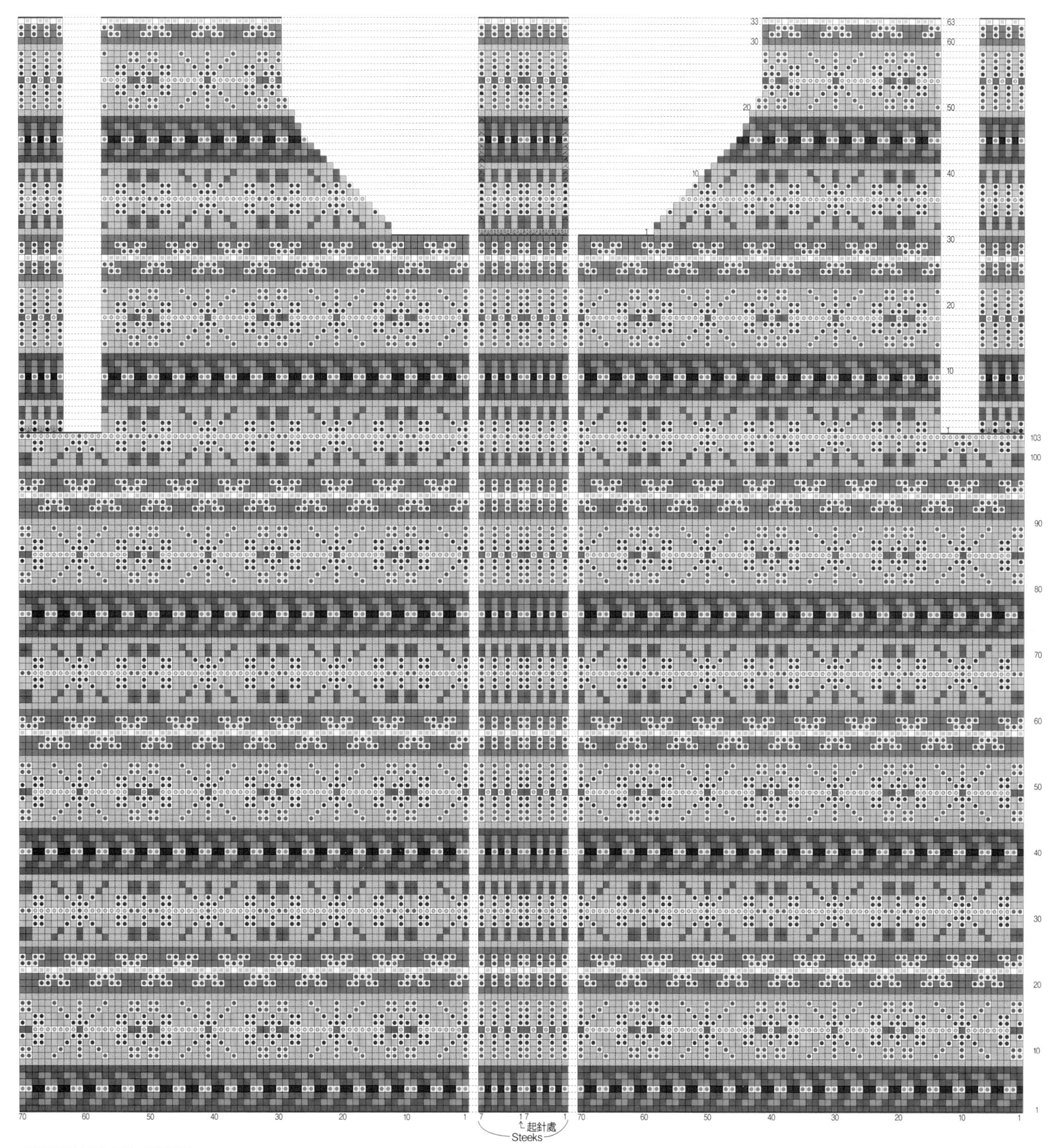

※織入花樣以中心為準，對稱配置。

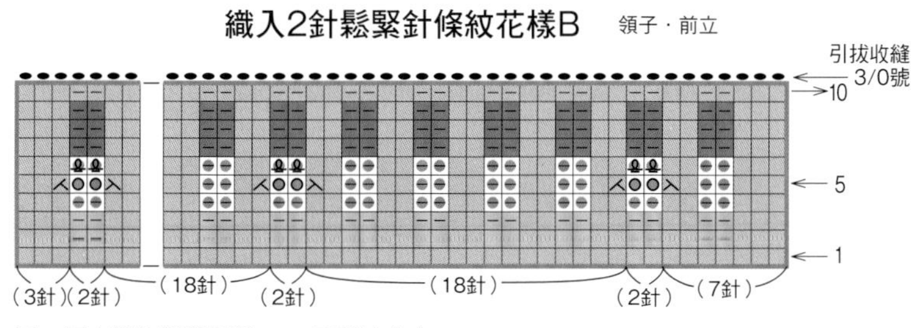

□＝⊡ 以配色線編織下針 ※釦眼僅右前立。

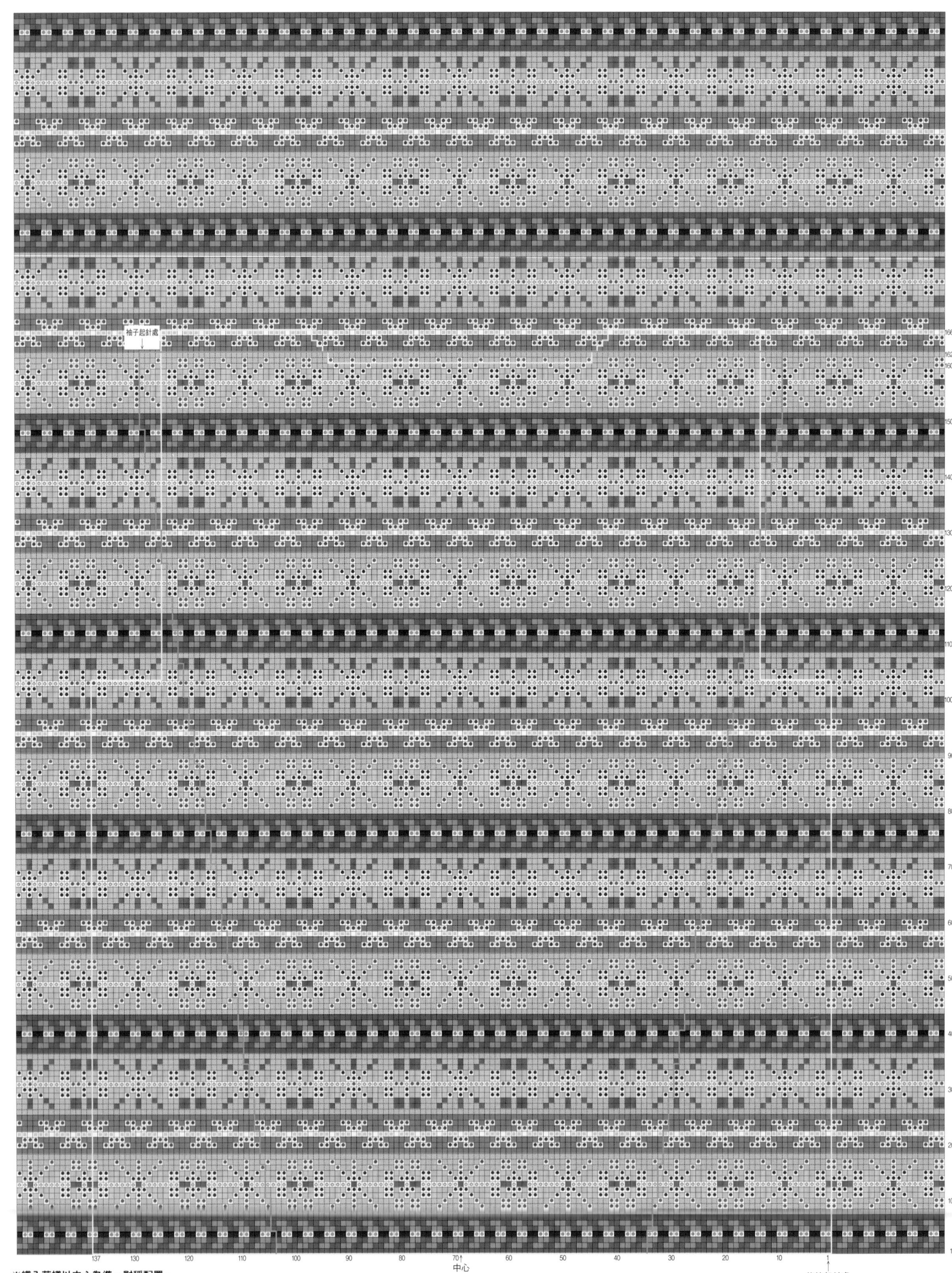

※織入花樣以中心為準，對稱配置。

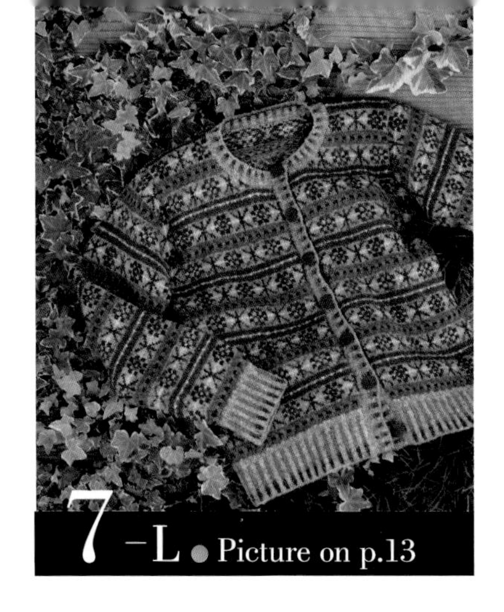

7-L ● Picture on p.13

［準備工具］
線材…Jamieson's Shetland Spindrift
色號・色名・使用量請參照表格
其他…直徑20㎜的鈕釦7顆
針具…輪針3號（80㎝）・輪針1號（80㎝）・
鉤針3/0號

［完成尺寸］
胸圍101.5㎝・背肩寬41㎝・衣長62㎝・袖長56.5㎝

［密度］
10㎝平方的織入花樣為31.5針・33段

［織法重點］
※挑針使用輪針1號，此外皆使用輪針3號編織。

1. 起針並加入14針Steeks裁份。 →P.67
2. 針目接合成圈，編織起點為7針Steeks，接著織鬆緊針，終點再織7針Steeks。 →P.67
3. 在第1段加針，一邊編織Steeks，一邊編織織入花樣。 →P.70
4. 袖襱暫休針，製作Steeks同時繼續編織。 → P.36
5. 一邊編織Steeks，一邊進行領口的減針。 → P.40
6. 以鉤針進行肩線的引拔針併縫。 → P.41
7. 剪開袖襱的Steeks。 → P.71
8. 沿袖襱挑針，依織圖編織袖子與Steeks至指定段數為止。 → P.73
9. 剪開前襟・領口的Steeks。 → P.76
10. 以往復編編織領口。 → P.76
11. 以往復編編織前立，並於途中製作釦眼。 → P.76
12. 最終段是以鉤針進行引拔收縫。 → P.44
13. 進行藏線或Steeks的收邊處理。 → P.78
14. 以蒸氣熨斗整燙定型。 → P.78
15. 最後，接縫鈕釦即完成。

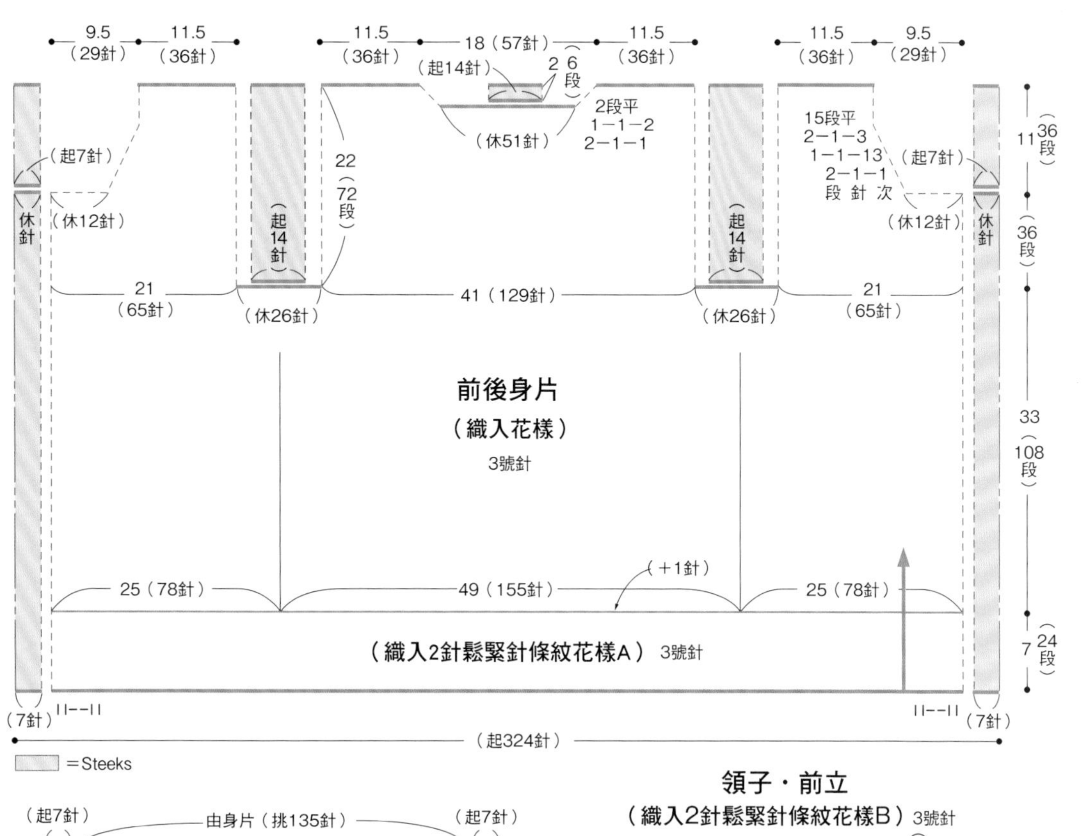

織入2針鬆緊針條紋花樣A

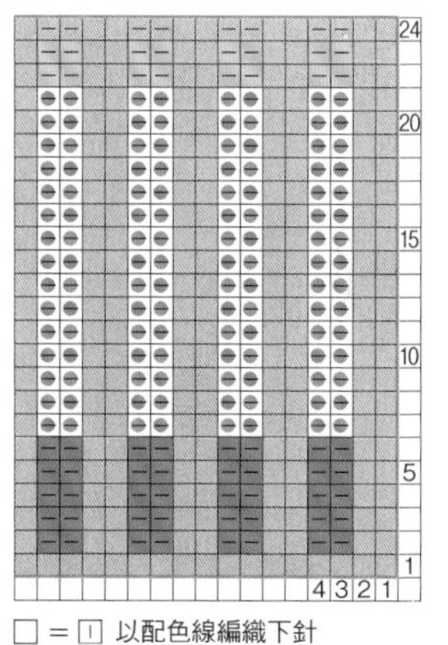

□ = □ 以配色線編織下針

織入2針鬆緊針條紋花樣A'

引拔收縫 3/0號

□ = □ 以配色線編織下針

配色&使用量

	色號・英文名	色名	使用量
	103・Sholmit	灰色	120g／5球
	1130・Lichen	灰綠色	50g／2球
	253・Seaweed	卡其色	50g／2球
	168・Clyde blue	灰藍色	45g／2球
	580・Cherry	深紅色	35g／2球
	861・Sandal wood	灰橘色	25g／1球
	239・Purple Heather	酒紅mix	25g／1球
	1300・Aubretia	藍紫色	25g／1球
	789・Marjoram	苔蘚綠	25g／1球
	578・Rust	深橘紅	20g／1球
	140・Rye	灰黃色	20g／1球
	769・Willow	灰黃綠	10g／1球
	595・Maroon	褐紅色	少許／1球
	350・Lemon	檸檬黃	少許／1球

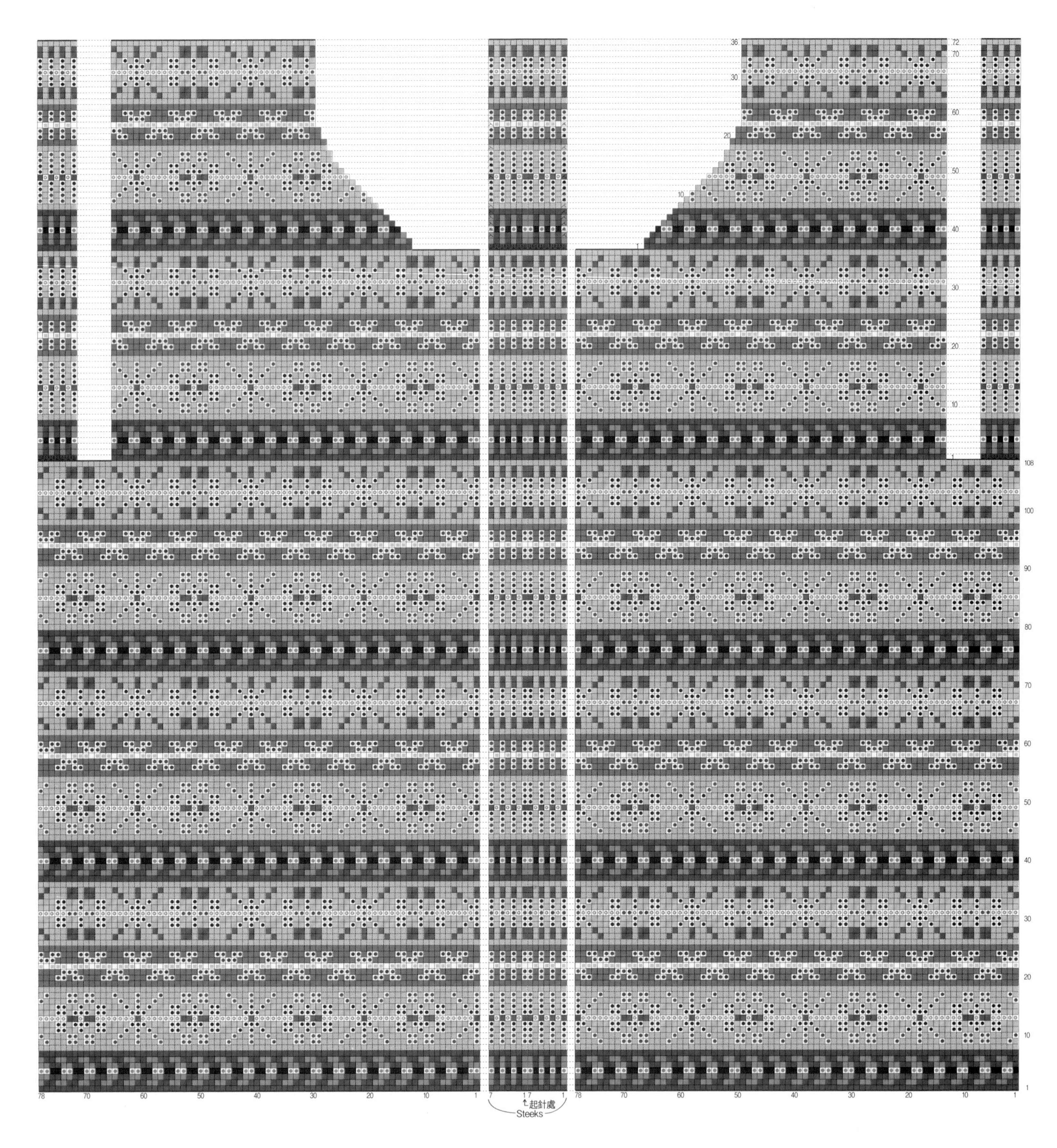

織入2針鬆緊針條紋花樣B　領子・前立

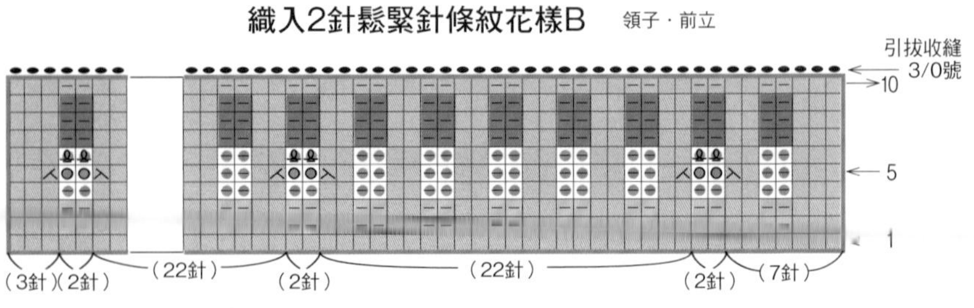

□ = ① 以配色線編織下針　※釦眼僅右前立。

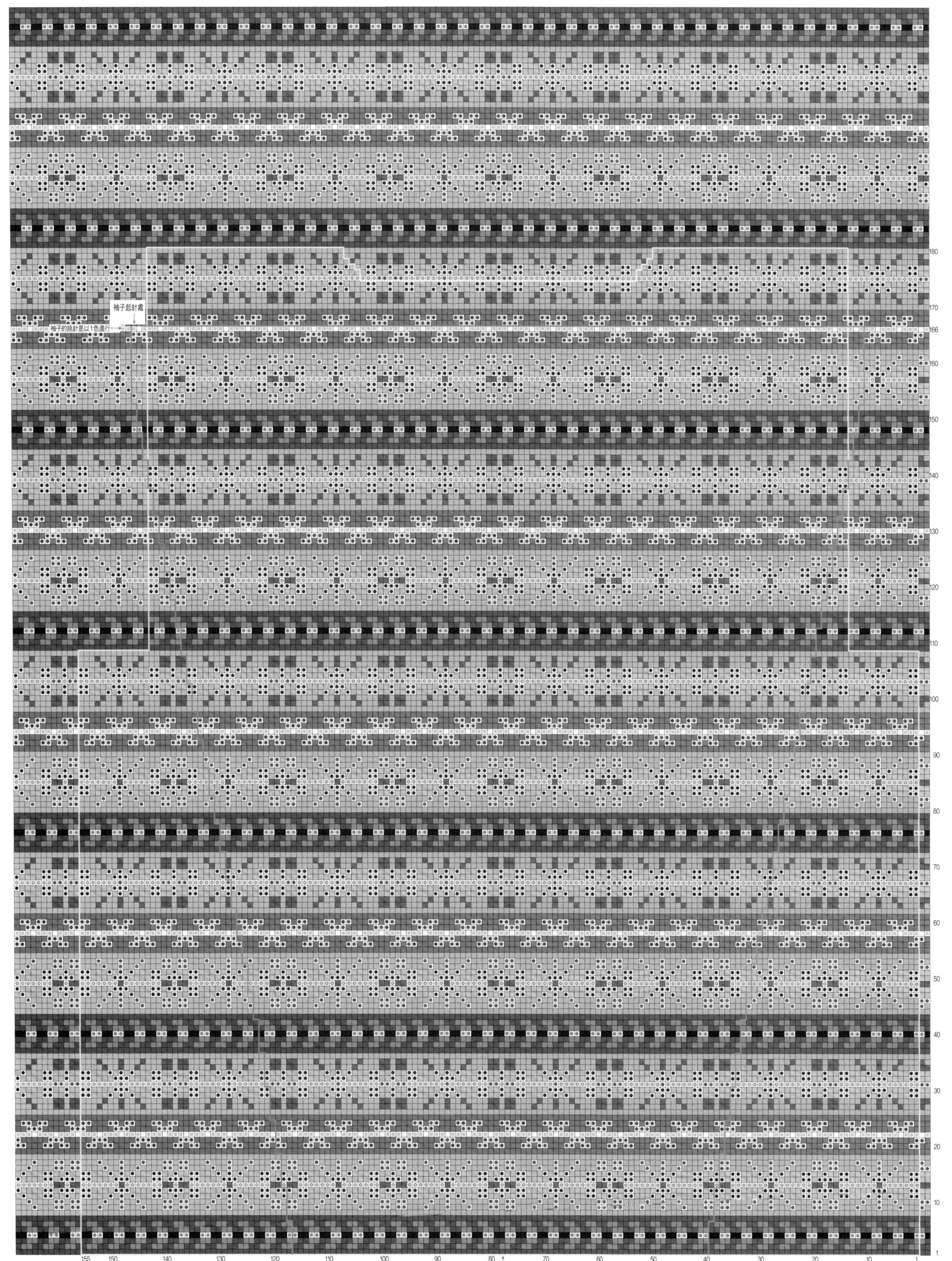

※織入花樣以中心為準，對稱配置。

［準備工具］
線材…Jamieson's Shetland Spindrift
色號・色名・使用量請參照表格
針具…輪針3號（80㎝）・鉤針3/0號
［完成尺寸］
8 長40㎝
9 頭圍51㎝・帽深22.5㎝
［密度］
10㎝平方的織入花樣為31.5針・33段

［織法重點］
※一律使用輪針3號編織。
1. 起針。 →P.32
2. 針目接合成圈，編織鬆緊針。 →P.32
3. 接續編織織入花樣。 →P.70
4. 襪套的最終段是以鉤針進行引拔收縫。 →P.44
5. 進行藏線等後續處理。 →P.46
6. 以蒸氣熨斗整燙定型，完成！ →P.46

配色&使用量

	色號・英文名	色名	襪套	帽子
	103・Sholmit	灰色	30g／2球	20g／1球
	1130・Lichen	灰綠色	15g／1球	少許／1球
	253・Seaweed	卡其色	10g／1球	少許／1球
	168・Clyde blue	灰藍色	10g／1球	少許／1球
	580・Cherry	深紅色	10g／1球	少許／1球
	861・Sandal wood	灰橘色	10g／1球	少許／1球
	239・Purple Heather	酒紅mix	5g／1球	少許／1球
	1300・Aubretia	藍紫色	5g／1球	少許／1球
	578・Rust	深橘紅	5g／1球	少許／1球
	789・Marjoram	苔蘚綠	少許／1球	少許／1球
	140・Rye	灰黃色	少許／1球	少許／1球
	769・Willow	灰黃綠	少許／1球	少許／1球
	595・Maroon	紅褐色	少許／1球	少許／1球
	350・Lemon	檸檬黃	少許／1球	少許／1球

帽子

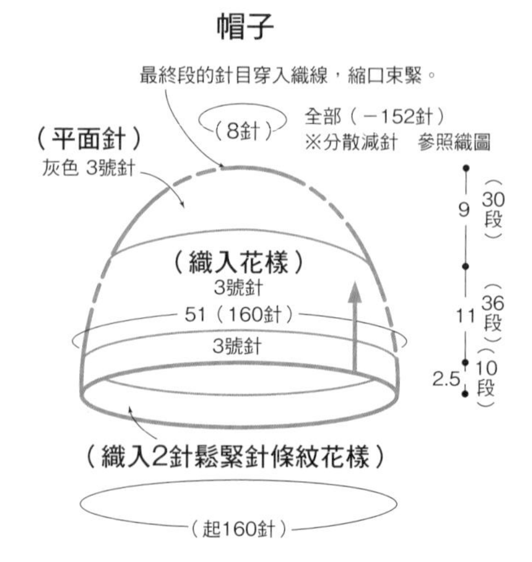

帽子的分散減針

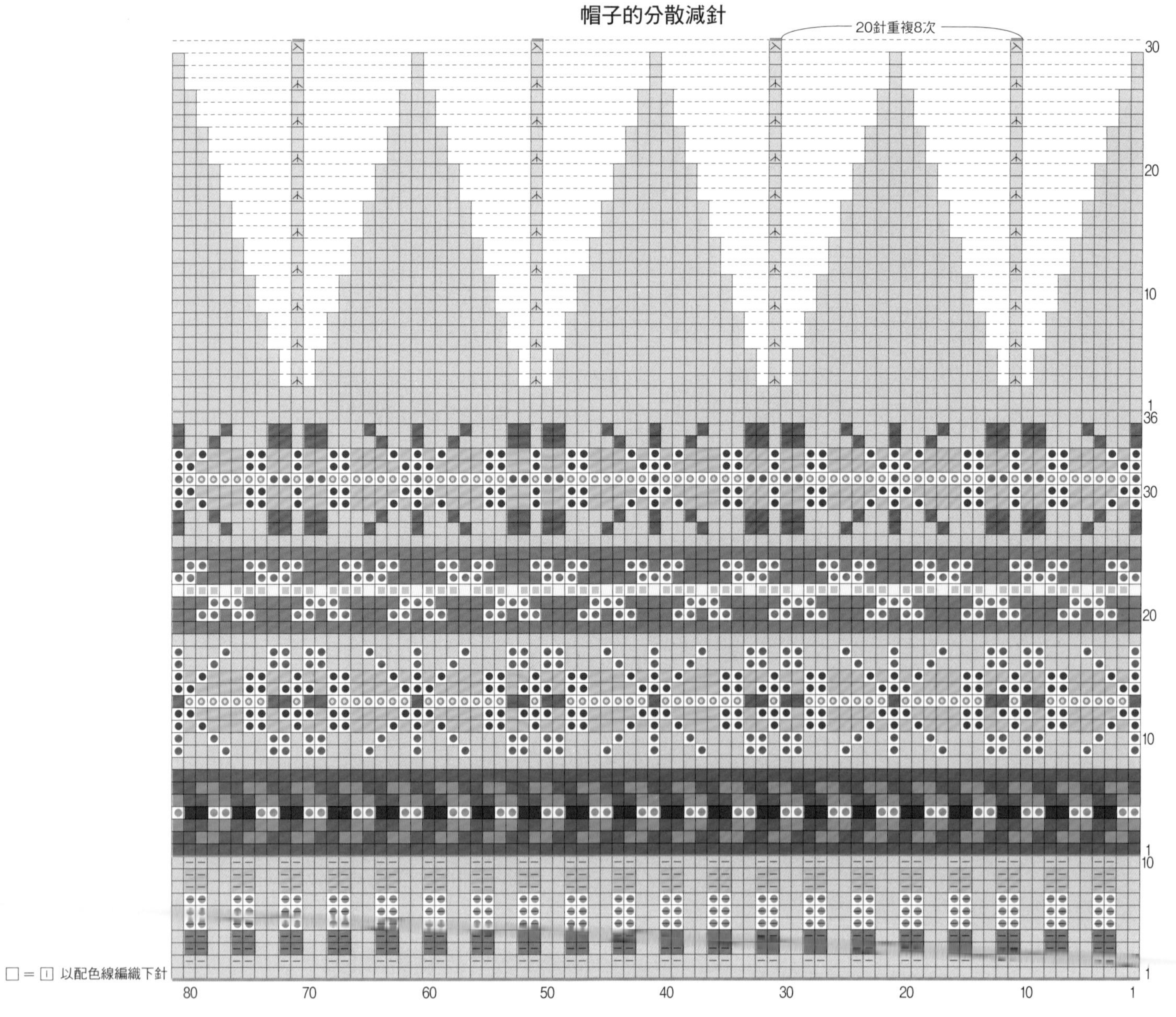

□＝□ 以配色線編織下針

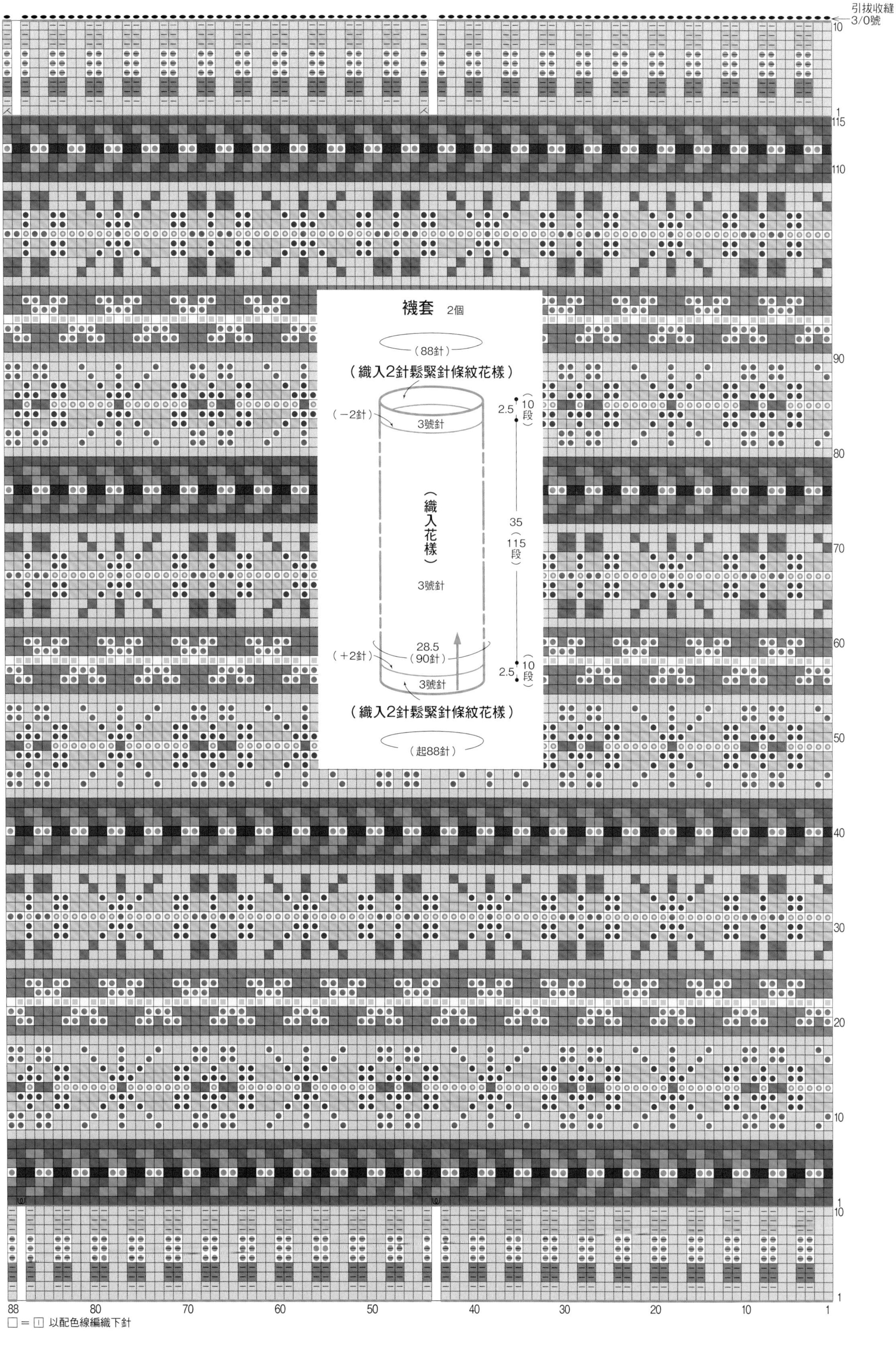

引拔收縫
3/0號

襪套 2個

□＝⊡ 以配色線編織下針

11-M ●Picture on P.16

[準備工具]

線材…J&S（Jamieson & Smith） 2ply

色號・色名・使用量請參照表格

針具…輪針3號（80cm）・輪針1號（80cm）・鉤針3/0號

[完成尺寸]

胸圍94cm・背肩寬42cm・衣長55.5cm・袖長53cm

[密度]

10cm平方的織入花樣為28針・32段

[織法重點]

※挑針使用輪針1號，此外皆使用輪針3號編織。

1. 起針。 →P.32
2. 針目接合成圈，編織鬆緊針。 →P.32
3. 接續編織織入花樣。 →P.70
4. 在袖襱織入Steeks。 →P.36
5. 一邊編織Steeks，一邊進行領口的減針。 →P.40
6. 以鉤針進行肩線的引拔針併縫。 →P.41
7. 剪開袖襱的Steeks。 →P.71
8. 沿袖襱挑針，依織圖編織袖子與Steeks至指定段數為止。 →P.73
9. 最終段是以鉤針進行引拔收縫。 →P.44
10. 剪開領口的Steeks，編織領子。 →P.42
11. 最終段是以鉤針進行引拔收縫。 →P.44
12. 進行藏線或Steeks的收邊處理。 →P.78
13. 以蒸氣熨斗整燙定型，完成！ →P.78

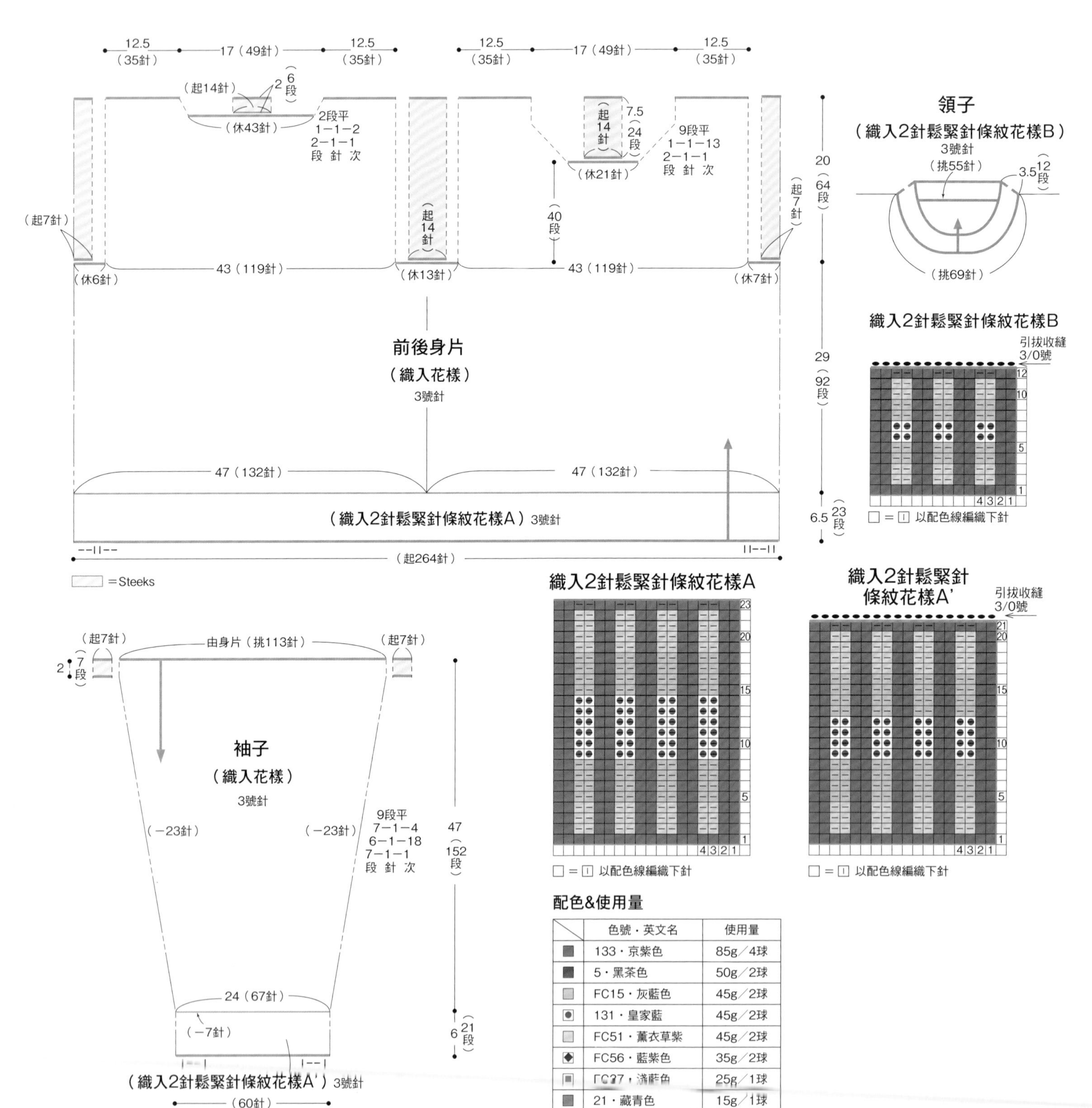

配色&使用量

	色號・英文名	使用量
■	133・京紫色	85g/4球
■	5・黑茶色	50g/2球
□	FC15・灰藍色	45g/2球
●	131・皇家藍	45g/2球
□	FC51・薰衣草紫	45g/2球
◆	FC56・藍紫色	35g/2球
▣	FC37・淺藍色	25g/1球
■	21・藏青色	15g/1球
□	FC43・杏色	10g/1球

※織入花樣以中心為準，對稱配置，起針則前後相同。

67
60
50
40
30
20
10
1
152
150
140
130
120
110
100
90
80
70
60
50
40
30
20
10
1
Steeks
113
110
100
90
80
70
60
50
40
30
20
10
1
Steeks
中心

［準備工具］

線材…J&S（Jamieson & Smith） 2ply
色號・色名・使用量請參照表格

針具…輪針3號（80cm）・輪針1號（80cm）・鉤針3/0號

［完成尺寸］

胸圍103cm・背肩寬46cm・衣長62.5cm・袖長58cm

［密度］

10cm平方的織入花樣為28針・32段

［織法重點］

※挑針使用輪針1號，此外皆使用輪針3號編織。

1. 起針。→P.32
2. 針目接合成圈，編織鬆緊針。→P.32
3. 在第1段加針，編織織入花樣。→P.70
4. 在袖襱織入Steeks。→P.36
5. 一邊編織Steeks，一邊進行領口的減針。→P.40
6. 以鉤針進行肩線的引拔針併縫。→P.41
7. 剪開袖襱的Steeks。→P.71
8. 沿袖襱挑針，依織圖編織袖子與Steeks至指定段數為止。→P.73
9. 最終段是以鉤針進行引拔收縫。→P.44
10. 剪開領口的Steeks，編織領子。→P.42
11. 最終段是以鉤針進行引拔收縫。→P.44
12. 進行藏線或Steeks的收邊處理。→P.78
13. 以蒸氣熨斗整燙定型，完成！→P.78

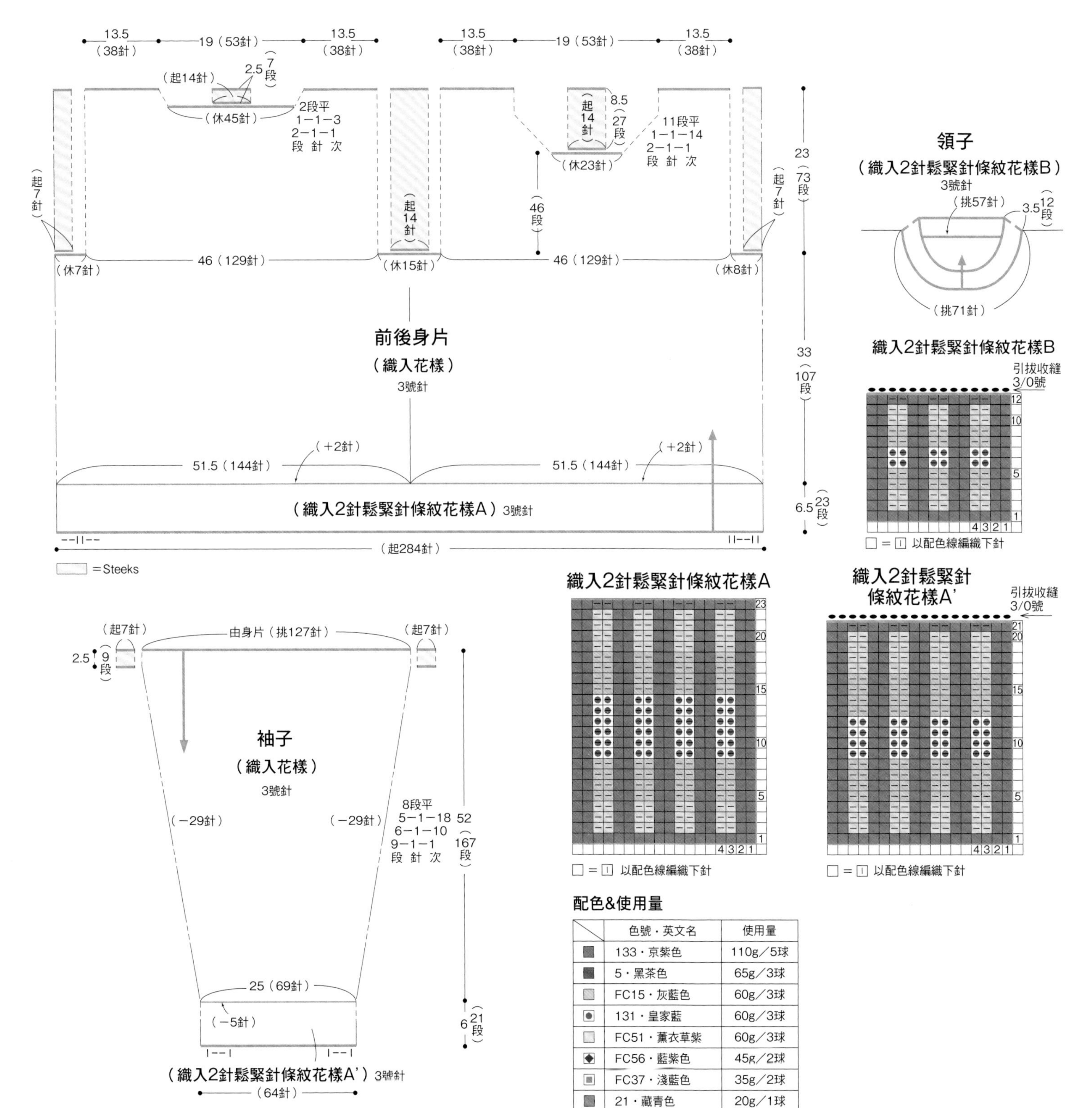

配色&使用量

	色號・英文名	使用量
■	133・京紫色	110g／5球
■	5・黑茶色	65g／3球
■	FC15・灰藍色	60g／3球
⊡	131・皇家藍	60g／3球
□	FC51・薰衣草紫	60g／3球
◆	FC56・藍紫色	45g／2球
▣	FC37・淺藍色	35g／2球
■	21・藏青色	20g／1球
□	FC43・杏色	15g／1球

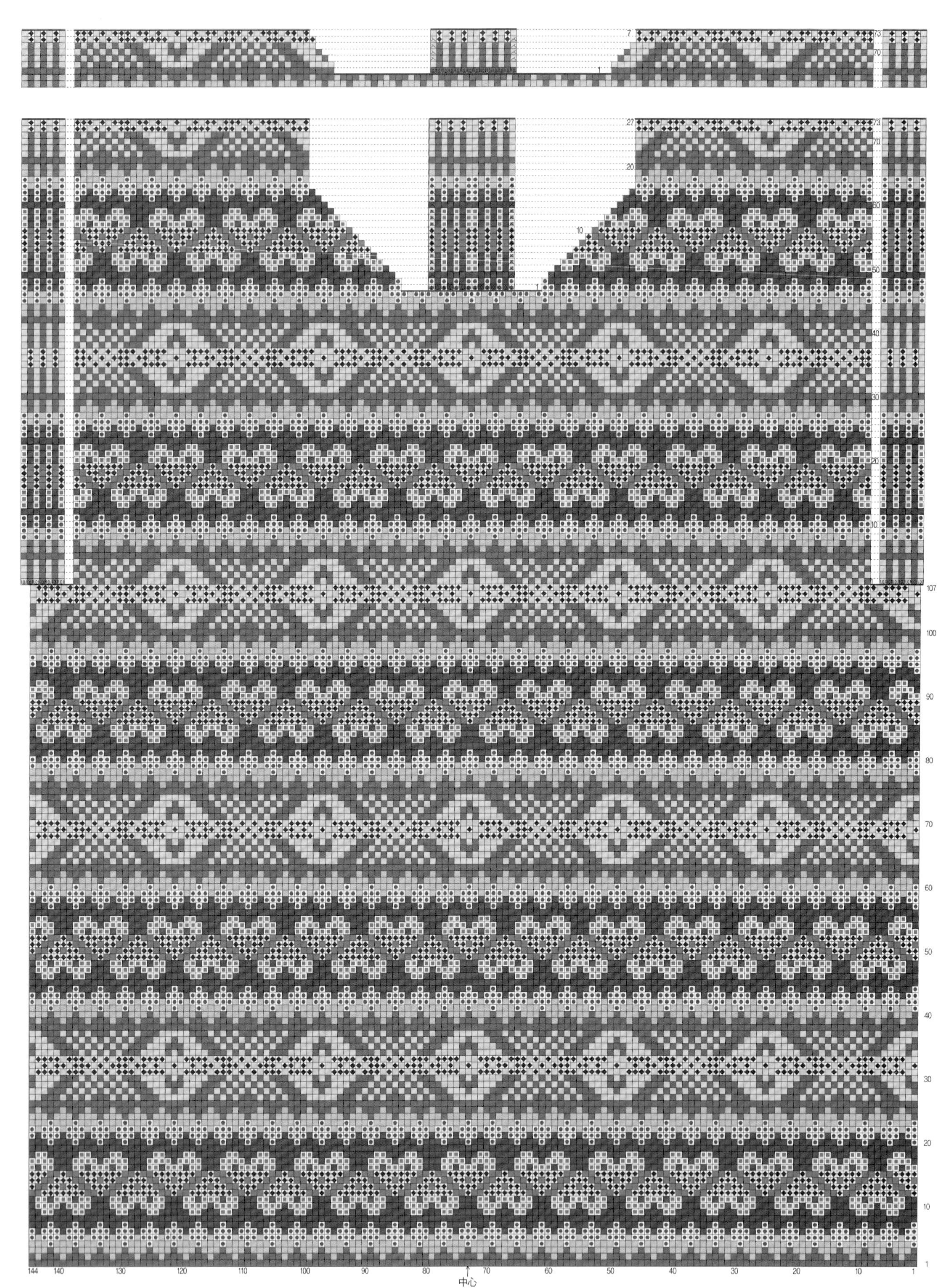

※織入花樣以中心為準，對稱配置，起針則前後相同。

69
60
50
40
30
20
10
1
167
160
150
140
130
120
110
100
90
80
70
60
50
40
30
20
10
1
Steeks
127
120
110
100
90
80
70
中心
60
50
40
30
20
10
1
Steeks

[**準備工具**]

線材…J&S（Jamieson & Smith） 2ply

色號・色名・使用量請參照表格

針具…輪針3號（80cm）・輪針1號（80cm）・鉤針3/0號

[**完成尺寸**]

胸圍111cm・背肩寬49cm・衣長68.5cm・袖長59.5cm

[**密度**]

10cm平方的織入花樣為28針・32段

[**織法重點**]

※挑針使用輪針1號，此外皆使用輪針3號編織。

1. 起針。 →P.32
2. 針目接合成圈，編織鬆緊針。 →P.32
3. 在第1段加針，編織織入花樣。 →P.70
4. 在袖襱織入Steeks。 →P.36
5. 一邊編織Steeks，一邊進行領口的減針。 →P.40
6. 以鉤針進行肩線的引拔針併縫。 →P.41
7. 剪開袖襱的Steeks。 →P.71
8. 沿袖襱挑針，依織圖編織袖子與Steeks至指定段數為止。 →P.73
9. 最終段是以鉤針進行引拔收縫。 →P.44
10. 剪開領口的Steeks，編織領子。 →P.42
11. 最終段是以鉤針進行引拔收縫。 →P.44
12. 進行藏線或Steeks的收邊處理。 →P.78
13. 以蒸氣熨斗整燙定型，完成！ →P.78

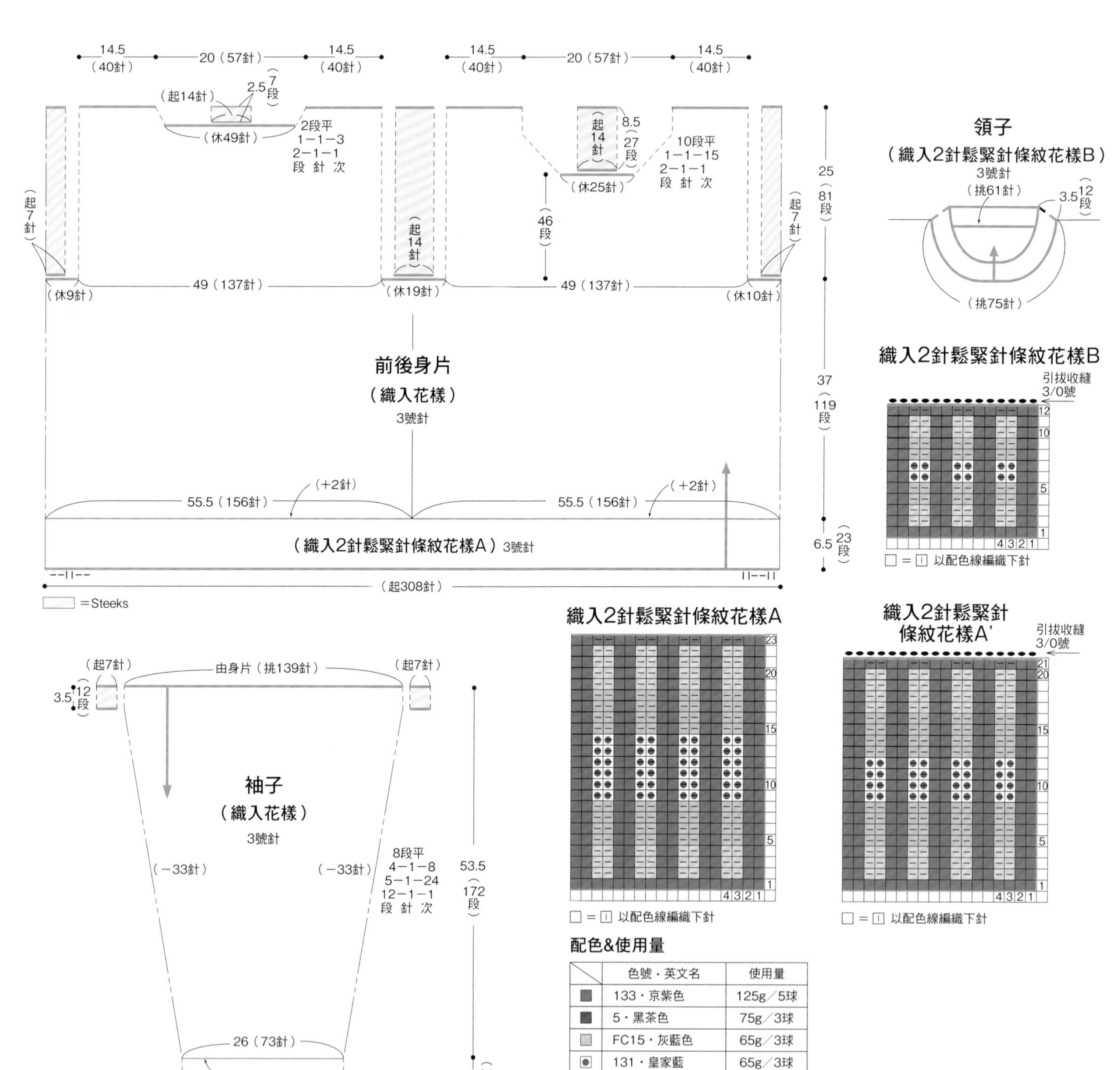

配色&使用量

	色號・英文名	使用量
■	133・京紫色	125g／5球
■	5・黑茶色	75g／3球
■	FC15・灰藍色	65g／3球
⊡	131・皇家藍	65g／3球
□	FC51・薰衣草紫	65g／3球
◆	FC56・藍紫色	50g／2球
▣	FC37・淺藍色	40g／2球
■	21・藏青色	25g／1球
□	FC43・杏色	15g／1球

※織入花樣以中心為準，對稱配置，起針則前後相同。

[準備工具]

線材…Jamieson's Shetland Spindrift
色號・色名・使用量請參照表格

針具…輪針3號（80cm）・輪針1號（80cm）・鉤針3/0號

[完成尺寸]

胸圍92cm・背肩寬38cm・衣長57cm・袖長53.5cm

[密度]

10cm平方的織入花樣為30針・33段

[織法重點]

※挑針使用輪針1號，此外皆使用輪針3號編織。

1. 起針。 →P.32
2. 針目接合成圈，編織鬆緊針。 →P.32
3. 在第1段加針，編織織入花樣。 →P.70
4. 在袖襱織入Steeks。 →P.36
5. 一邊編織Steeks，一邊進行領口的減針。 →P.40
6. 以鉤針進行肩線的引拔針併縫。 →P.41
7. 剪開袖襱的Steeks。 →P.71
8. 沿袖襱挑針，依織圖編織袖子與Steeks至指定段數為止。 →P.73
9. 最終段是以鉤針進行引拔收縫。 →P.44
10. 剪開領口的Steeks，編織領子。 →P.42
11. 最終段是以鉤針進行引拔收縫。 →P.44
12. 進行藏線或Steeks的收邊處理。 →P.78
13. 以蒸氣熨斗整燙定型，完成！ →P.78

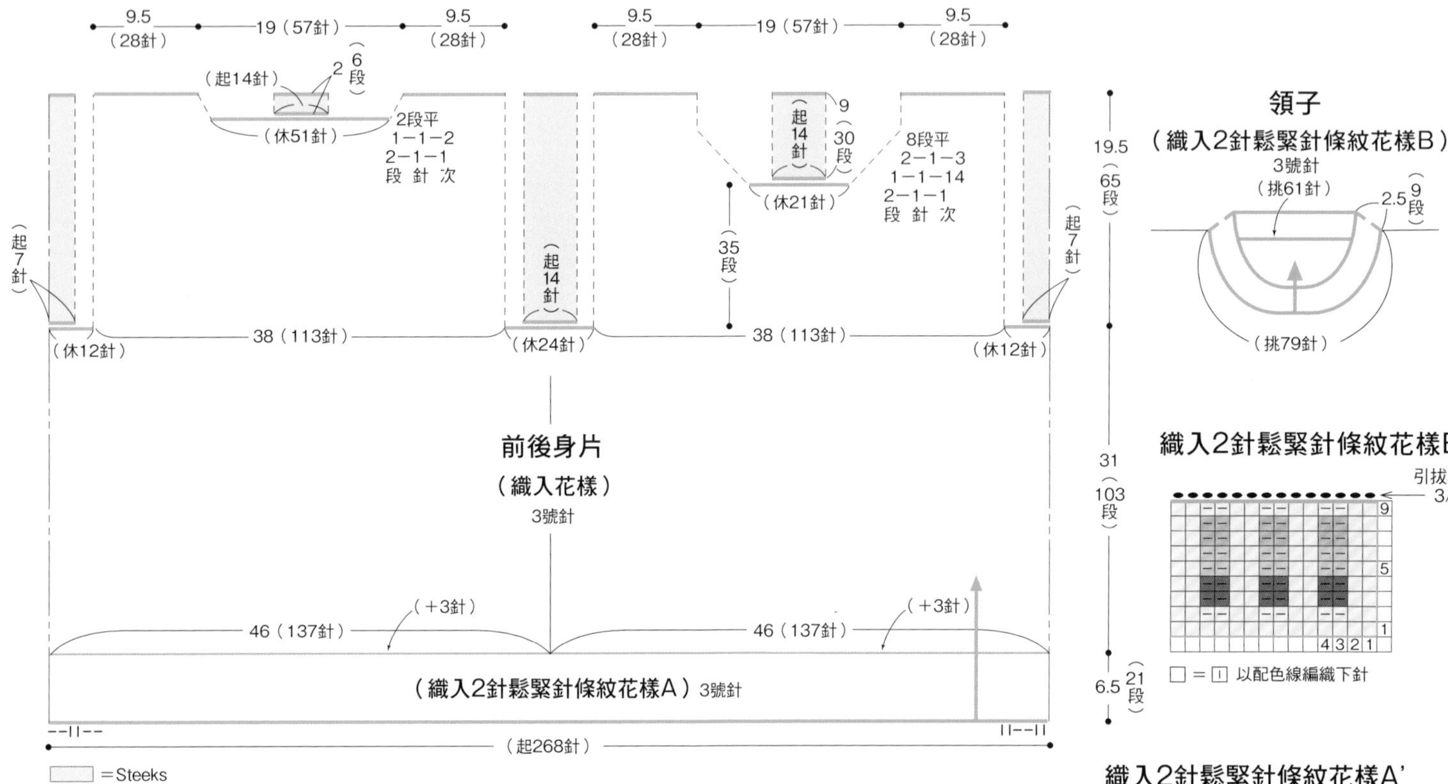

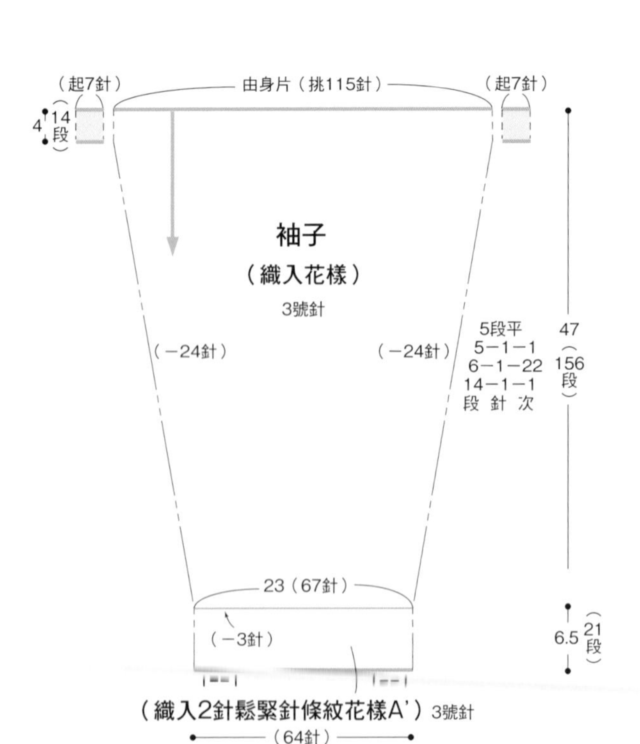

織入2針鬆緊針條紋花樣A

□ = ⊡ 以配色線編織下針

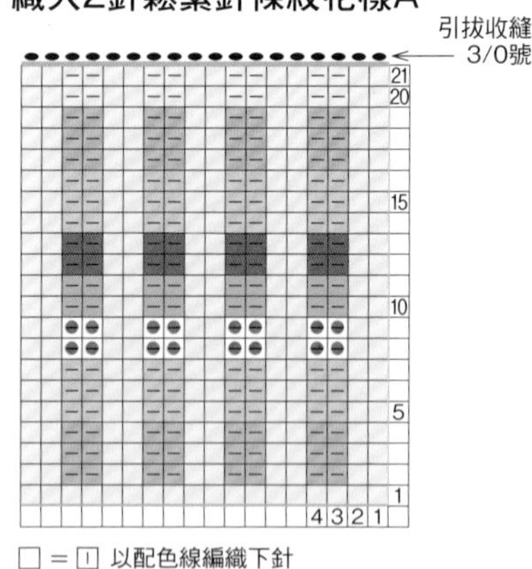

配色與使用量

	色號・英文名	色名	使用量
	760・Caspian	土耳其藍	75g／3球
□	120・Eesit/White	原色mix	70g／3球
	791・Pistachio	深灰黃綠	50g／2球
	478・Amber	霧橘色	40g／2球
	105・Eesit	淺杏色	30g／2球
	274・Green Mist	薄荷mix	25g／1球
	525・Crimson	深紅色	20g／1球
	621・Poppy	黃紅色	20g／1球
	870・Cocoa	暗橘色	20g／1球
	165・Dusk	深青紫mix	20g／1球

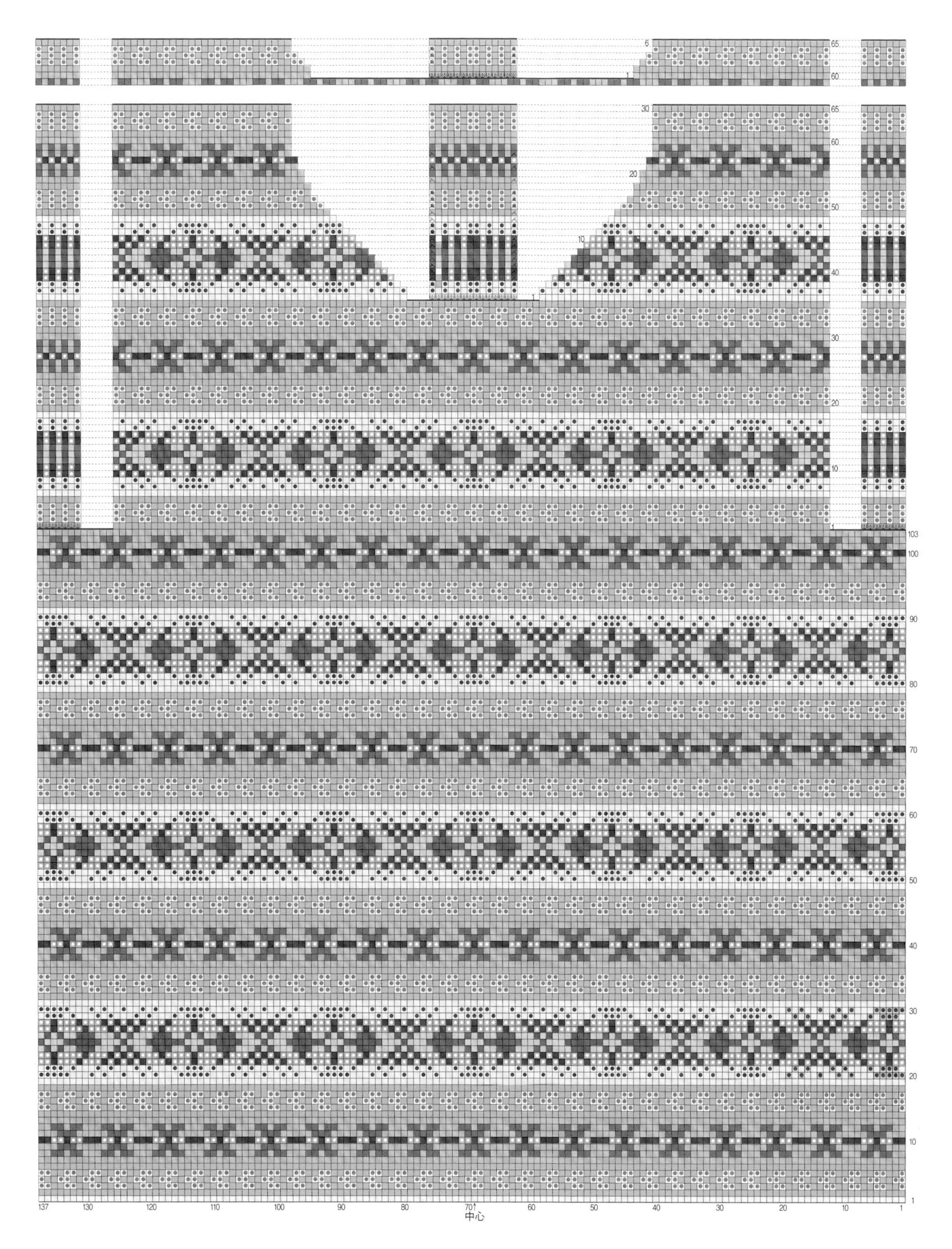

※織入花樣以中心為準，對稱配置，起針則前後相同。

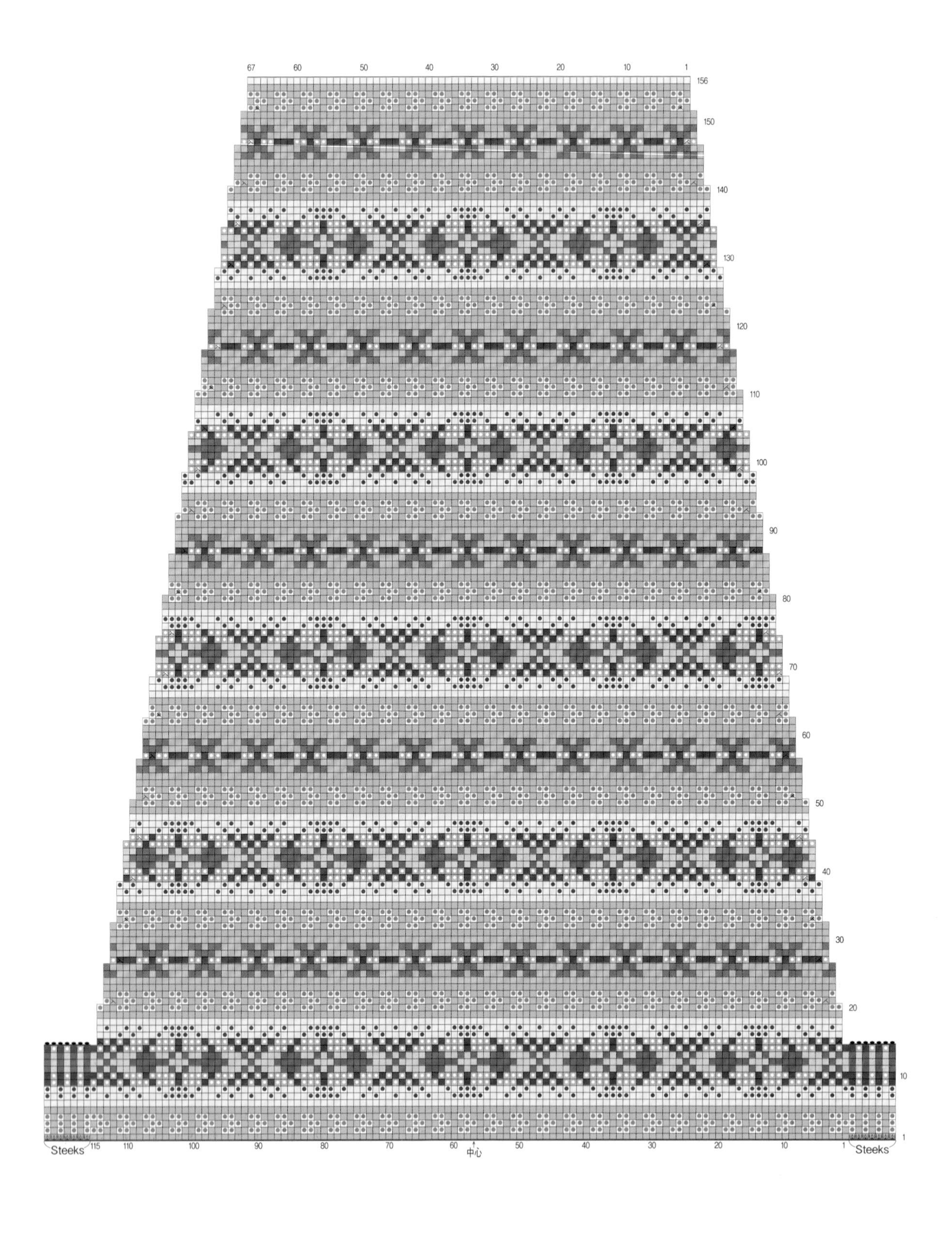

67
60
50
40
30
20
10
1
156
150
140
130
120
110
100
90
80
70
60
50
40
30
20
10
1
Steeks
115
110
100
90
80
70
60
中心
50
40
30
20
10
1
Steeks

[準備工具]

線材…Jamieson's Shetland Spindrift
色號・色名・使用量請參照表格

針具…輪針3號(80cm)・輪針1號(80cm)・
鉤針3/0號

[完成尺寸]

胸圍100cm・背肩寬42cm・衣長63cm・袖長61.5cm

[密度]

10cm平方的織入花樣為30針・33段

[織法重點]

※挑針使用輪針1號，此外皆使用輪針3號編織。

1. 起針。 →P.32
2. 針目接合成圈，編織鬆緊針。 →P.32
3. 在第1段加針，編織織入花樣。 →P.70
4. 在袖襱織入Steeks。 →P.36
5. 一邊編織Steeks，一邊進行領口的減針。 →P.40
6. 以鉤針進行肩線的引拔針併縫。 →P.41
7. 剪開袖襱的Steeks。 →P.71
8. 沿袖襱挑針，依織圖編織袖子與Steeks至指定段數為止。 →P.73
9. 最終段是以鉤針進行引拔收縫。 →P.44
10. 剪開領口的Steeks，編織領子。 →P.42
11. 最終段是以鉤針進行引拔收縫。 →P.44
12. 進行藏線或Steeks的收邊處理。 →P.78
13. 以蒸氣熨斗整燙定型，完成！ →P.78

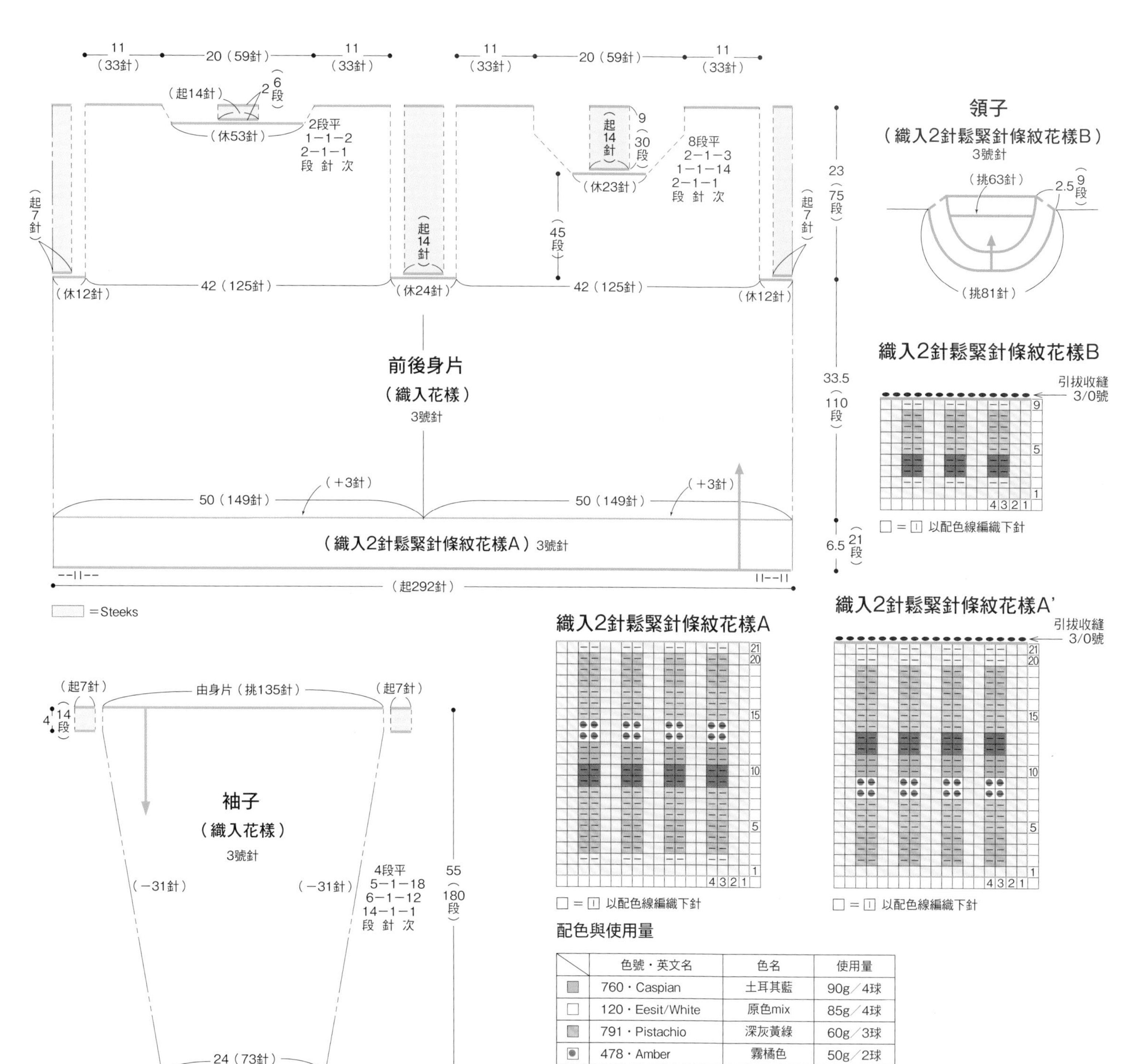

配色與使用量

	色號・英文名	色名	使用量
▨	760・Caspian	土耳其藍	90g/4球
□	120・Eesit/White	原色mix	85g/4球
▨	791・Pistachio	深灰黃綠	60g/3球
◉	478・Amber	霧橘色	50g/2球
▣	105・Eesit	淺杏色	35g/2球
▨	274・Green Mist	薄荷mix	30g/2球
●	525・Crimson	深紅色	少許/1球
■	524・Poppy	黃紅色	少許/1球
■	870・Cocoa	暗橘色	少許/1球
■	165・Dusk	深青紫mix	少許/1球

※織入花樣以中心為準，對稱配置，起針則前後相同。

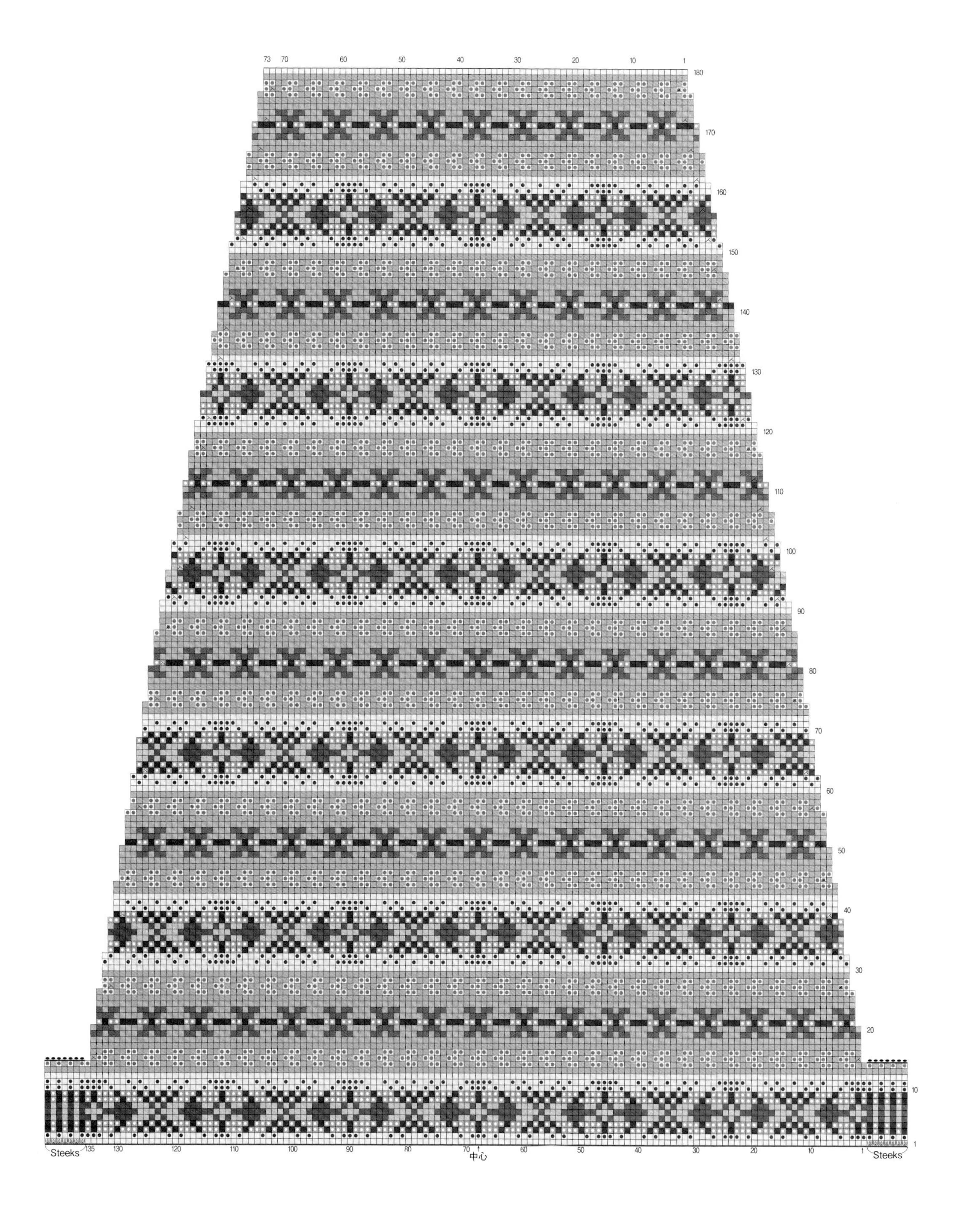

73
70
60
50
40
30
20
10
1
180
170
160
150
140
130
120
110
100
90
80
70
60
50
40
30
20
10
1
Steeks
135
130
120
110
100
90
80
70
中心
60
50
40
30
20
10
1
Steeks

[準備工具]

線材…Jamieson's　Shetland Spindrift
　　色號・色名・使用量請參照表格
針具…輪針3號（80cm）・輪針1號（80cm）・
　　鉤針3/0號

[完成尺寸]

胸圍109cm・背肩寬46cm・衣長66.5cm・袖長63cm

[密度]

10cm平方的織入花樣為30針・33段

[織法重點]

※挑針使用輪針1號，此外皆使用輪針3號編織。

1. 起針。 →P.32
2. 針目接合成圈，編織鬆緊針。 →P.32
3. 在第1段加針，編織織入花樣。 →P.70
4. 在袖襱織入Steeks。 →P.36
5. 一邊編織Steeks，一邊進行領口的減針。 →P.40
6. 以鉤針進行肩線的引拔針併縫。 →P.41
7. 剪開袖襱的Steeks。 →P.71
8. 沿袖襱挑針，依織圖編織袖子與Steeks至指定段數為止。 →P.73
9. 最終段是以鉤針進行引拔收縫。 →P.44
10. 剪開領口的Steeks，編織領子。 →P.42
11. 最終段是以鉤針進行引拔收縫。 →P.44
12. 進行藏線或Steeks的收邊處理。 →P.78
13. 以蒸氣熨斗整燙定型，完成！ →P.78

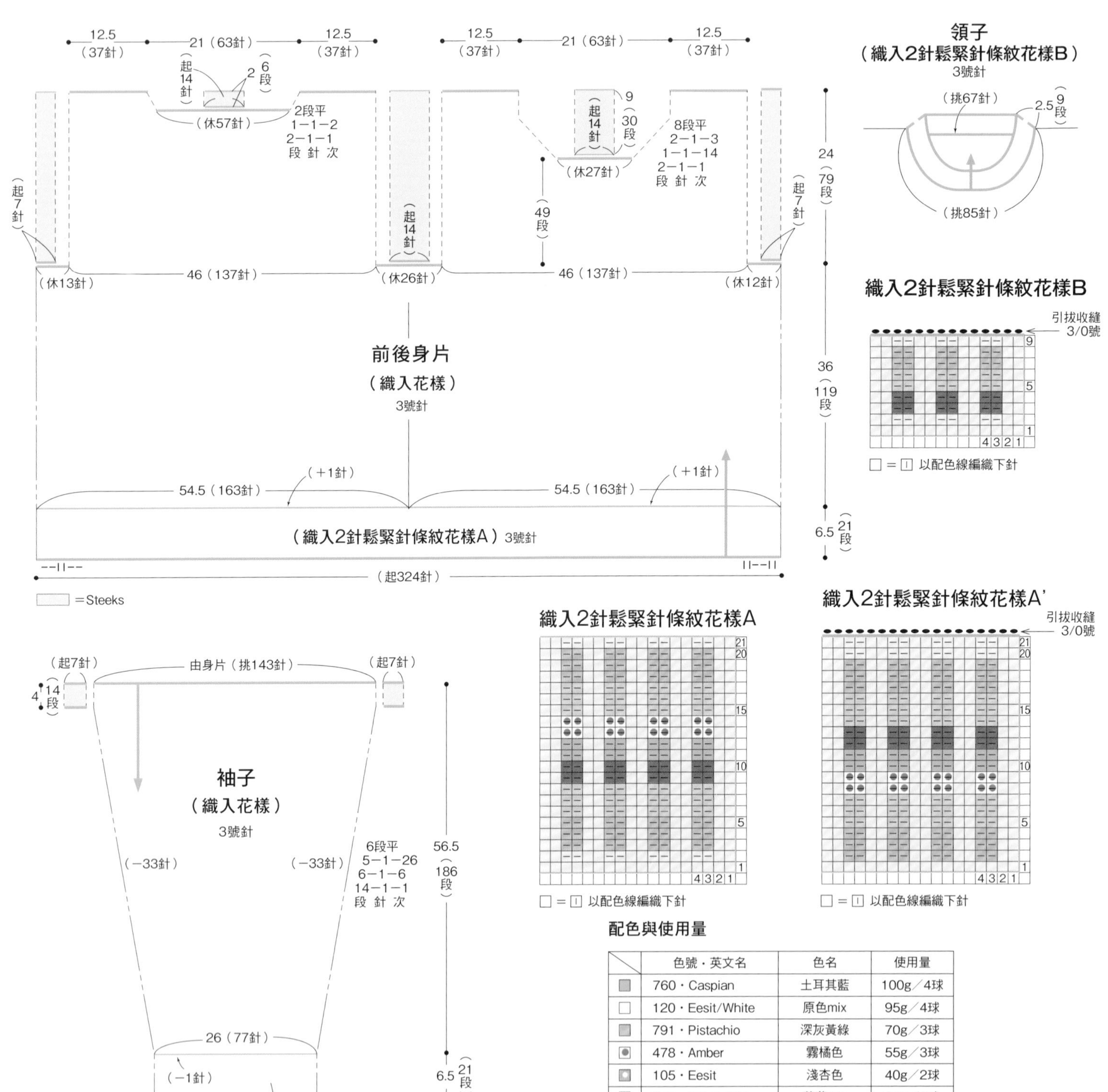

配色與使用量

	色號・英文名	色名	使用量
	760・Caspian	土耳其藍	100g／4球
	120・Eesit/White	原色mix	95g／4球
	791・Pistachio	深灰黃綠	70g／3球
	478・Amber	霧橘色	55g／3球
	105・Eesit	淺杏色	40g／2球
	274・Green Mist	薄荷mix	35g／2球
	525・Crimson	深紅色	30g／2球
	524・Poppy	黃紅色	30g／2球
	870・Cocoa	暗橘色	[illegible]
	165・Dusk	深青紫mix	30g／2球

※織入花樣以中心為準，對稱配置，起針則前後相同。

［準備工具］

線材…J&S（Jamieson & Smith） 2ply
色號・色名・使用量請參照表格

針具…輪針3號（80cm）・輪針1號（80cm）・
鉤針2/0號

［完成尺寸］

胸圍90cm・背肩寬37cm・衣長58cm・袖長52.5cm

［密度］

10cm平方的織入花樣為26.5針・32段

［織法重點］

※挑針使用輪針1號，此外皆使用輪針3號編織。

1. 起針。 →P.32
2. 針目接合成圈，編織鬆緊針。 →P.32
3. 接續編織織入花樣。
4. 在袖襱織入Steeks。 →P.36
5. 一邊編織Steeks，一邊進行領口的減針。 →P.40
6. 以鉤針進行肩線的引拔針併縫。 →P.41
7. 剪開袖襱的Steeks。 →P.71
8. 沿袖襱挑針，依織圖編織袖子與Steeks至指定段數為止。 →P.73
9. 最終段是以鉤針進行引拔收縫。 →P.44
10. 剪開領口的Steeks，編織領子。 →P.42
11. 最終段是以鉤針進行引拔收縫。 →P.44
12. 進行藏線或Steeks的收邊處理 →P.78
13. 以蒸氣熨斗整燙定型，完成！ →P.78

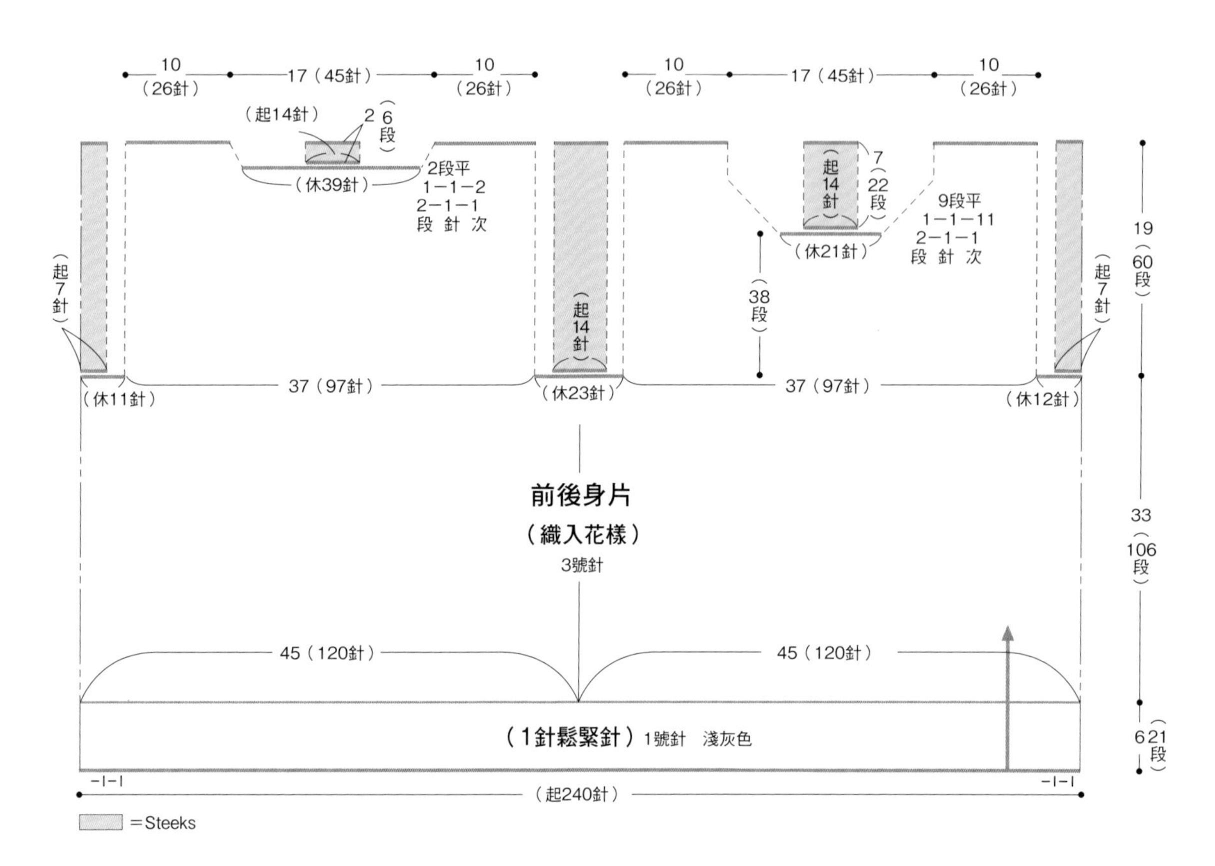

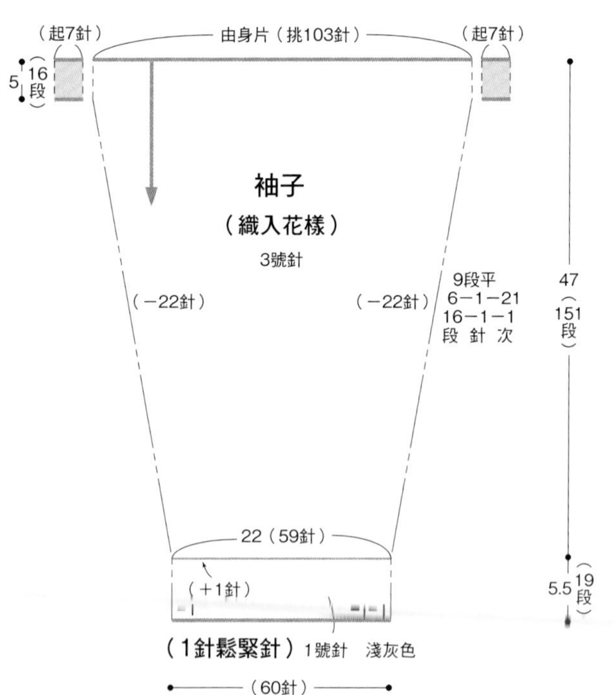

領子（1針鬆緊針）1號針
淺灰色

（挑49針）
2.5（10段）
（挑65針）

1針鬆緊針

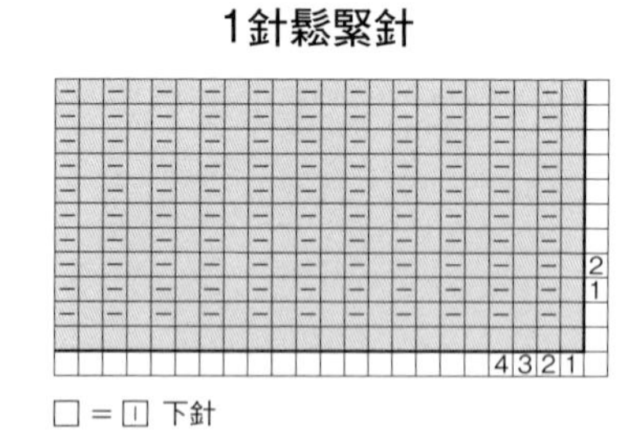

□＝⎕ 下針

配色&使用量

	色號・英文名	使用量
■	203・淺灰色	130g／6球
■	FC52・灰色mix	70g／3球
■	FC58・茶色	25g／1球
■	121・黃色	25g／1球
■	FC43・杏色	25g／1球
■	131・皇家藍	20g／1球
⊙	FC37・淺藍色	20g／1球
■	FC15・灰藍色	20g／1球

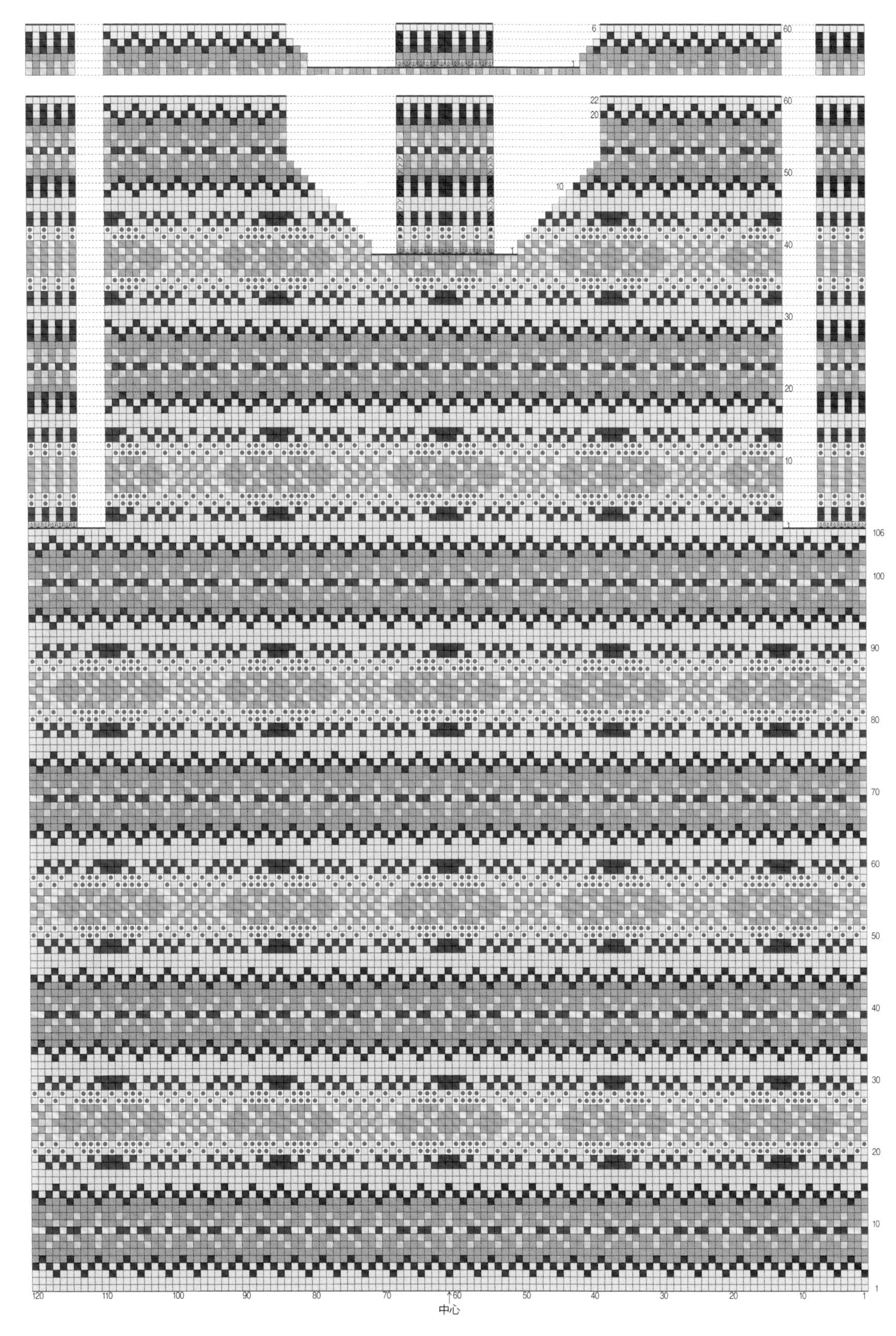

※織入花樣以中心為準，對稱配置，起針則前後相同。

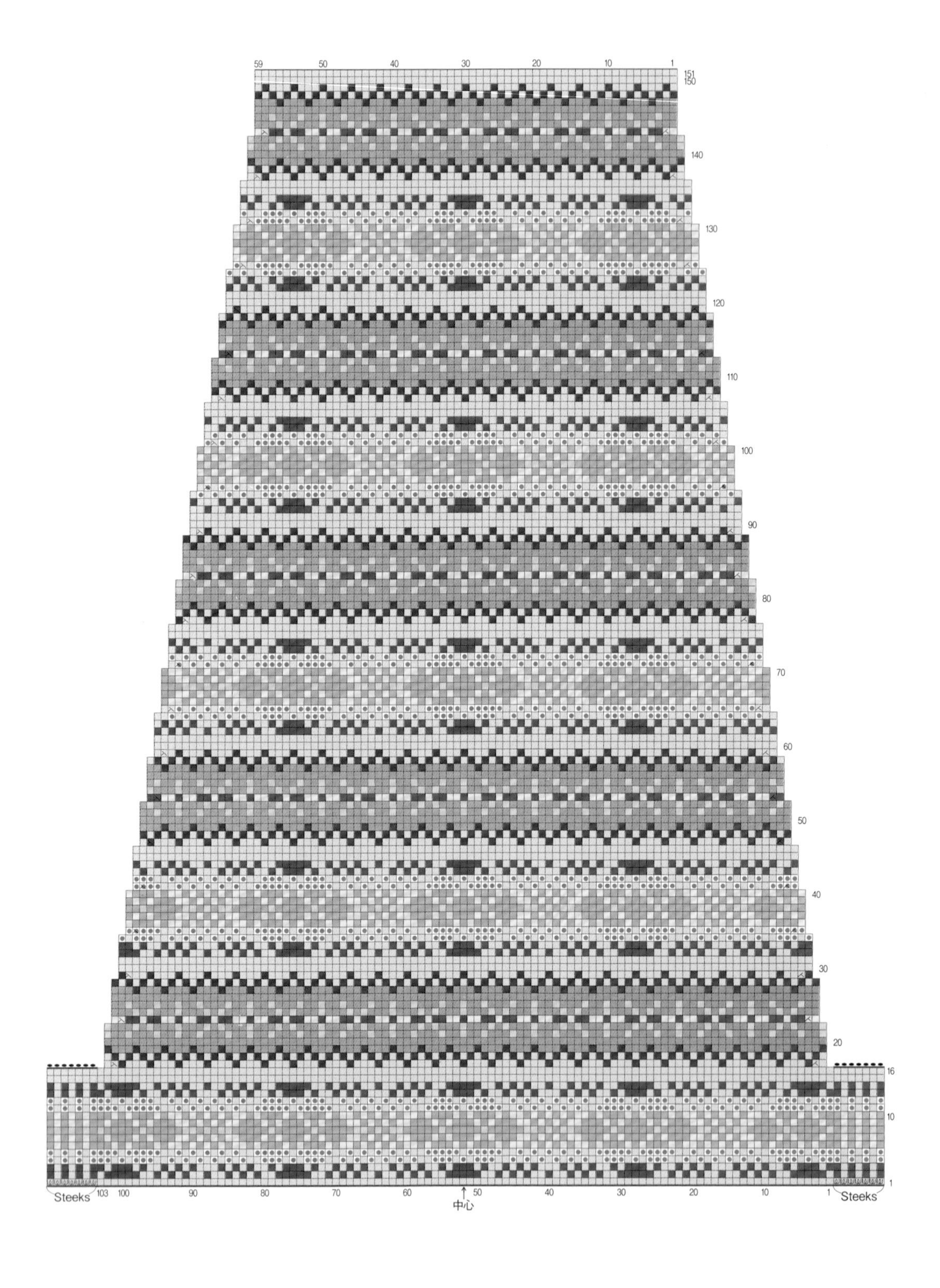

59
50
40
30
20
10
1
151
150
140
130
120
110
100
90
80
70
60
50
40
30
20
16
10
1
Steeks
103
100
90
80
70
60
50
40
30
20
10
1
Steeks
中心

[準備工具]
線材…J&S（Jamieson & Smith） 2ply
色號・色名・使用量請參照表格
針具…輪針3號（80cm）・輪針1號（80cm）・鉤針2/0號

[完成尺寸]
胸圍104cm・背肩寬43cm・衣長64cm・袖長61cm

[密度]
10cm平方的織入花樣為26.5針・32段

[織法重點]
※1針鬆緊針與挑針使用輪針1號，此外皆使用輪針3號編織。

1. 起針。 →P.32
2. 針目接合成圈，編織鬆緊針。 →P.32
3. 接續編織織入花樣。
4. 在袖襱織入Steeks。 →P.36
5. 一邊編織Steeks，一邊進行領口的減針。 →P.40
6. 以鉤針進行肩線的引拔針併縫。 →P.41
7. 剪開袖襱的Steeks。 →P.71
8. 沿袖襱挑針，依織圖編織袖子與Steeks至指定段數為止。 →P.73
9. 最終段是以鉤針進行引拔收縫。 →P.44
10. 剪開領口的Steeks，編織領子。 →P.42
11. 最終段是以鉤針進行引拔收縫。 →P.44
12. 進行藏線或Steeks的收邊處理。 →P.78
13. 以蒸氣熨斗整燙定型，完成！ →P.78

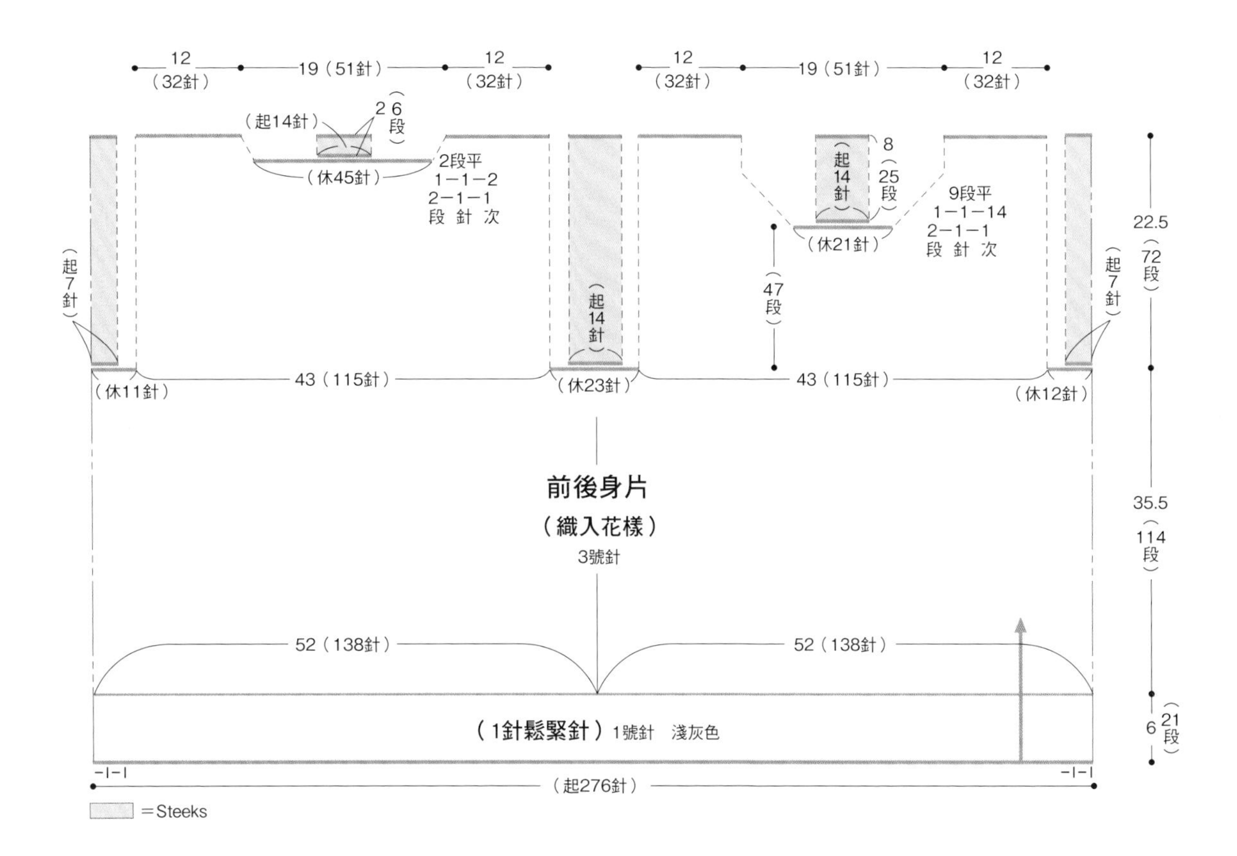

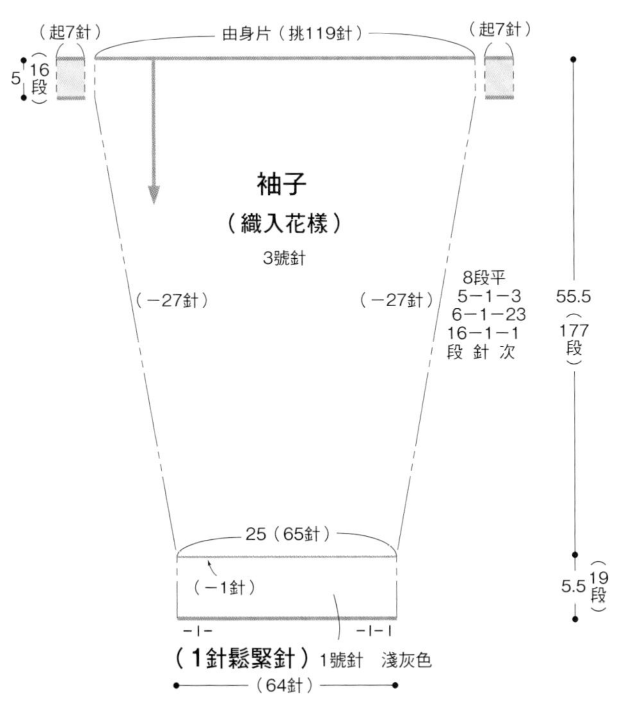

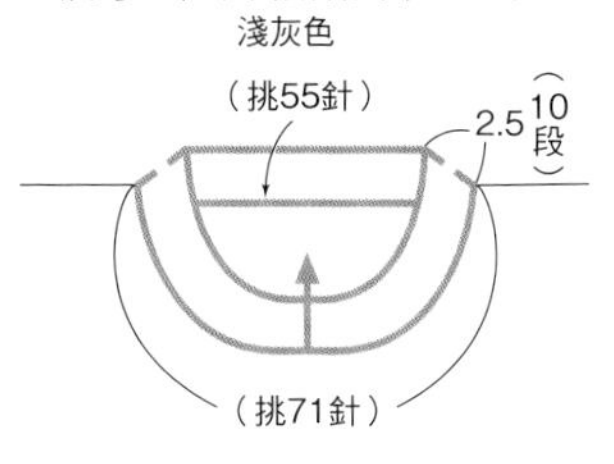

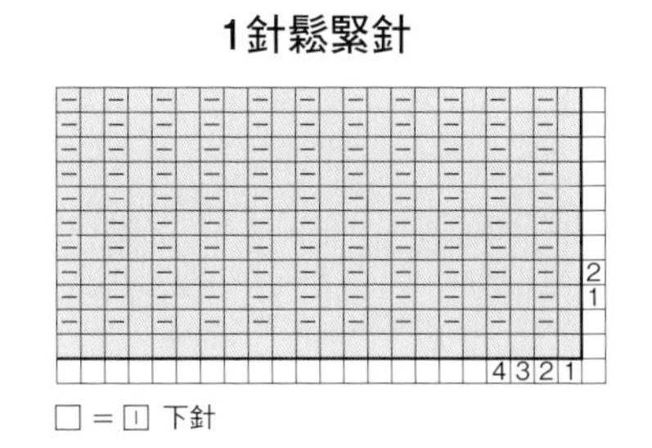

配色&使用量

	色號・英文名	使用量
□	203・淺灰色	170g／7球
▒	FC52・灰色mix	95g／4球
■	FC58・茶色	35g／2球
□	121・黃色	35g／2球
□	FC43・杏色	35g／2球
■	131・皇家藍	25g／1球
⊙	FC37・淺藍色	25g／1球
▒	FC15・灰藍色	25g／1球

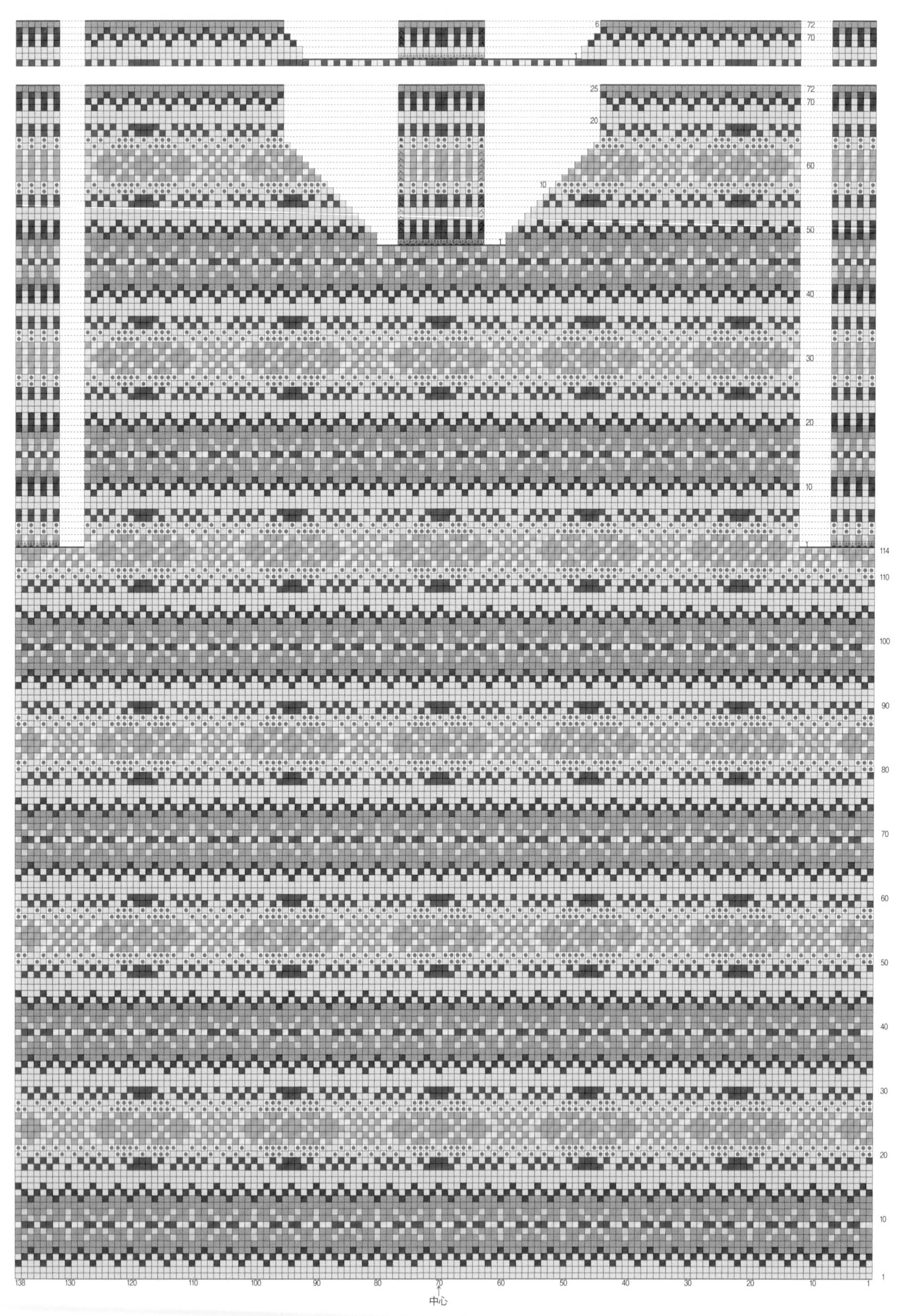

※織入花樣以中心為準，對稱配置，起針則前後相同。

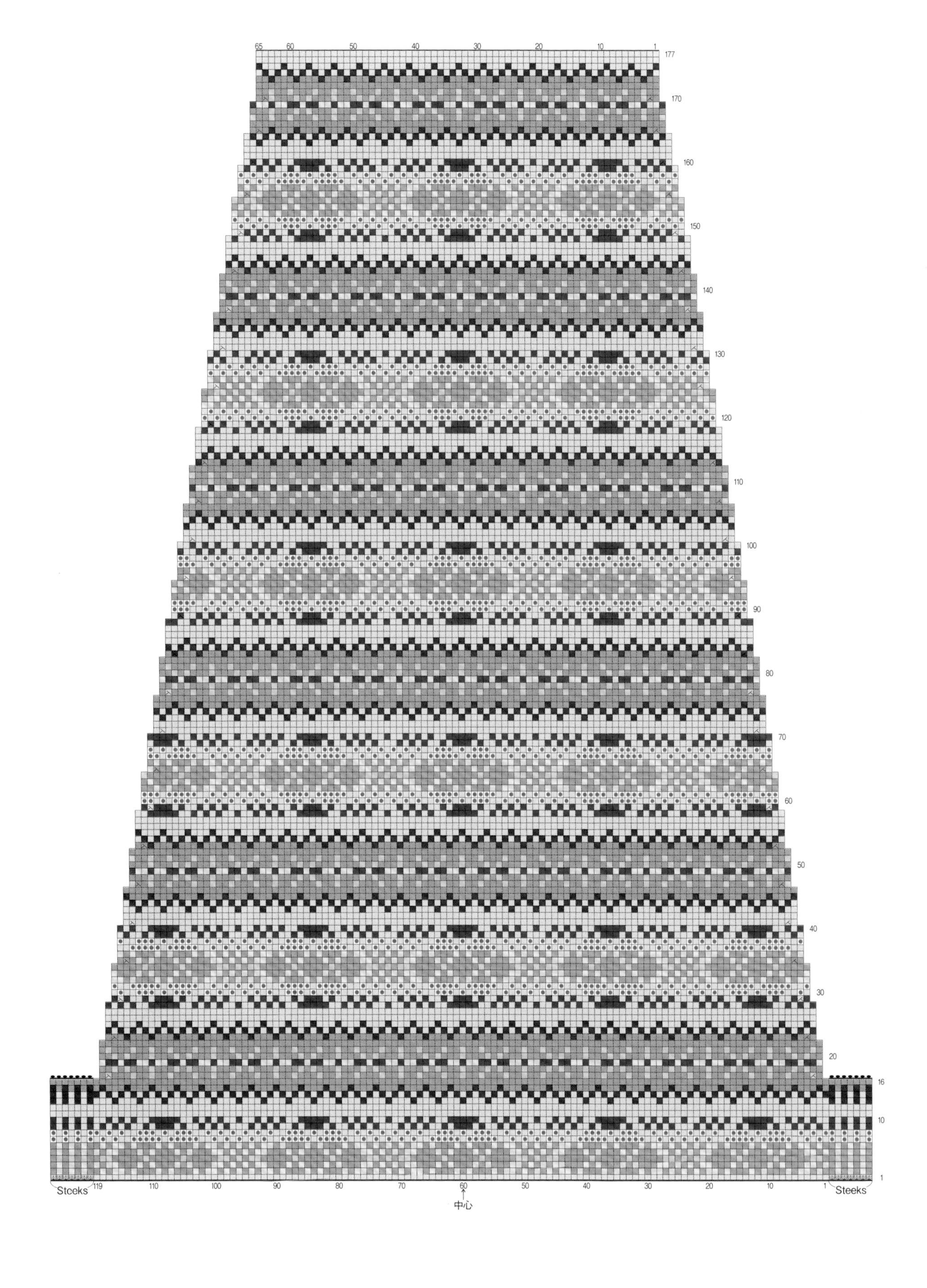
65
60
50
40
30
20
10
1
177
170
160
150
140
130
120
110
100
90
80
70
60
50
40
30
20
16
10
1
Steeks
119
110
100
90
80
70
60
50
40
30
20
10
1
Steeks
中心

[準備工具]
線材…J&S（Jamieson & Smith）2ply
色號・色名・使用量請參照表格
針具…輪針3號（80cm）・輪針1號（80cm）・
鉤針2/0號
[完成尺寸]
胸圍112cm・背肩寬46cm・衣長70cm・袖長62cm
[密度]
10cm平方的織入花樣為26.5針・32段
[織法重點]
※1針鬆緊針與挑針使用輪針1號，此外皆使用輪針3號編織。

1. 起針。 →P.32
2. 針目接合成圈，編織鬆緊針。 →P.32
3. 接續編織織入花樣。
4. 在袖襱織入Steeks。 →P.36
5. 一邊編織Steeks，一邊進行領口的減針。 →P.40
6. 以鉤針進行肩線的引拔針併縫。 →P.41
7. 剪開袖襱的Steeks。 →P.71
8. 沿袖襱挑針，依織圖編織袖子與Steeks至指定段數為止。 →P.73
9. 最終段是以鉤針進行引拔收縫。 →P.44
10. 剪開領口的Steeks，編織領子。 →P.42
11. 最終段是以鉤針進行引拔收縫。 →P.44
12. 進行藏線或Steeks的收邊處理。 →P.78
13. 以蒸氣熨斗整燙定型，完成！ →P.78

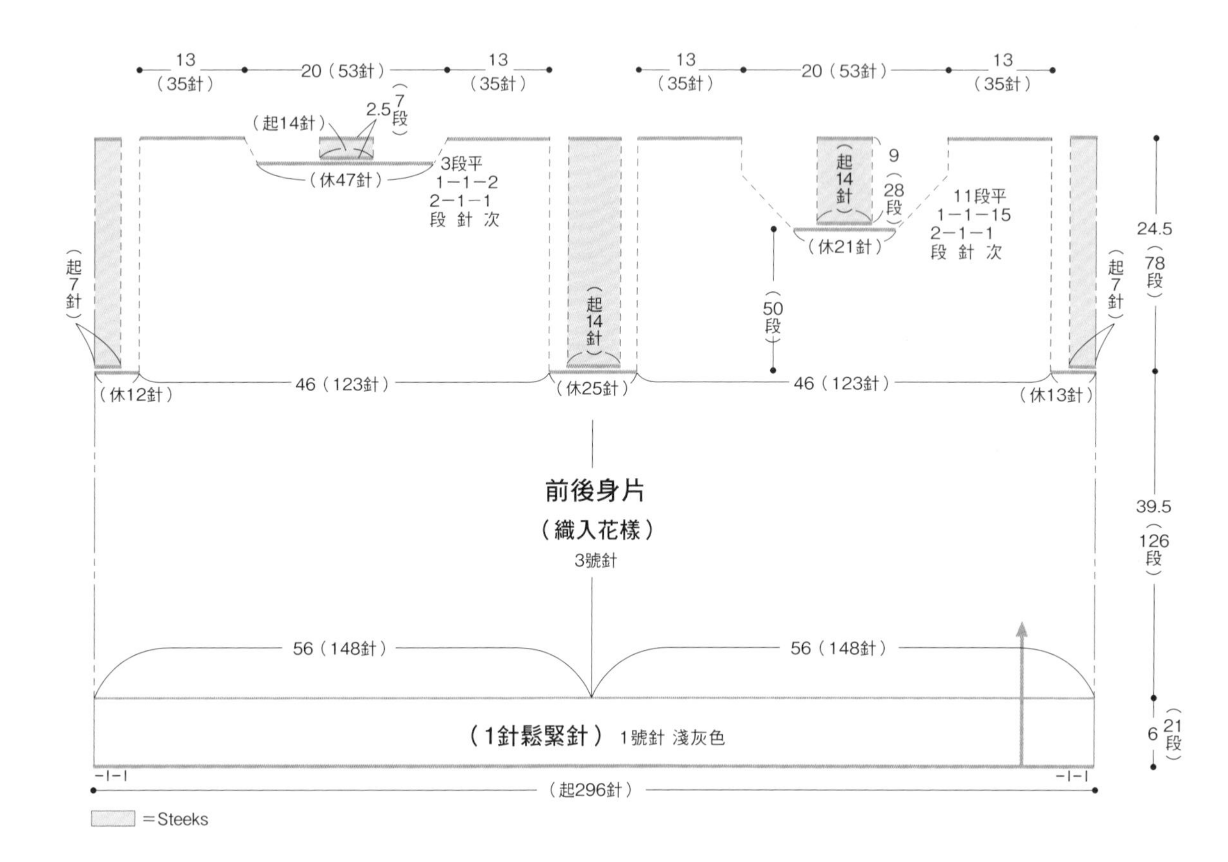

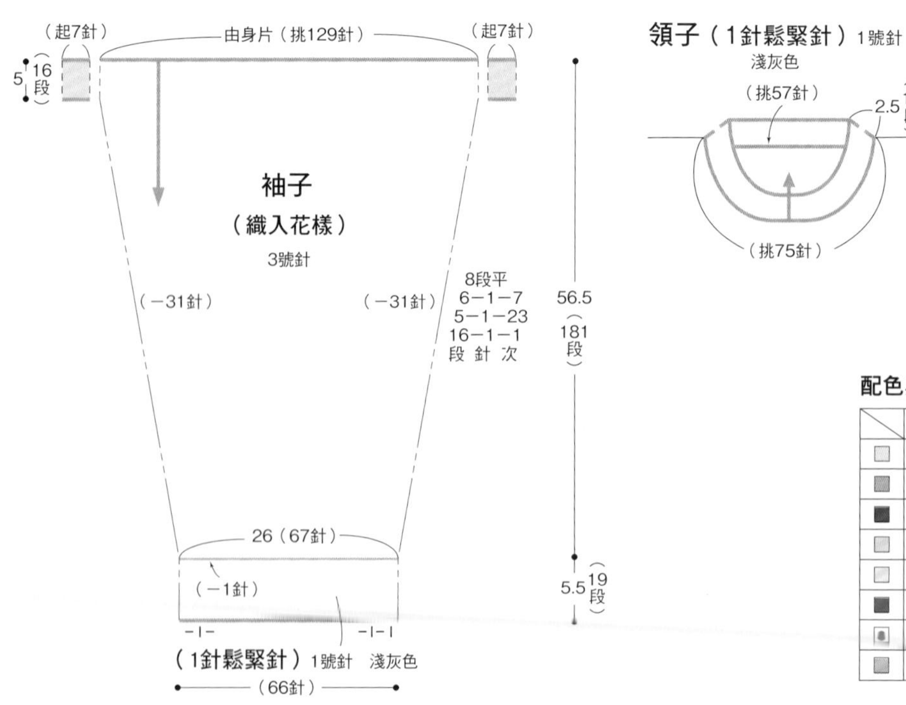

1針鬆緊針

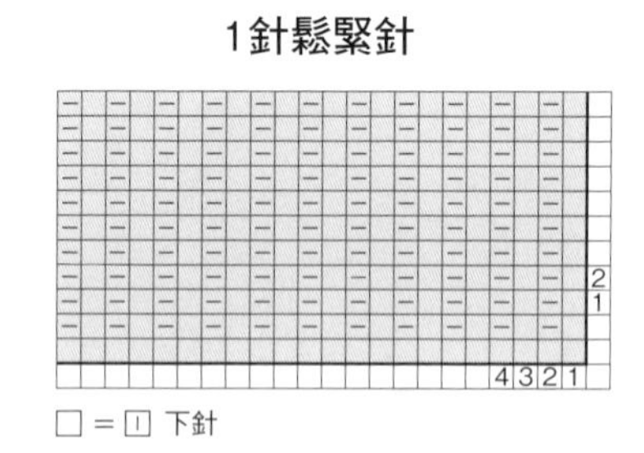

配色與使用量

	色號・英文名	使用量
□	203・淺灰色	200g／8球
■	FC52・灰色mix	105g／5球
■	FC58・茶色	40g／2球
□	121・黃色	40g／2球
□	FC43・杏色	40g／2球
■	131・皇家藍	30g／2球
■	FC37・淺藍色	30g／2球
■	FC15・灰藍色	30g／2球

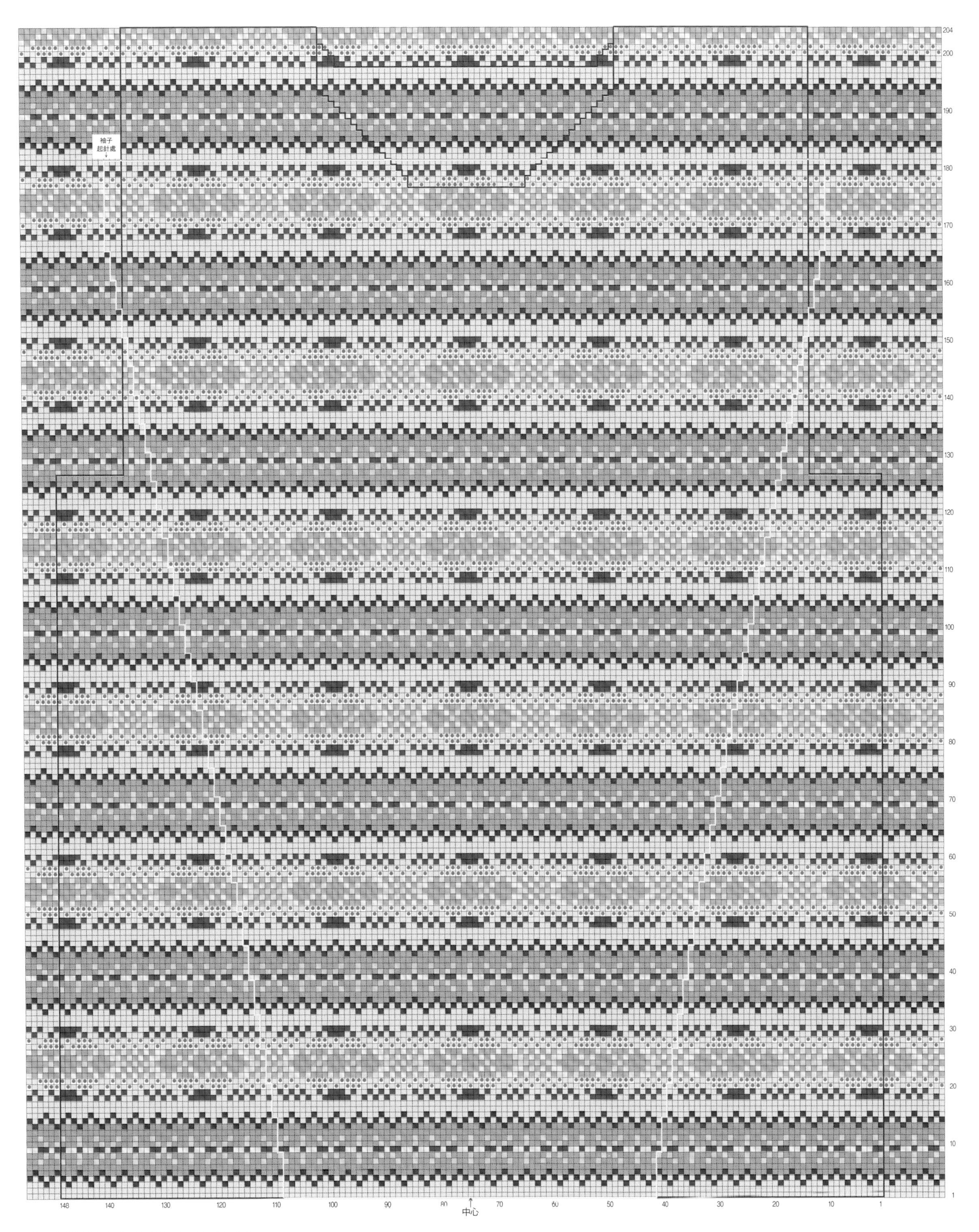

※織入花樣以中心為準，對稱配置，起針則前後相同

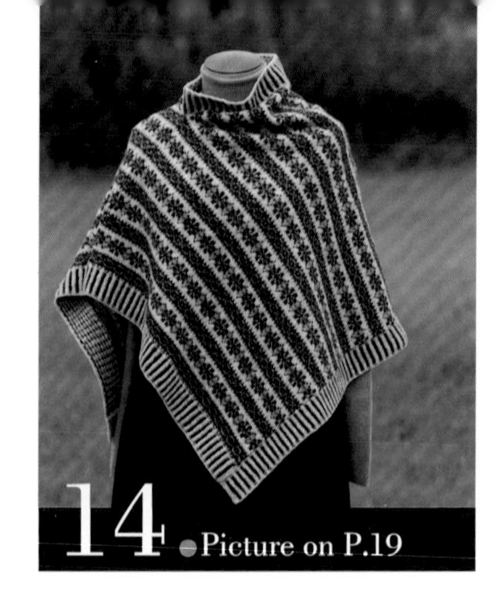

［準備工具］

線材…Jamieson's　Shetland Spindrift
　　色號・色名・使用量請參照表格

針具…輪針3號（80cm）・輪針1號（80cm）・
　　鉤針3/0號

［完成尺寸］

衣長73cm

［密度］

10cm平方的織入花樣為30.5針・32段

［織法重點］

※挑針使用輪針1號，此外皆使用輪針3號編織。

1. 起針並加入14針Steeks裁份。 →P.67
2. 針目接合成圈，編織起點為7針Steeks，接著織鬆緊針，終點再織7針Steeks。 →P.67
3. 在第1段加針，一邊編織Steeks，一邊編織織入花樣。
4. 在第1段減針，編織鬆緊針。 → P.40
5. 最終段是以鉤針進行引拔收縫。 → P.44
6. 剪開Steeks。 → P.76
7. 沿左下襬挑針，編織鬆緊針。
8. 最終段是以鉤針進行引拔收縫。 → P.44
9. 對齊合印記號，進行挑針綴縫。
10. 沿領口挑針，編織鬆緊針。 → P.74
11. 最終段是以鉤針進行引拔收縫。 → P.44
12. 進行藏線或Steeks的收邊處理。 → P.78
13. 以蒸氣熨斗整燙定型，完成！ → P.78

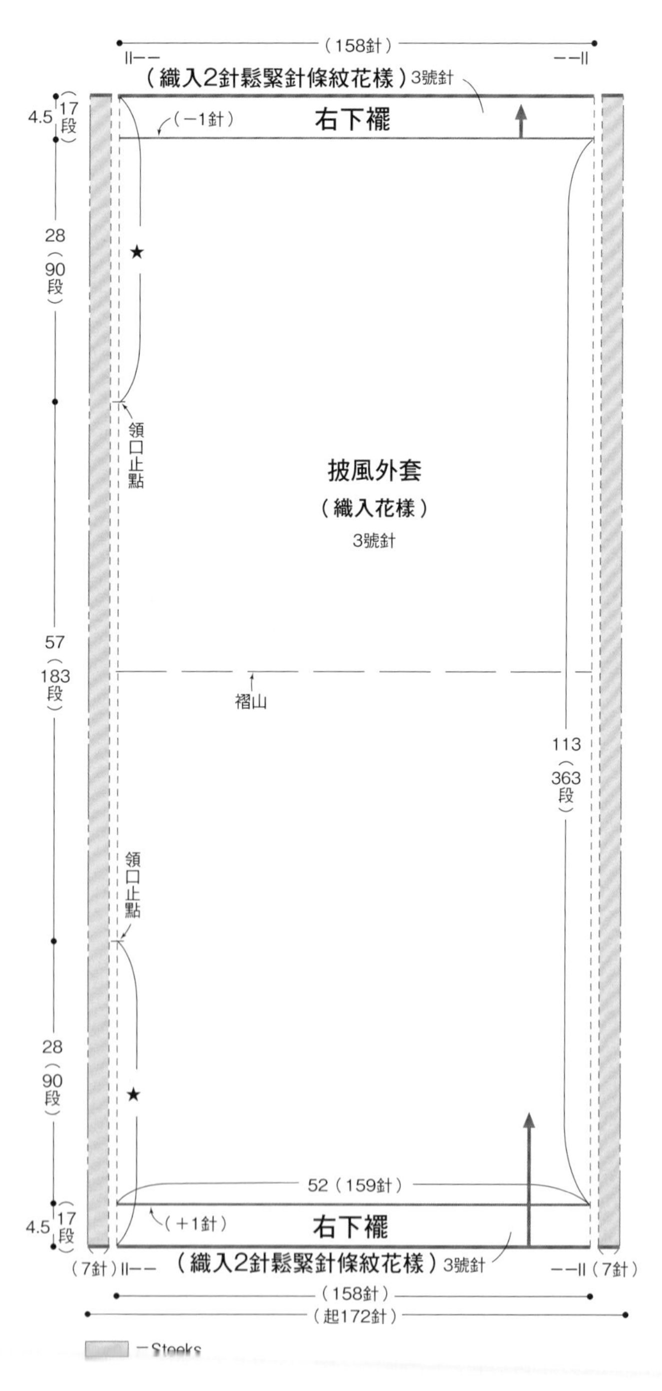

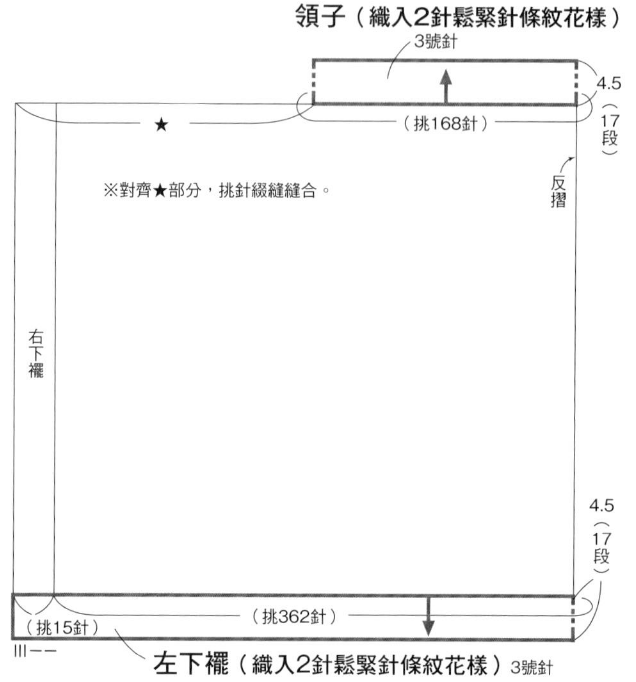

織入2針鬆緊針條紋花樣

引拔收縫 3/0號

17 10 1
4 3 2 1

□ = ⊡ 以配色線編織下針

配色&使用量

	色號・英文名	色名	使用量
□	120·Eesit/White	原色mix	115g／5球
■	1290·Loganberry	深紫紅mix	55g／3球
■	294·Blueberry	深紫mix	45g／2球
■	517·Mantilla	暗紫紅mix	30g／2球
■	791·Pistachio	深灰黃綠	25g／1球
■	1130·Lichen	綠灰色	25g／1球
▣	563·Rouge	霧紫紅	15g／1球
▣	[illegible]	深紅色	15g／1球
■	286·Moorgrass	綠色mix	15g／1球

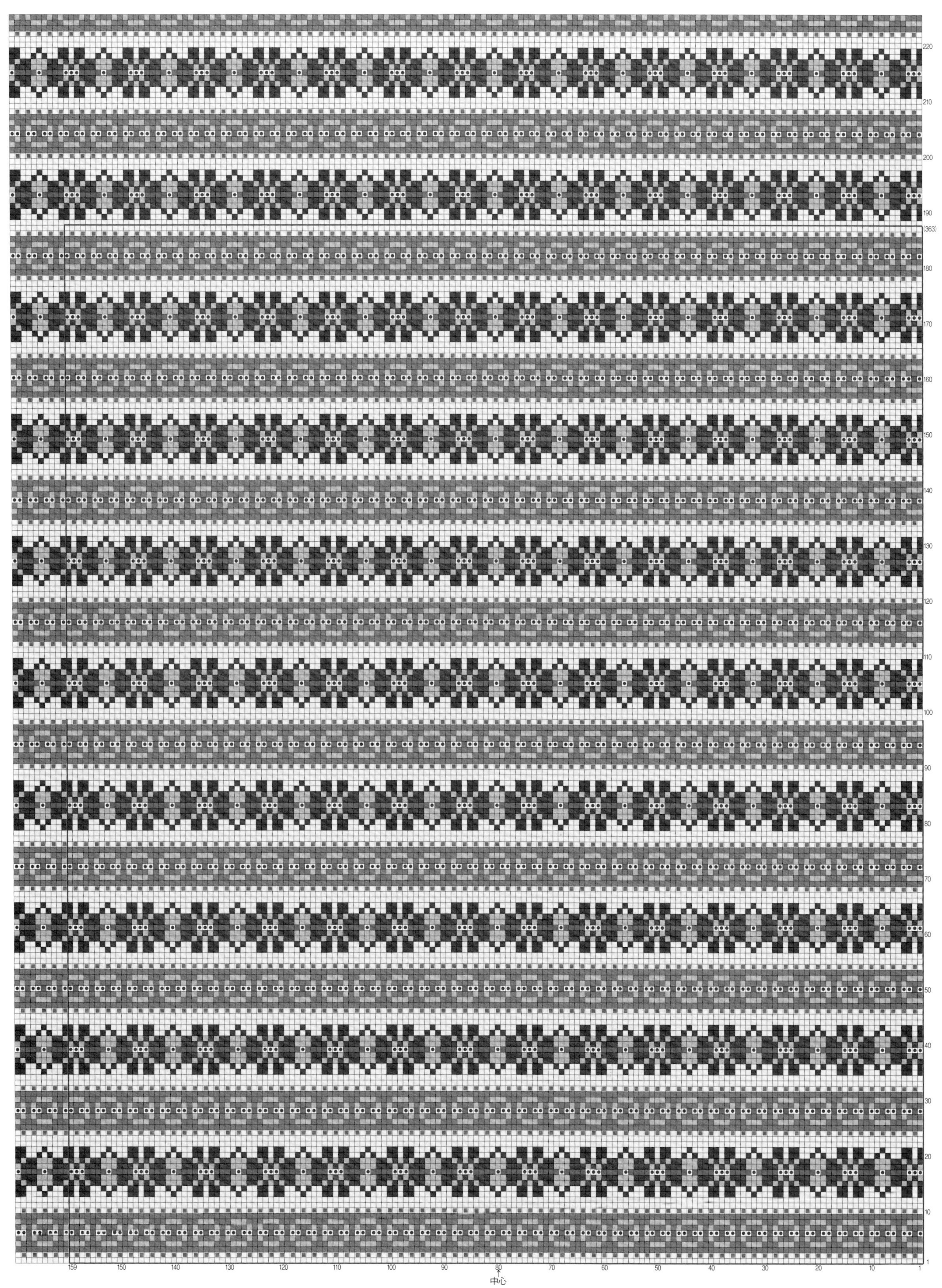

220
210
200
190
(363)
180
170
160
150
140
130
120
110
100
90
80
70
60
50
40
30
20
10
1
159
150
140
130
120
110
100
90
80
70
60
50
40
30
20
10
1
中心

[準備工具]

線材…Jamieson's　Shetland Spindrift

　　色號・色名・使用量請參照表格

其他…直徑20㎜的鈕釦9顆

針具…輪針3號（80㎝）・輪針1號（80㎝）・

　　鉤針2/0號

[完成尺寸]

胸圍93.5㎝・衣長58㎝・袖長75㎝

[密度]

10㎝平方的平面針為26.5針・36.5段，織入花樣為26.5針・36.5段

[織法重點]

※1針鬆緊針與挑針使用輪針1號，此外皆使用輪針3號編織。

1. 起針。 →P.32
2. 分別以往復編編織身片・袖子。脇邊針目作套收針，肩襠的減針是邊端算起的第3與第4針進行2併針。袖下的加針是於內側1針進行扭加針。
3. 肩襠・脇邊・袖下進行挑針綴縫。
4. 由前襟中央開始接合成圈，編織起點為7針Steeks，接著織肩襠剪接，終點再織7針Steeks。一邊編織Steeks，一邊以分散減針編織肩襠剪接。 → P.67
5. 接續編織領子的鬆緊針。
6. 最終段是以鉤針進行引拔收縫。 → P.44
7. 剪開肩襠剪接的Steeks。 → P.76
8. 以往復編編織前立，並於途中製作釦眼。 → P.76
9. 最終段是以鉤針進行引拔收縫。 → P.44
10. 脇邊針目進行平面針併縫。
11. 進行藏線或Steeks的收邊處理。 → P.78
12. 以蒸氣熨斗整燙定型。 → P.78
13. 最後，接縫鈕釦即完成。

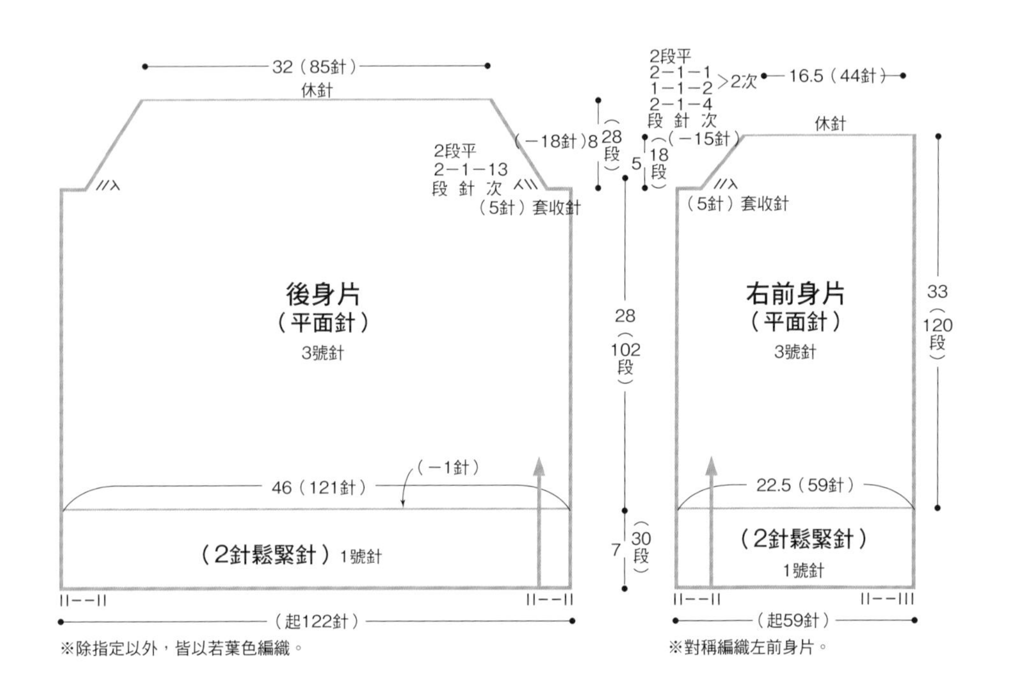

※除指定以外，皆以若葉色編織。

※對稱編織左前身片。

配色&使用量

	色號・英文名	色名	使用量
	1140・Granny Smith	若葉色	225g／9球
	343・Ivory	象牙白	20g／1球
	375・Flax	淺黃色	少許／1球
	660・Lagoon	深水藍	少許／1球
	524・Poppy	黃紅色	少許／1球
	525・Crimson	深紅色	少許／1球
	861・Sandalwood	灰橘色	少許／1球
	478・Amber	霧橘色	少許／1球
	720・Dewdrop	青綠mix	少許／1球
	140・Rye	黃灰色	少許／1球
	120・Eesit / White	原色mix	少許／1球

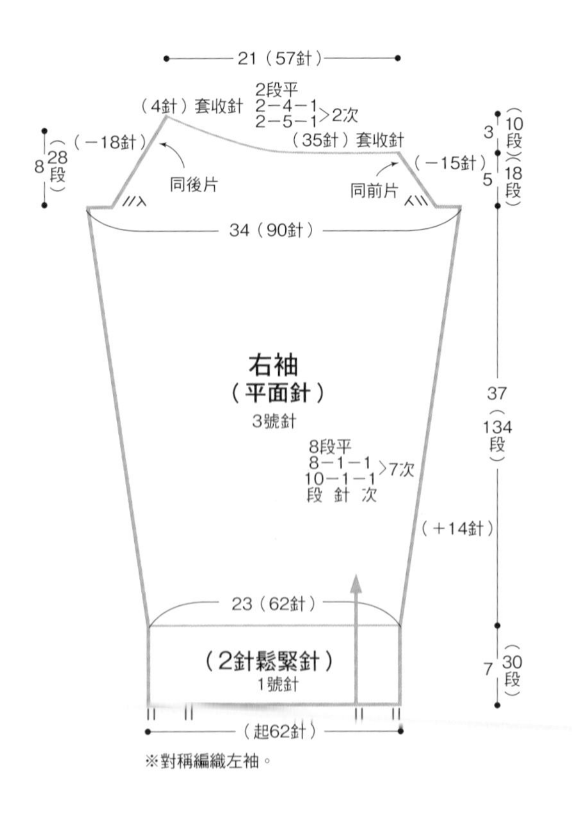

※對稱編織左袖。

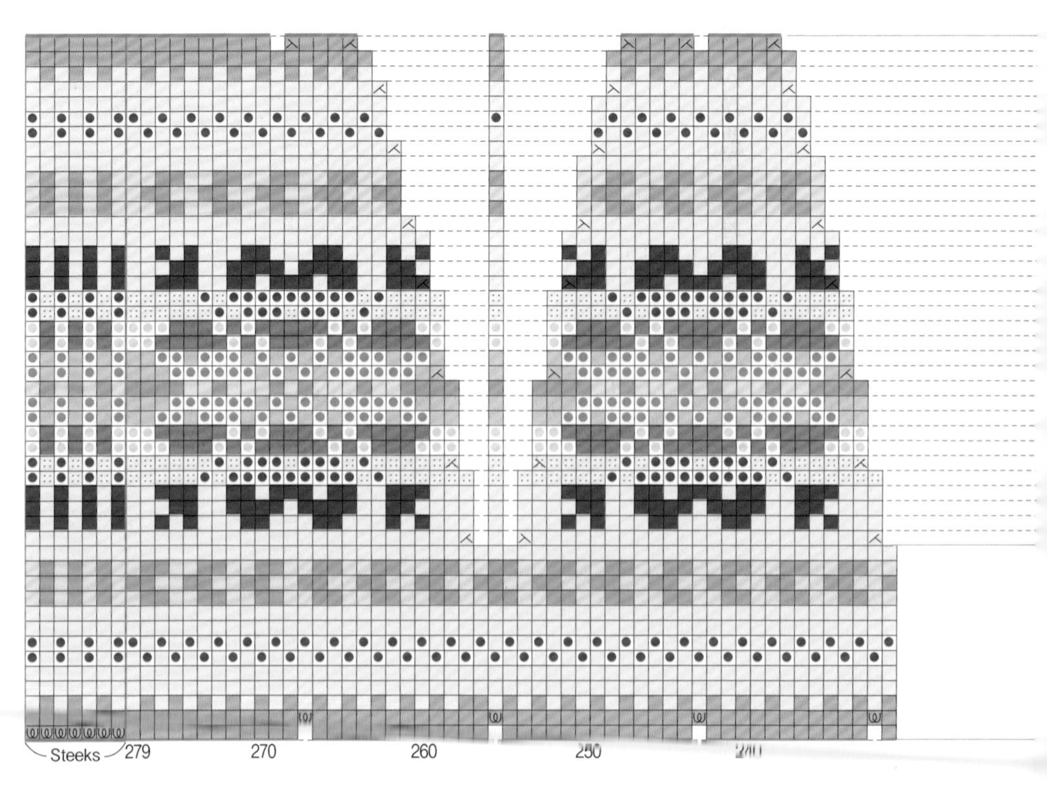

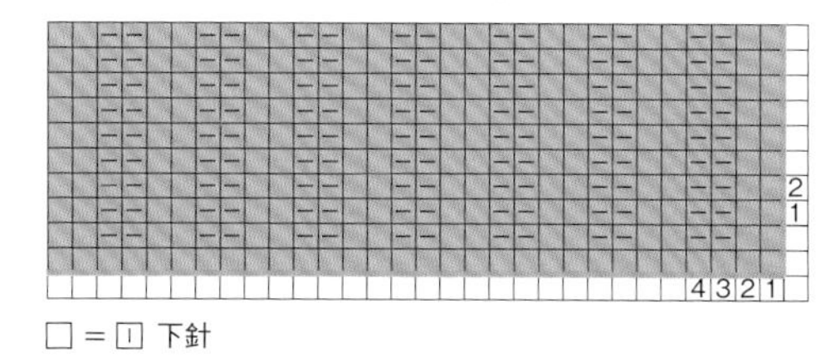
2針鬆緊針
2
1
4 3 2 1
□ = ⊡ 下針

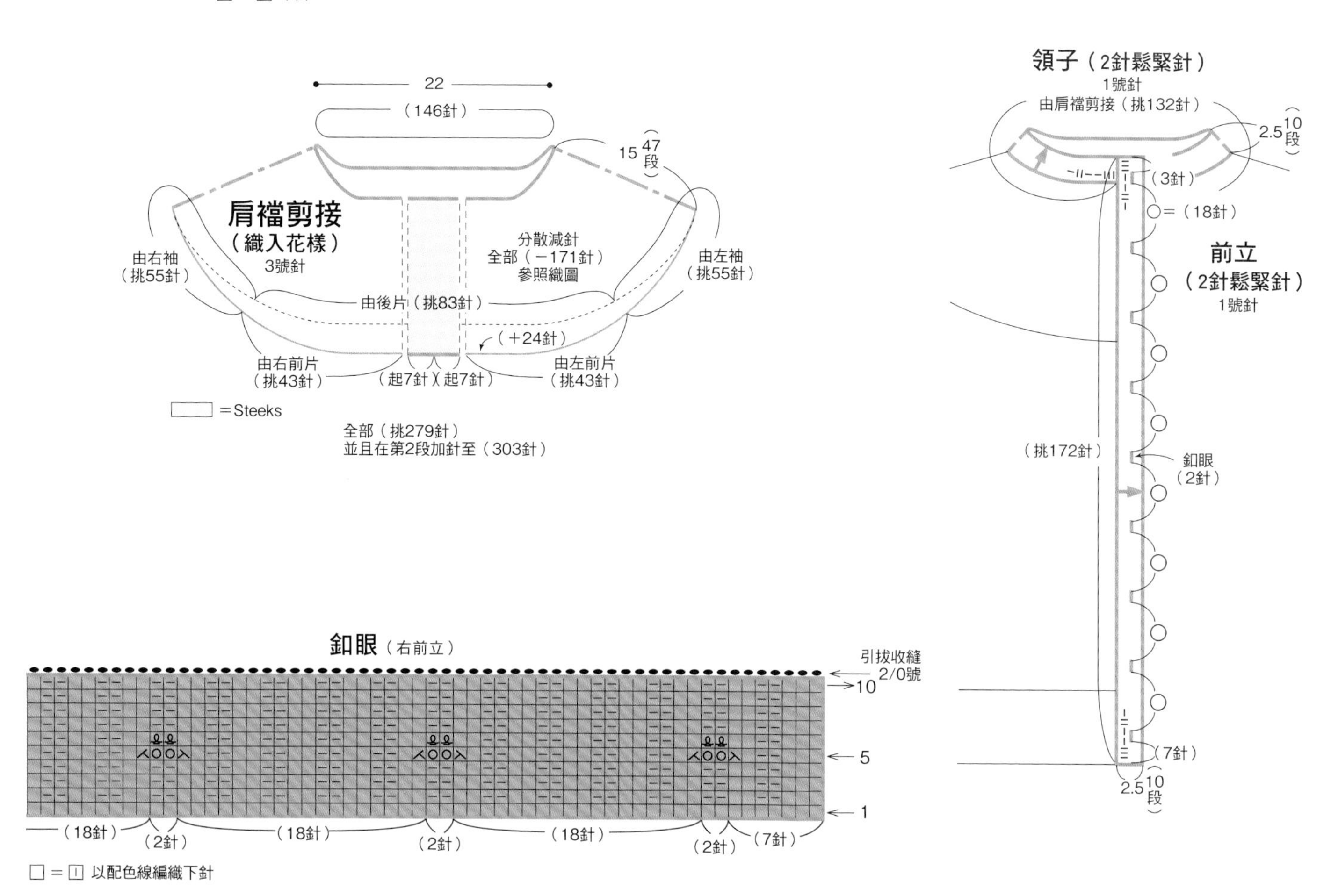
22
（146針）
15 47段
肩襠剪接
（織入花樣）
3號針
分散減針
全部（－171針）
參照織圖
由右袖
（挑55針）
由左袖
（挑55針）
由後片（挑83針）
（＋24針）
由右前片
（挑43針）
（起7針）（起7針）
由左前片
（挑43針）
＝Steeks
全部（挑279針）
並且在第2段加針至（303針）
領子（2針鬆緊針）
1號針
由肩襠剪接（挑132針）
2.5 10段
（3針）
○＝（18針）
前立
（2針鬆緊針）
1號針
（挑172針）
釦眼
（2針）
（7針）
2.5 10段
釦眼（右前立）
引拔收縫
2/0號
10
5
1
（18針）（2針）（18針）（2針）（18針）（2針）（7針）
□ = ⊡ 以配色線編織下針

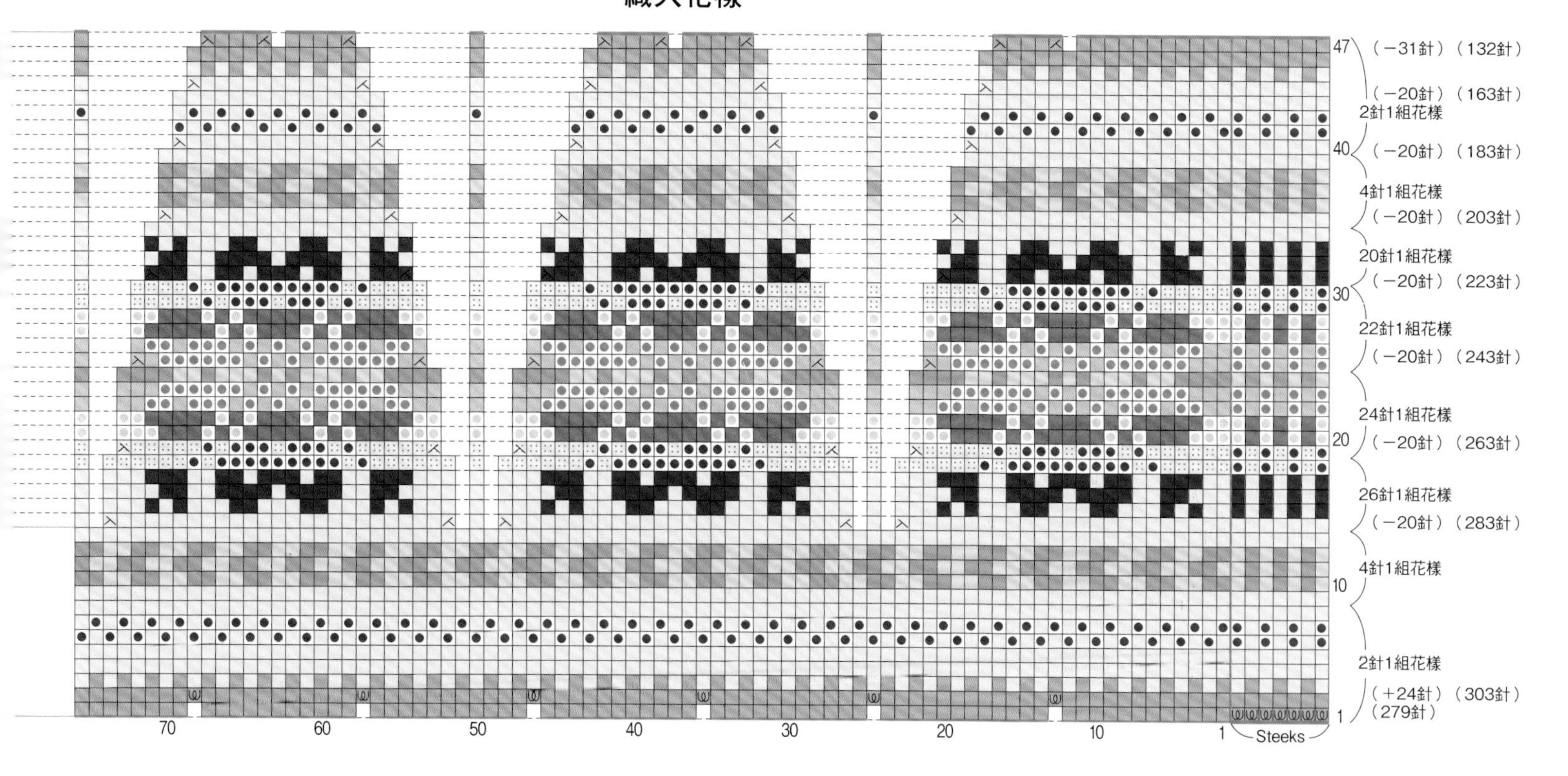
織入花樣
47（－31針）（132針）
（－20針）（163針）
2針1組花樣
40（－20針）（183針）
4針1組花樣
（－20針）（203針）
20針1組花樣
30（－20針）（223針）
22針1組花樣
（－20針）（243針）
24針1組花樣
20（－20針）（263針）
26針1組花樣
（－20針）（283針）
4針1組花樣
10
2針1組花樣
1（＋24針）（303針）
（279針）
70 60 50 40 30 20 10 1
Steeks

［準備工具］

線材…Jamieson's　Shetland Spindrift
　　　色號・色名・使用量請參照表格

針具…輪針3號（80cm）・輪針1號（80cm）・
　　　鉤針2/0號

［完成尺寸］

胸圍90cm・衣長58cm・袖長71.5cm

［密度］

10cm平方為平面針25.5針・35段，
織入花樣29針・34段

［織法重點］

1. 起針。 →P.32
2. 分別以往復編編織身片・袖子。脇邊針目作套收針，肩襠的減針是邊端算起的第3與第4針進行2併針。袖下的加針是於內側1針進行扭加針。
3. 肩襠・脇邊・袖下進行挑針綴縫接合。
4. 由前襟中央開始接合成圈，以分散減針編織肩襠。
5. 由肩襠接續編織領子，在第1段減針，編織鬆緊針。
6. 最終段是以鉤針進行引拔收縫。 → P.44
7. 脇邊針目進行平面針併縫。
8. 進行線端的收尾處理。 → P.78
9. 以蒸氣熨斗整燙定型，完成！ → P.78

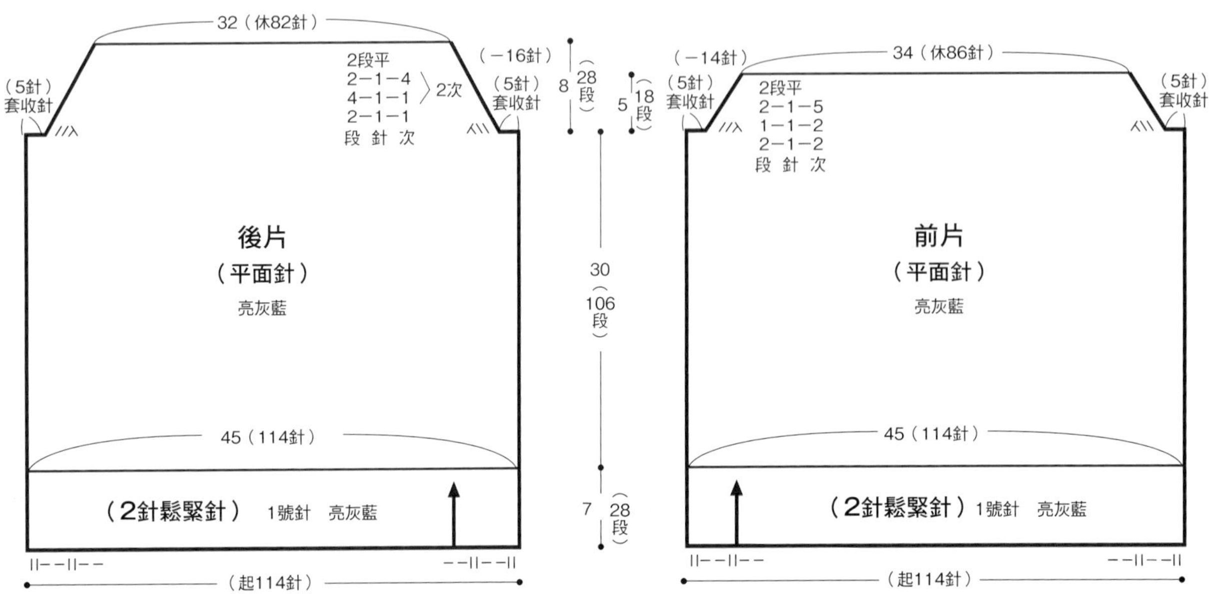

※除指定以外，皆以3號針編織。

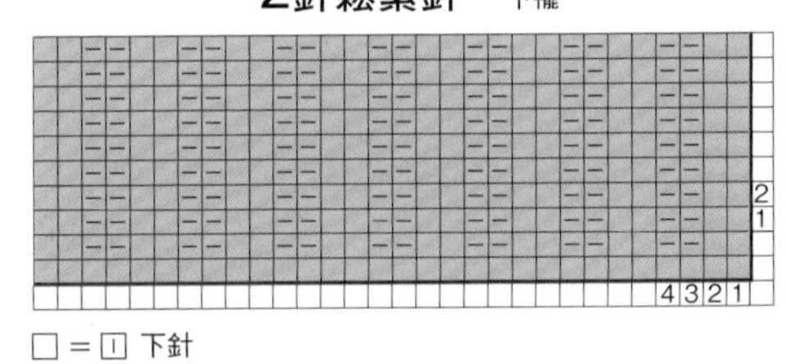

□＝□ 下針

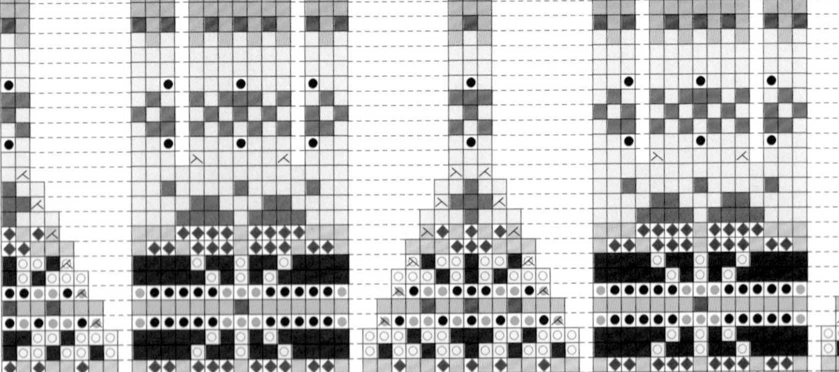

□＝□ 以配色線編織下針

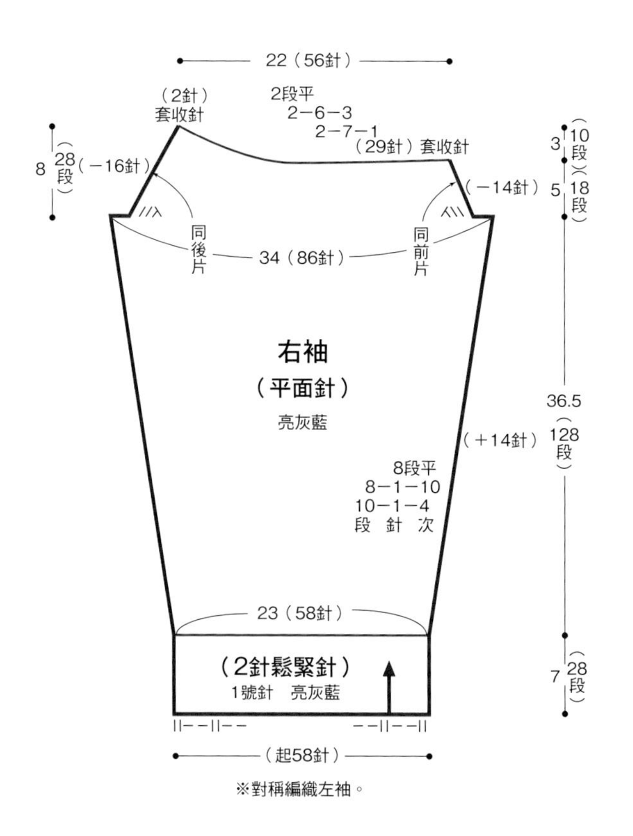

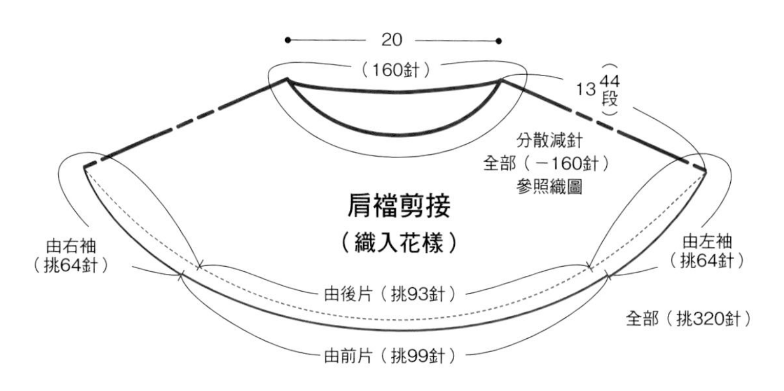

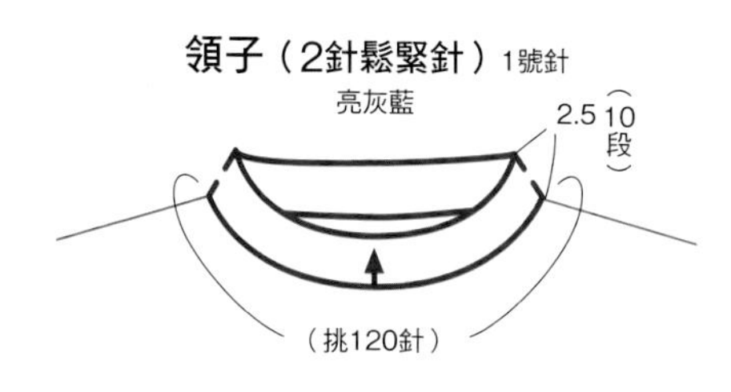

配色&使用量

	色號・英文名	色名	使用量
■	680・Lunar	亮灰藍	230g／10球
□	127・Pebble	亮灰色	20g／1球
■	616・Anemone	紫色	少許／1球
●	1290・Loganberry	深紫紅mix	少許／1球
■	790・Celtic	草綠色	少許／1球
■	600・Violet	紫羅蘭	少許／1球
■	140・Rye	黃灰色	少許／1球
○	768・Eggshell	灰淺水藍	少許／1球
◆	629・Lupin	藍紫色	少許／1球
■	785・Apple	黃綠色	少許／1球
◎	760・Caspian	土耳其藍	少許／1球
■	470・Pumpkin	深橘色	少許／1球

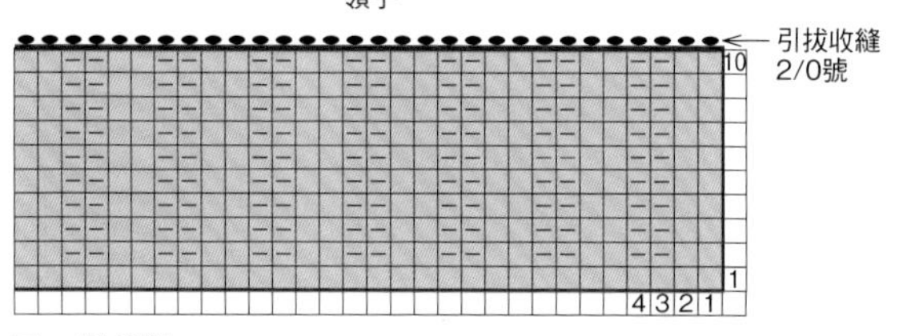

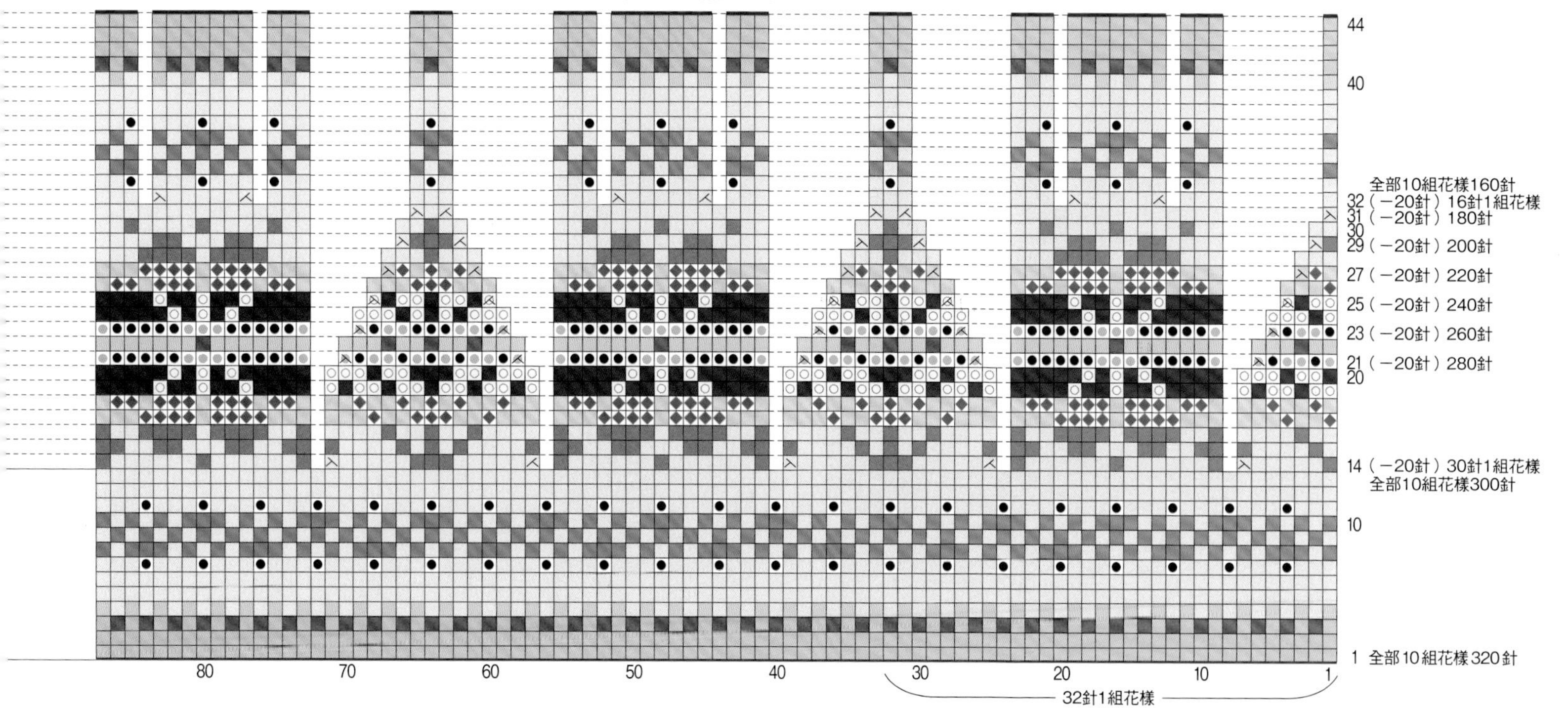

配色&使用量

	色號・英文名	色名	帽子	手套
	106 ・ Mooskit	杏色	20g／2球	10g／2球
	680 ・ Lunar	亮灰藍	少許／1球	少許／1球
	105 ・ Eesit	淺杏色	少許／1球	5g／1球
	805 ・ Spruce	灰綠色	少許／1球	5g／1球
	293 ・ Port Wine	酒紅色	少許／1球	少許／1球
	294 ・ Blueberry	深紫mix	少許／1球	少許／1球
	616 ・ Anemone	紫色	少許／1球	少許／1球
	575 ・ Lipstick	玫瑰粉	少許／1球	少許／1球
	576 ・ Cinnamon	磚紅色	少許／1球	少許／1球
	880 ・ Coffee	焦茶色	少許／1球	少許／1球
	147 ・ Moss	苔蘚綠mix	少許／1球	少許／1球
	274 ・ Green Mist	薄荷mix	少許／1球	少許／1球
	375 ・ Flax	淺黃色	少許／1球	少許／1球
	526 ・ Spice	灰紅色	少許／1球	少許／1球
	259 ・ Leprechaun	黃綠mix	少許／1球	少許／1球
	1020 ・ Nighthawk	青綠色	少許／1球	少許／1球
	1160 ・ Scotch Broom	芥末黃mix	少許／1球	少許／1球
	180 ・ Mist	淺紫mix	少許／1球	少許／1球

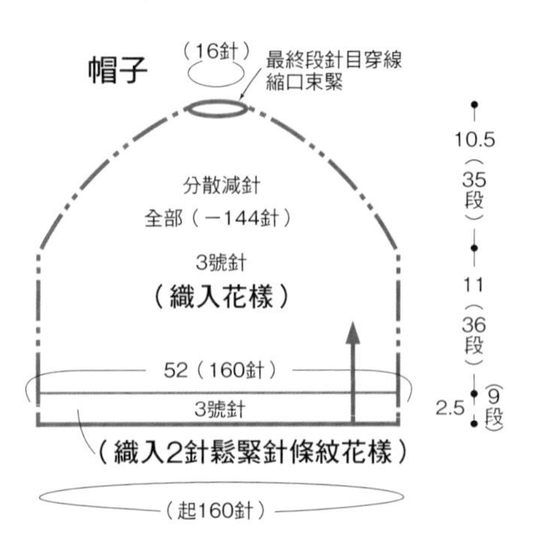

［準備工具］
線材…Jamieson's　Shetland Spindrift
色號・色名・使用量請參照表格
針具…輪針3號（80㎝）

［完成尺寸］
17　頭圍52㎝・帽深24㎝
18　手圍18㎝・長31.5㎝

［密度］
10㎝平方的織入花樣為31針・33段

［織法重點］
手指掛線起針法起針，以輪編進行織入花樣的2針鬆緊針、織入花樣。手套在拇指處織入別線，拆下後挑針，以平面針編織拇指部分。

※織入花樣全圖樣見P.143

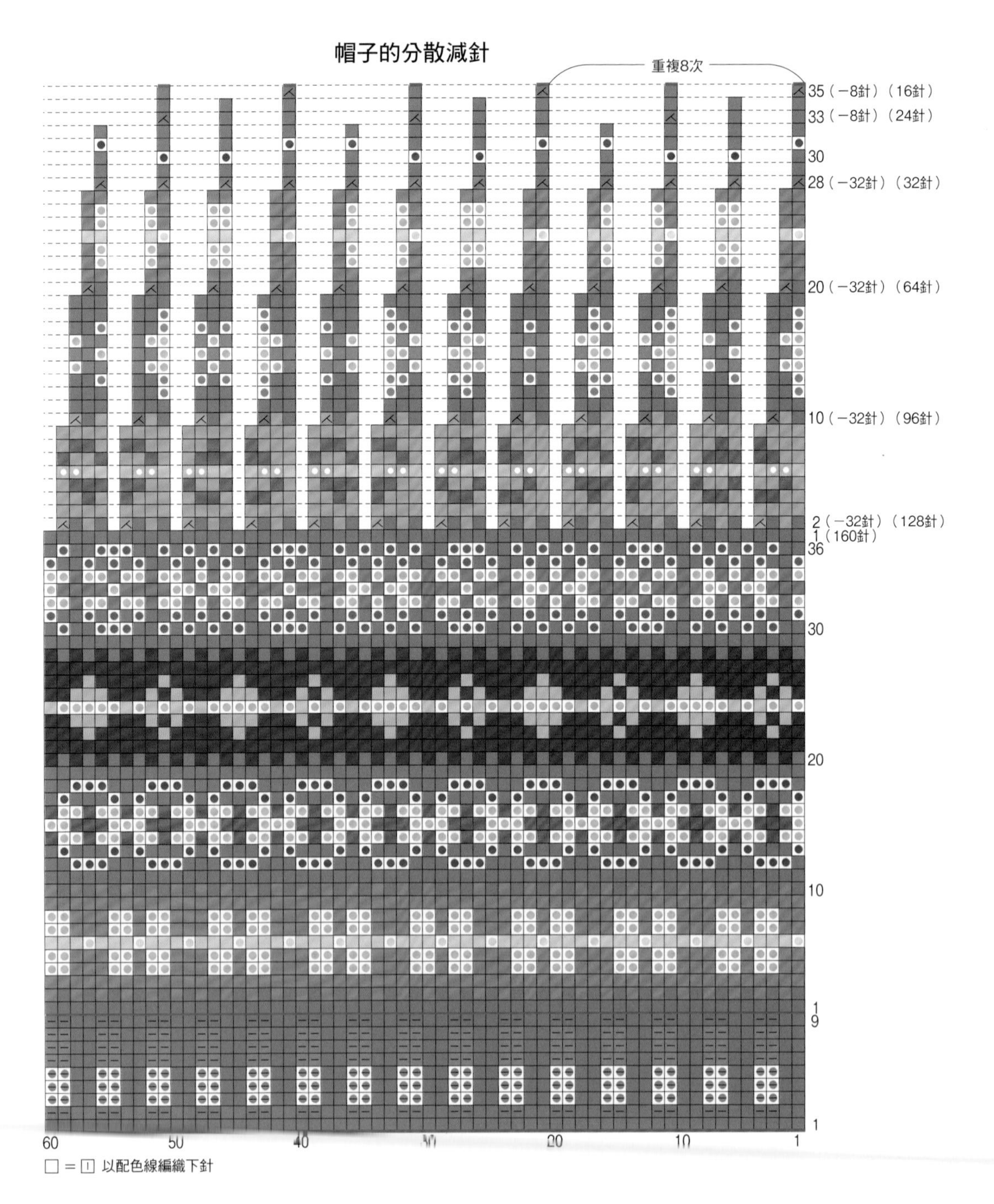

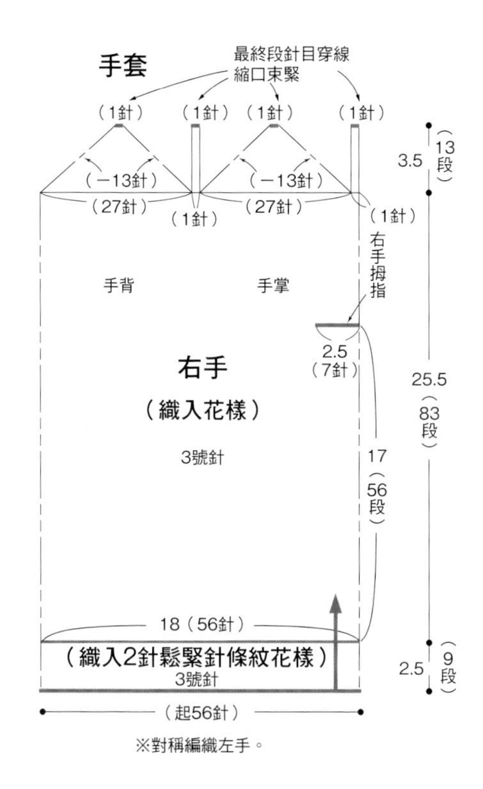

※對稱編織左手。

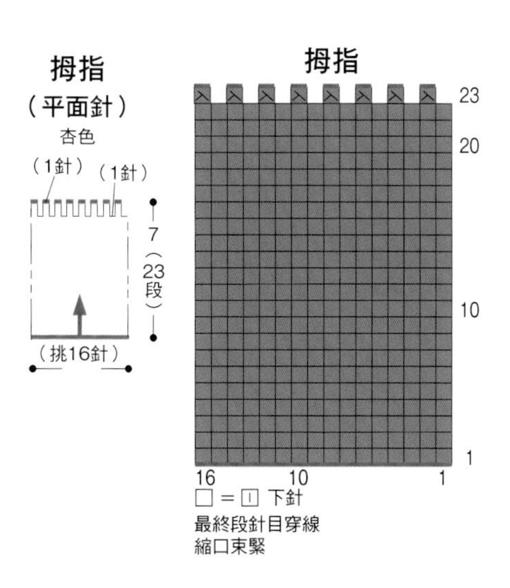

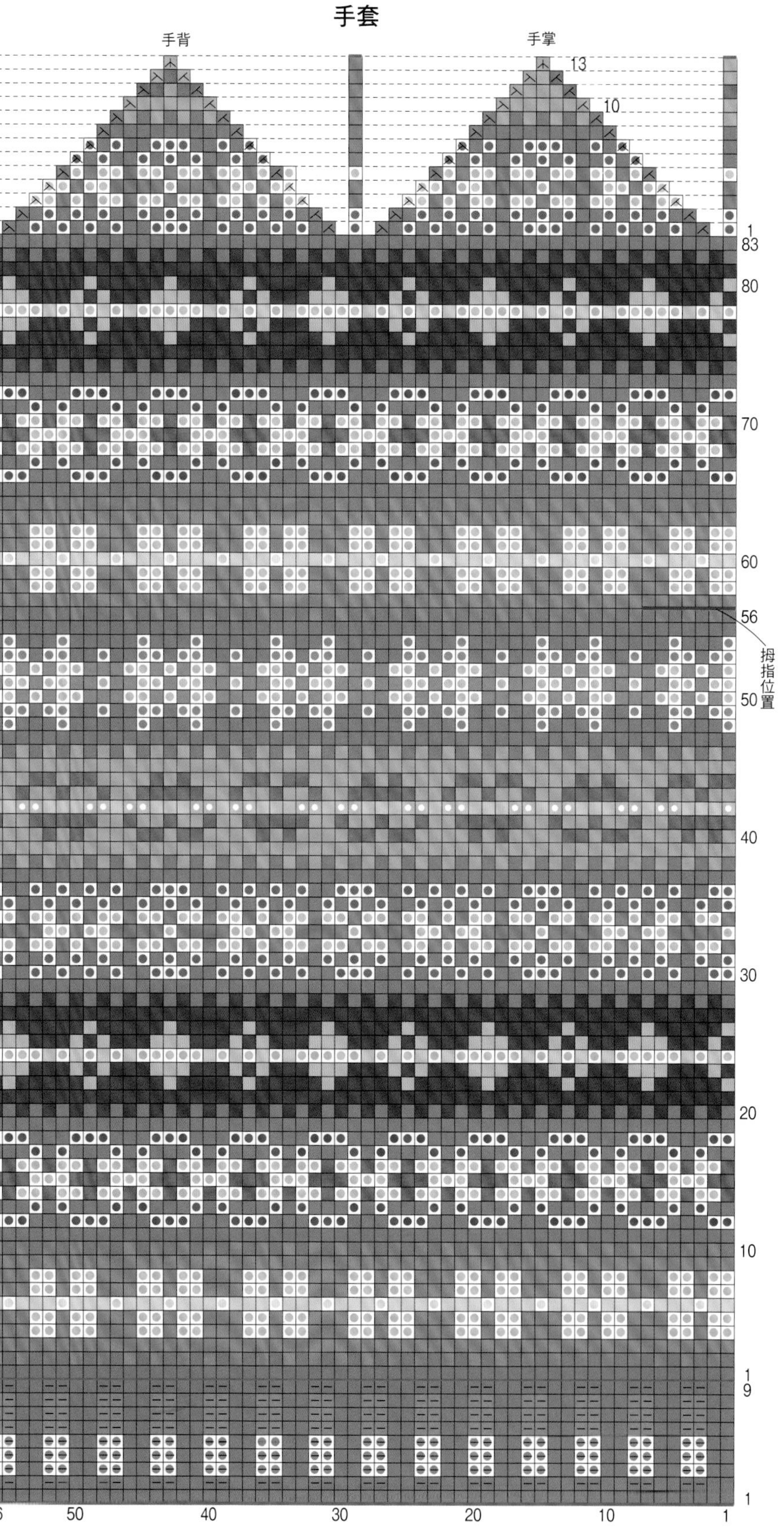

□＝□ 以配色線編織下針

［準備工具］
線材…J&S（Jamieson & Smith） 2ply Heritage yarn
色號・色名・使用量請參照表格
針具…輪針3號（80cm）・輪針1號（80cm）・
鉤針2/0號
［完成尺寸］
19 手圍20cm・長22.5cm
20 手圍20.5cm・長22.5cm
［密度］
織入花樣30針・33段

［織法重點］
※變化鬆緊針使用輪針1號，此外皆使用輪針3號編織。
1. 起針。 →P.32
2. 針目接合成圈，編織變化鬆緊針。
3. 作品20在第1段加針，編織織入花樣。 → P.70
4. 接續編織變化鬆緊針。
5. 最終段是以鉤針進行引拔收縫。 → P.44
6. 進行線端收尾處理。 → P.46
7. 以蒸氣熨斗整燙定型，完成！ → P.46

19

配色&使用量

	英文名	色名	腕套
▨	Moss Green	苔蘚綠	25g／1球
▨	Auld Gold	黃色	少許／1球
□	Snaa White	白色	少許／1球
▨	Indigo	藍色	少許／1球
□	Flugga White	原色	少許／1球
▨	Moorit	淺茶色	少許／1球
■	Peat	茶色	少許／1球
⊙	Berry Wine	酒紅色	少許／1球

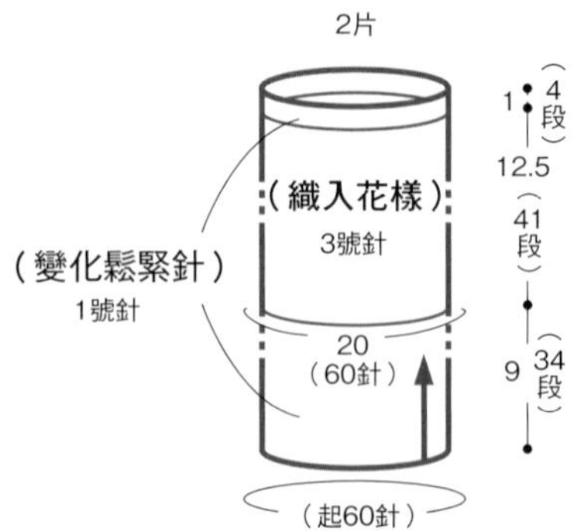

□＝⊡ 下針

20

配色&使用量

	英文名	色名	腕套
■	Light Grey	淺灰色	20g／1球
■	Moss Green	苔蘚綠	少許／1球
■	Fawn	焦糖色	少許／1球
■	Madder	澄紅色	少許／1球
●	Berry Wine	酒紅色	少許／1球
■	Peat	茶色	少許／1球
■	Black	焦茶色	少許／1球
■	Auld Gold	黃色	少許／1球
□	Flugga White	原色	少許／1球
■	Indigo	藍色	少許／1球

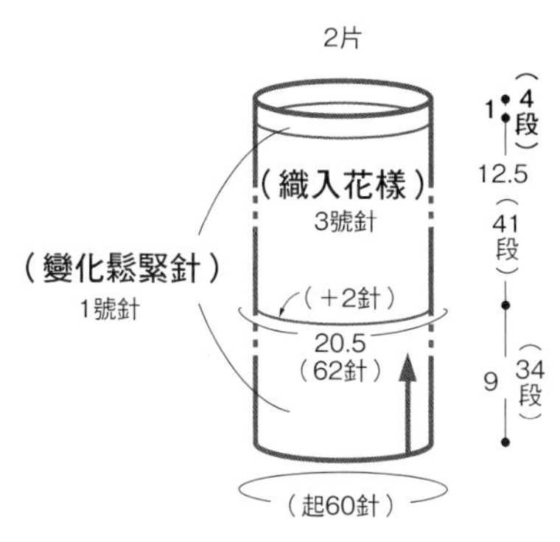

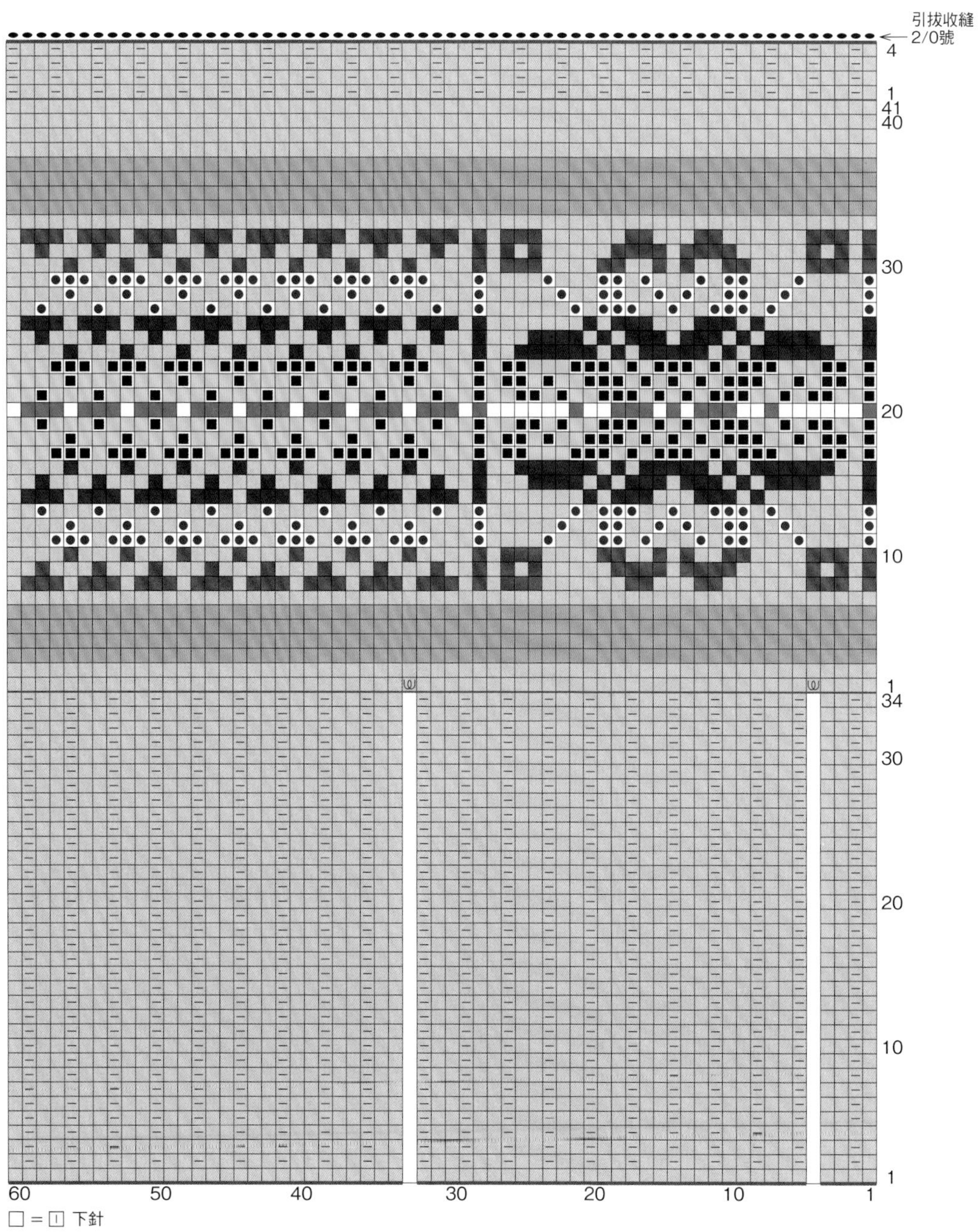

□＝⊡ 下針

［準備工具］

線材…Jamieson's　Shetland Spindrift
色號・色名・使用量請參照表格

針具…輪針4號（80cm）・輪針3號（80cm）・
鉤針3/0號

［完成尺寸］

寬15cm・長158cm

［密度］

10cm平方為織入花樣29針・30段，
平面針為29針・37段

［織法重點］

※平面針條紋花樣與鬆緊針使用輪針3號，織入花樣使用輪針4號編織。

1. 起針。 → P.32
2. 針目接合成圈，編織鬆緊針。 → P.32
3. 接續編織織入花樣與平面針條紋花樣。
4. 最終段是以鉤針進行引拔收縫。 → P.44
6. 進行線端收尾處理。 → P.46
7. 以蒸氣熨斗整燙定型，完成！ → P.46

配色&使用量

	色號・英文名	色名	使用量
	805・Spruce	灰綠色	20g／1球
	429・Old Gold	金茶色	20g／1球
	880・Coffee	焦茶色	20g／1球
	680・Lunar	亮灰藍	20g／1球
	290・Oyster	灰桃mix	15g／1球
	660・Lagoon	深水藍	15g／1球
	140・Rye	黃灰色	15g／1球
	770・Mint	淺綠色	10g／1球
	750・Petrol	深藍綠	10g／1球
	365・Chartreuse	灰黃綠	10g／1球
	800・Tartan	綠色	10g／1球
	861・Sandalwood	灰橘色	10g／1球
	478・Amber	霧橘色	10g／1球
	595・Maroon	紅褐色	5g／1球
	1160・Scotch Broom	芥末黃mix	5g／1球
	1290・Loganberry	深紫紅mix	5g／1球

引拔收縫

（織入2針鬆緊針B）3號針　5（18段）

（織入花樣A'）　34（102段）

（織入花樣B）　7.5（23段）

（平面針條紋花樣）3號針　65（240段）

（織入2針鬆緊針A）3號針

（織入花樣A）　41.5（125段）

5（19段）

30（起88針）

※除指定以外，皆以4號針編織。

平面針條紋花樣的配色

平面針條紋花樣的配色
660・深水藍
429・金茶色
770・淺綠色
880・焦茶色
140・黃灰色
680・亮灰藍
365・灰黃綠
750・深藍綠
1160・芥末黃mix
595・紅褐色
365・灰黃綠
750・深藍綠
140・黃灰色
680・亮灰藍
770・淺綠色
880・焦茶色
660・深水藍
429・金茶色
290・灰桃mix
805・灰綠色
861・灰橘色
800・綠色
478・霧橘色
1290・深紫紅mix
861・灰橘色
800・綠色
290・灰桃mix
805・灰綠色

（3段×28次）重複84段1組花樣

（3段）

織入2針鬆緊針A

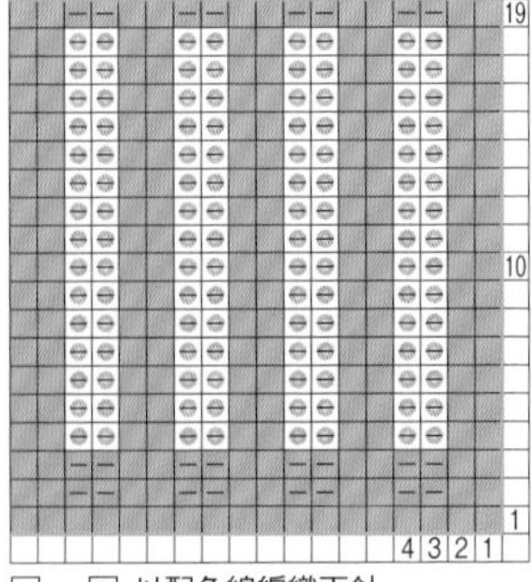

□＝⊡ 以配色線編織下針

織入2針鬆緊針B

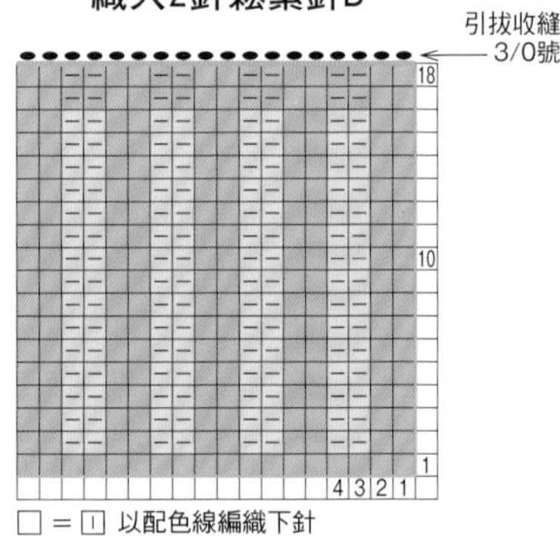

□＝⊡ 以配色線編織下針

織入花樣B

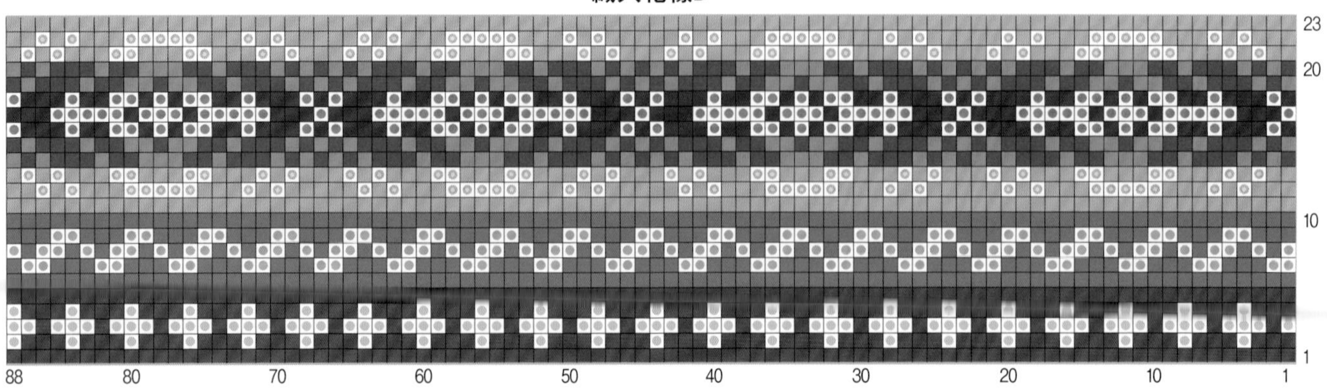

織入花樣A

125
120
110
100
90
80
70
60
50
40
30
20
10
1
88
80
70
60
50
40
30
20
10
1
織入花樣A'

[準備工具]
線材…Jamieson's　Shetland Spindrift
　　色號・色名・使用量請參照表格
針具…輪針3號（80㎝）・輪針1號（80㎝）・
　　鉤針3/0號

[完成尺寸]
頭圍55㎝・帽深23㎝

[密度]
10㎝平方的織入花樣為29針・31段

[織法重點]
※挑針使用輪針1號，此外皆使用輪針3號編織。
1. 起針。→P.32
2. 參照織圖進行加減針，編織織入花樣A・B・C。
3. 最終段針目穿線，縮口束緊。
4. 在起針段挑針，編織2針鬆緊針的條紋花樣。
5. 最終段是以鉤針進行引拔收縫。→P.44
6. 以蒸氣熨斗整燙定型，完成。→P.46

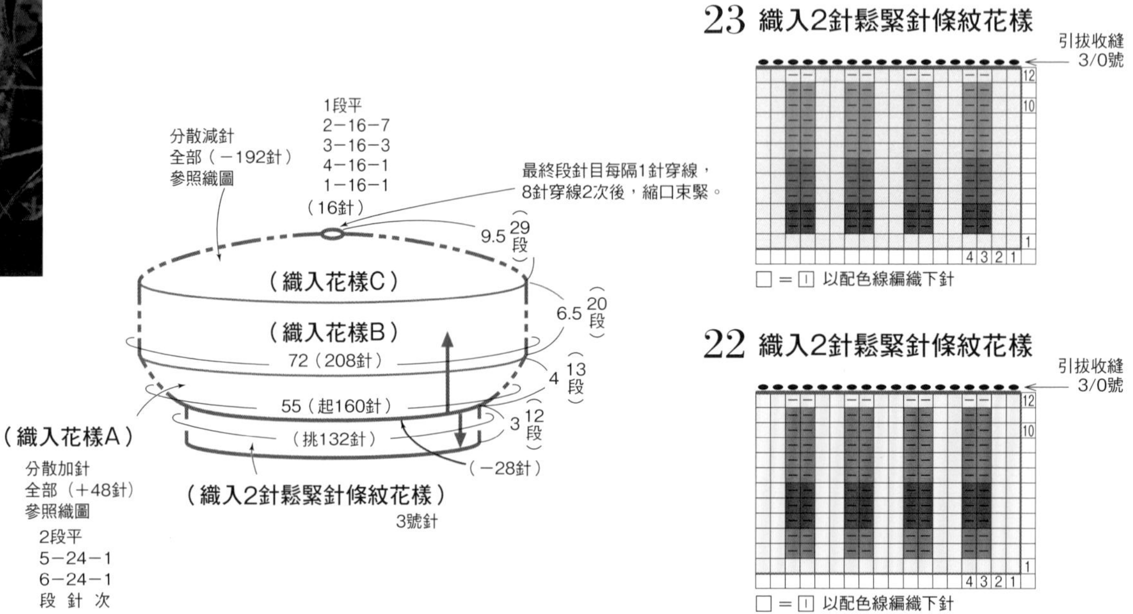

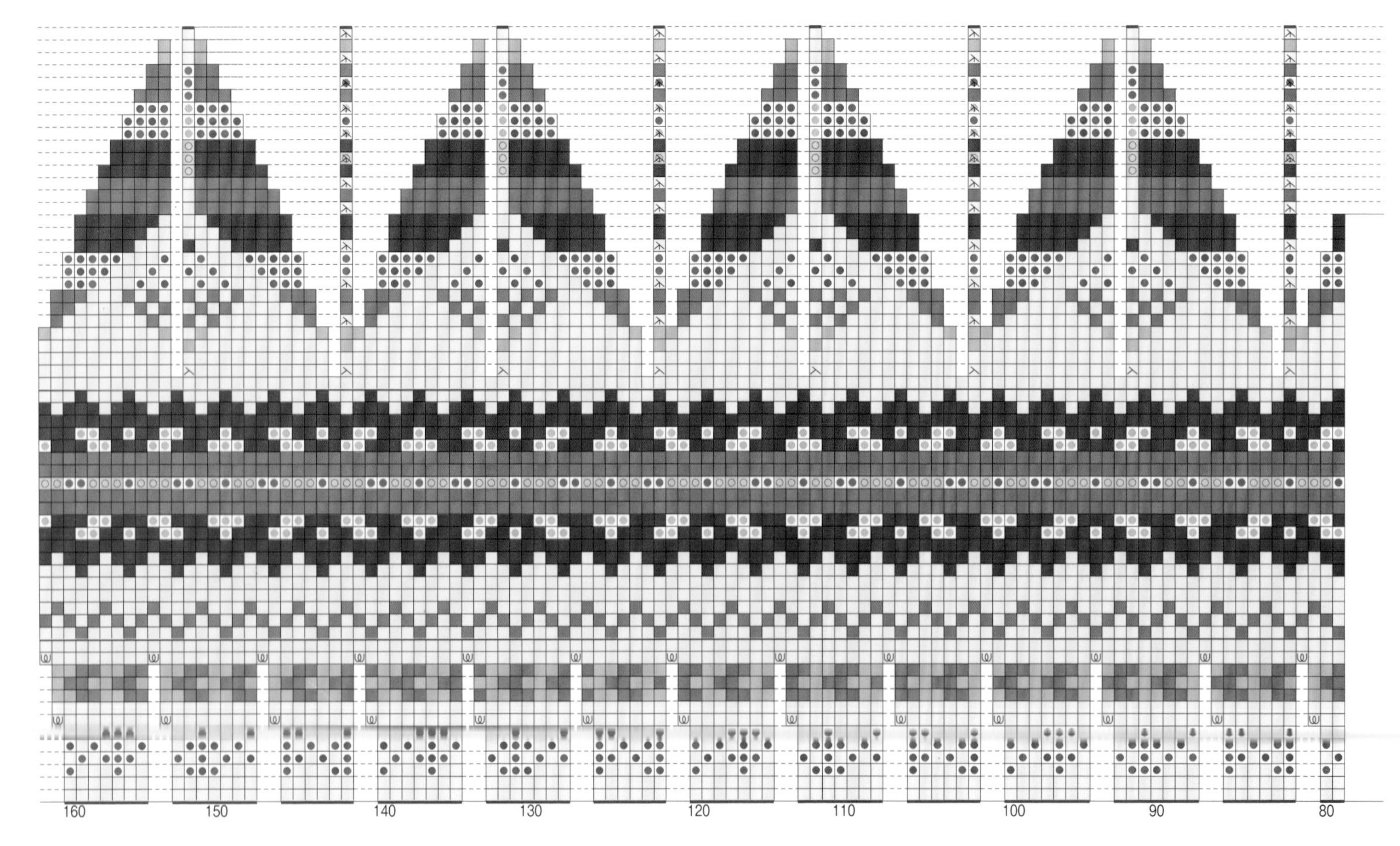

23 配色&使用量

	色號・英文名	色名	No.23
□	122・Granite	淺灰色	18g／1球
■	1010・Seabright	淺綠藍	5g／1球
■	665・Bluebell	藍色	5g／1球
◉	390・Daffodil	黃色	5g／1球
◉	259・Leprechaun	黃綠mix	4g／1球
■	587・Madder	暗黃紅	4g／1球
■	880・Coffee	焦茶色	少許／1球
◎	135・Surf	淺藍綠mix	少許／1球
◎	104・Natural White	原色	少許／1球

23

織入花樣

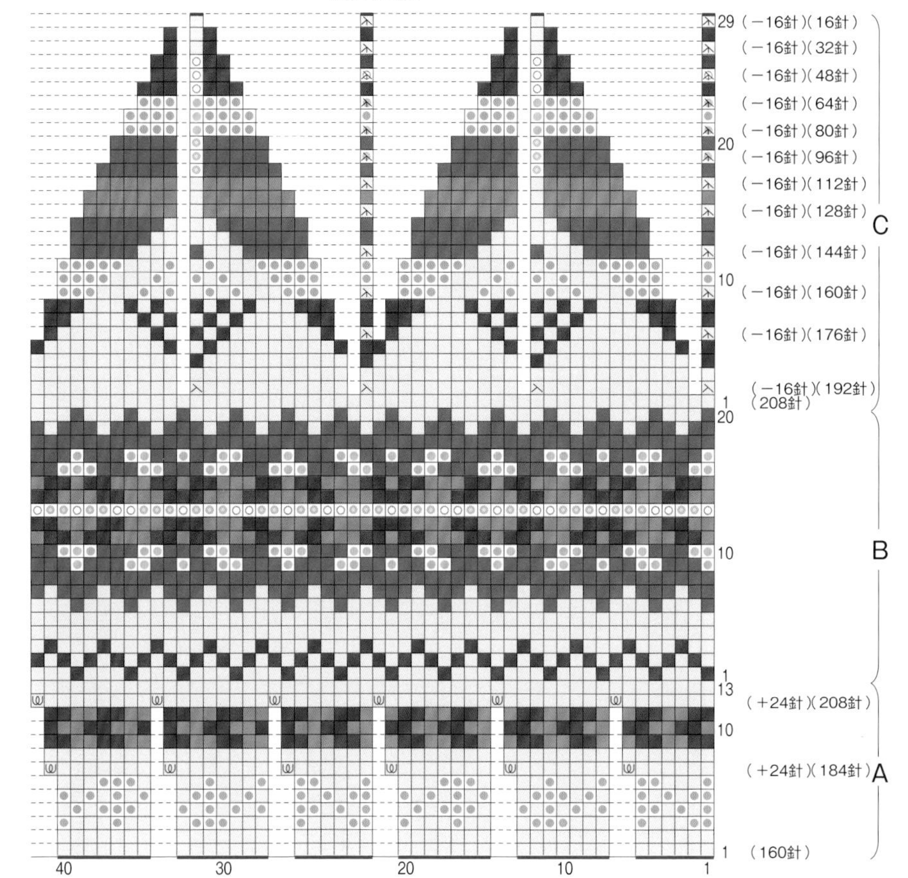

22 配色&使用量

	色號・英文名	色名	No.22
□	105・Eesit	淺杏色	18g／1球
■	478・Amber	霧橘色	5g／1球
■	323・Cardinal	暗紅色	5g／1球
◉	140・Rye	黃灰色	5g／1球
◉	188・Sherbet	淺紫紅	4g／1球
■	805・Spruce	灰綠色	4g／1球
■	791・Pistachio	深灰黃綠	少許／1球
◎	272・Fog	淺茶mix	少許／1球
◉	286・Moorgrass	綠色mix	少許／1球

22

織入花樣

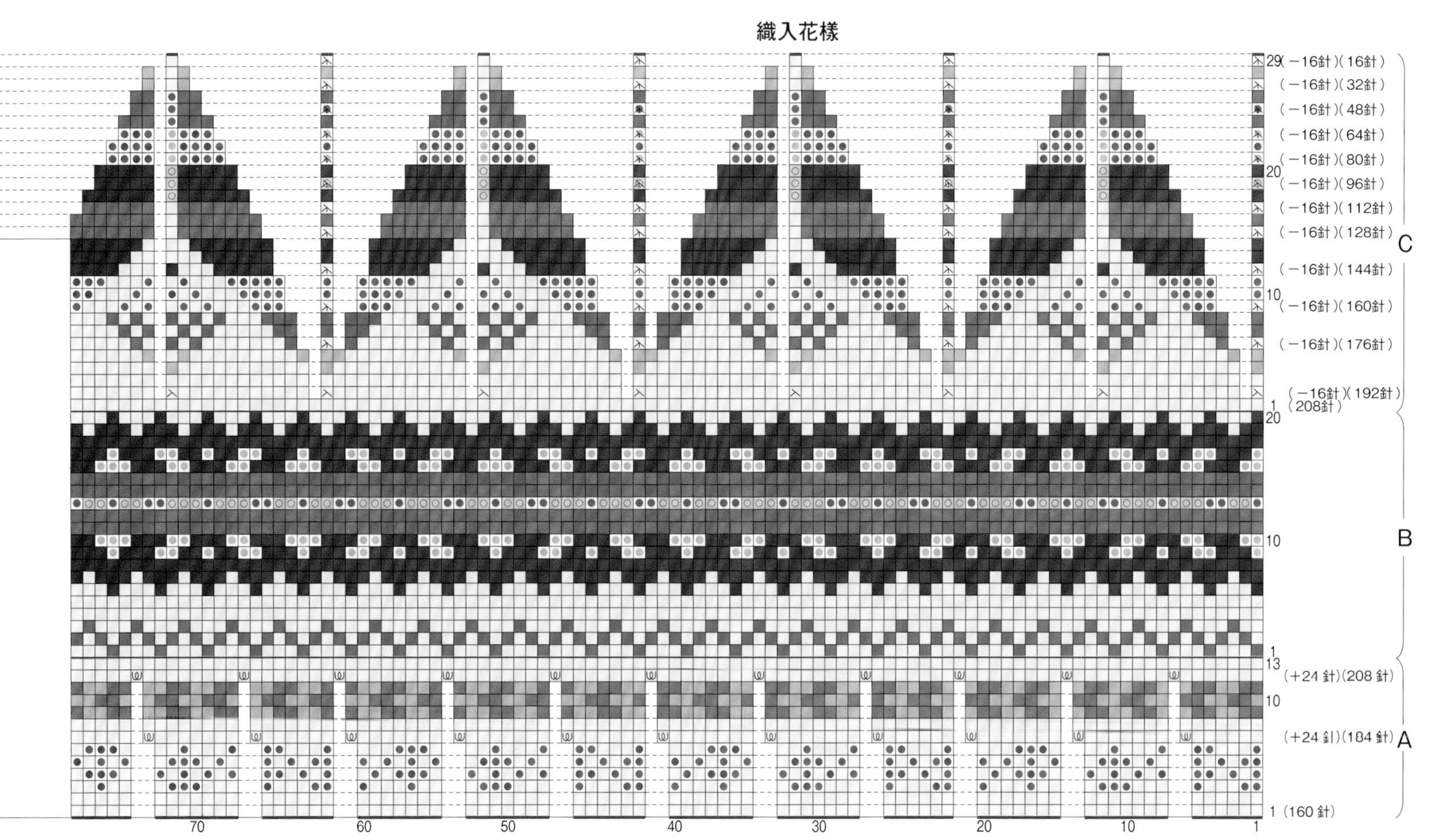

Pattern A la carte

織入花樣
全圖樣總覽

只要能夠掌握喜愛花樣的全圖樣貌，
無論是編織衣著或小物都能隨心所欲的運用。並且廣泛應用於各方面。

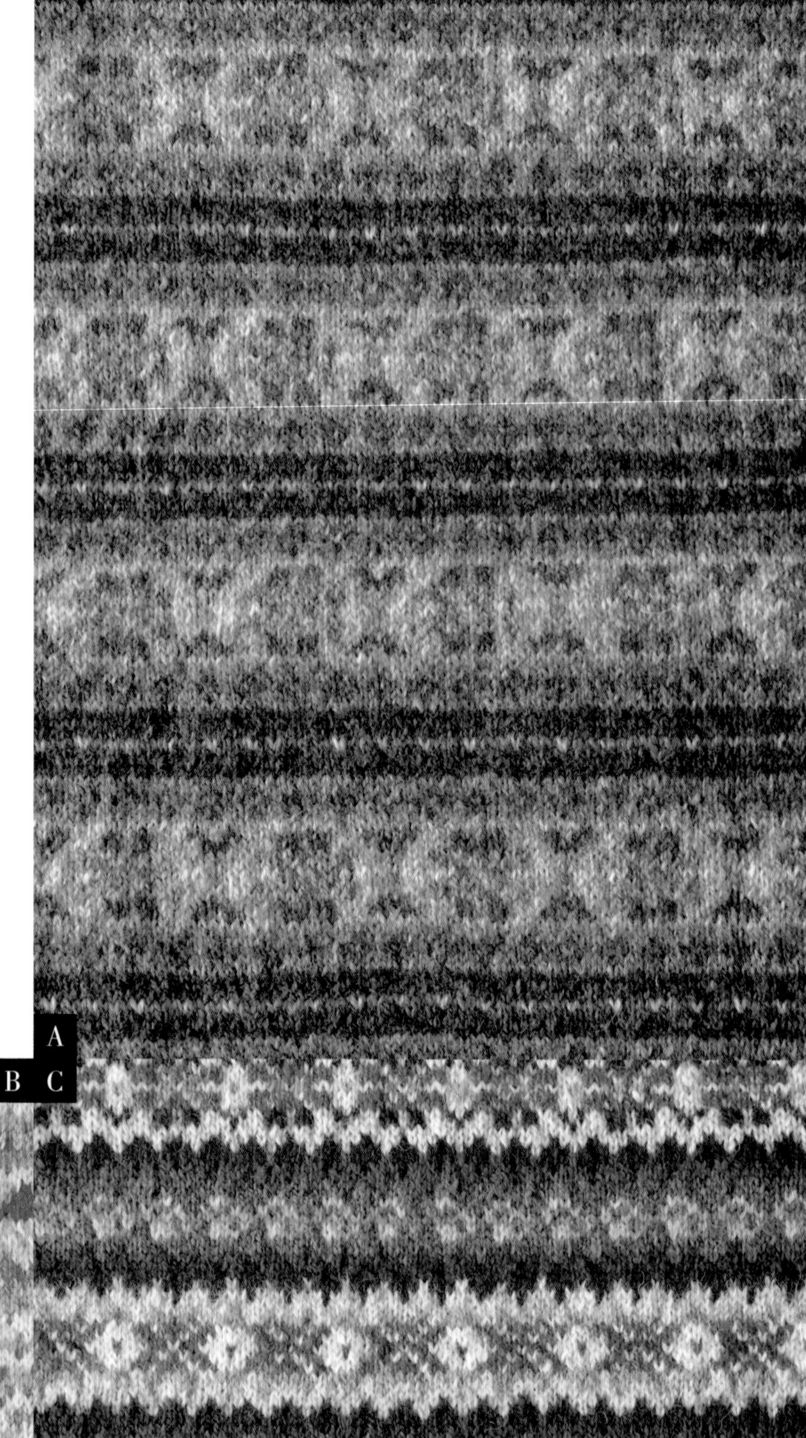

L為男士的M·LL為男士的L

本書作品是以女士尺寸為基準，刊載了M・L・LL三種尺寸。並且假定L size為男士的M size，LL size為男士的L size來設計。無論是花樣・顏色・尺寸等皆可多方面應用，請盡情體驗費爾島編織的樂趣。另外，也請試著運用書末附錄的編織用方眼紙，設計個人原創的花樣。

使用線材／A～C　Jamieson's　Shetland Spindrift
B的花樣編全圖…P.140
C的花樣編全圖…P.141

A
B C

A

	107・Mgit	肉桂棕		343・Ivory	象牙白
	998・Hairst(Autumn)	焦褐色		478・Amber	霧橘色
	880・Coffee	焦茶色		106・Mooskit	杏色
	1020・Night Hawk	藍綠色		1010・Seabright	淺綠藍

B

□	343・Ivory	象牙白
◎	183・Sand	灰紅mix
■	570・Sorbet	灰粉色
■	153・Wild Violet	淺紅mix
■	188・Sherbet	淺紫紅

□	785・Apple	黃綠色
◙	585・Plum	粉紫色
◈	540・Coral	鮭魚粉
□	350・Lemon	檸檬黃
■	576・Cinnamon	磚紅色

□	375・Flax	淺黃色
▣	526・Spice	灰紅色
■	365・Chartreuse	灰黃綠
□	135・Surf	淺藍綠mix
◉	575・Lipstick	玫瑰粉

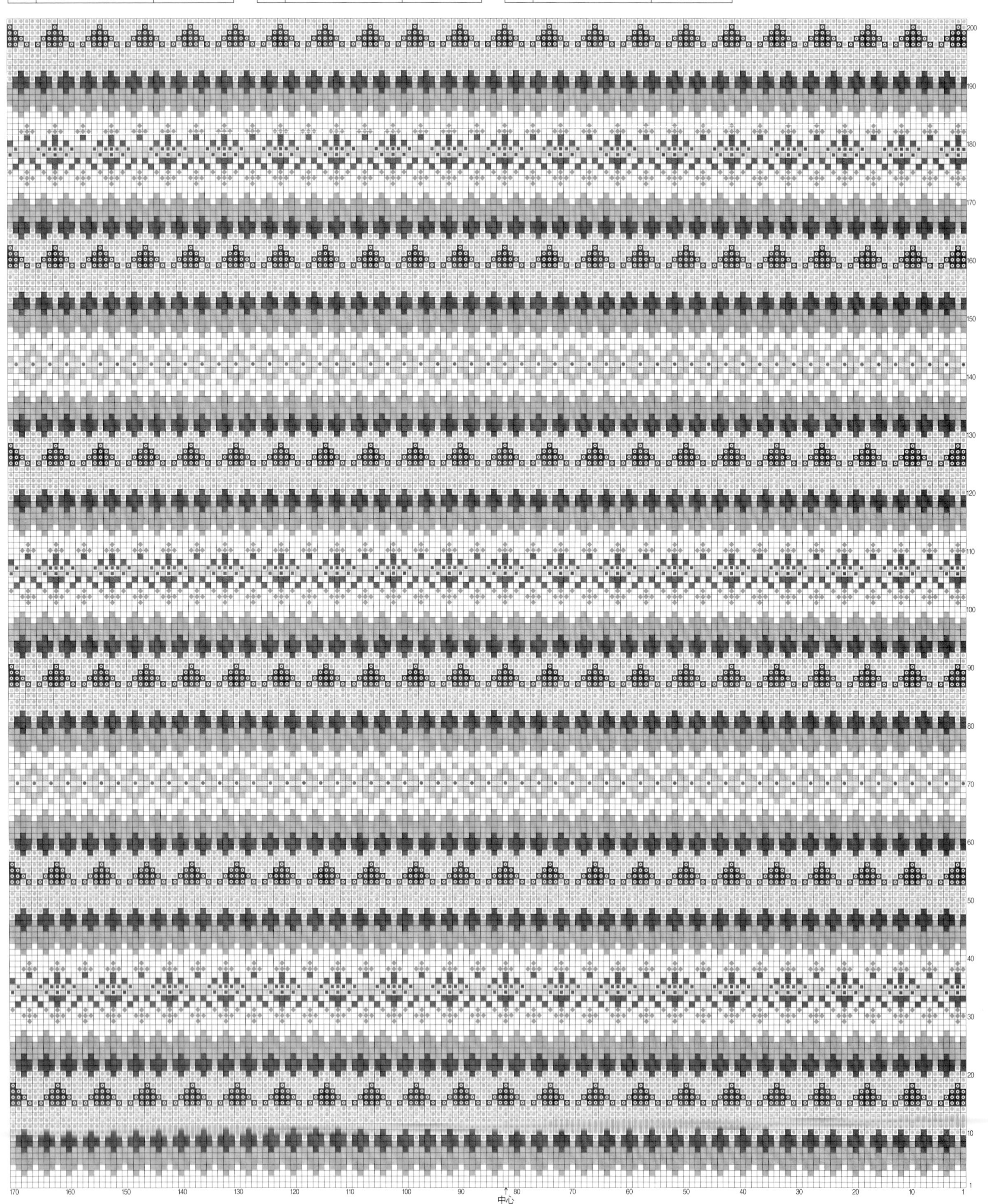

C

343・Ivory	象牙白	478・Amber	霧橘色	680・Lunar	亮灰藍	768・Egg Shell	淺灰藍
140・Rye	黃灰色	770・Mint	淺綠色	127・Pebble	亮灰色	599・Zodiac	深紫色
880・Coffe	焦茶色	365・Chartreuse	灰黃綠	750・Petrol	深藍綠	1300・Aubretia	藍紫色
684・Cobalt	深藍色	400・Mimosa	金合歡	726・Prussian Blue	墨水藍	805・Spruce	灰綠色

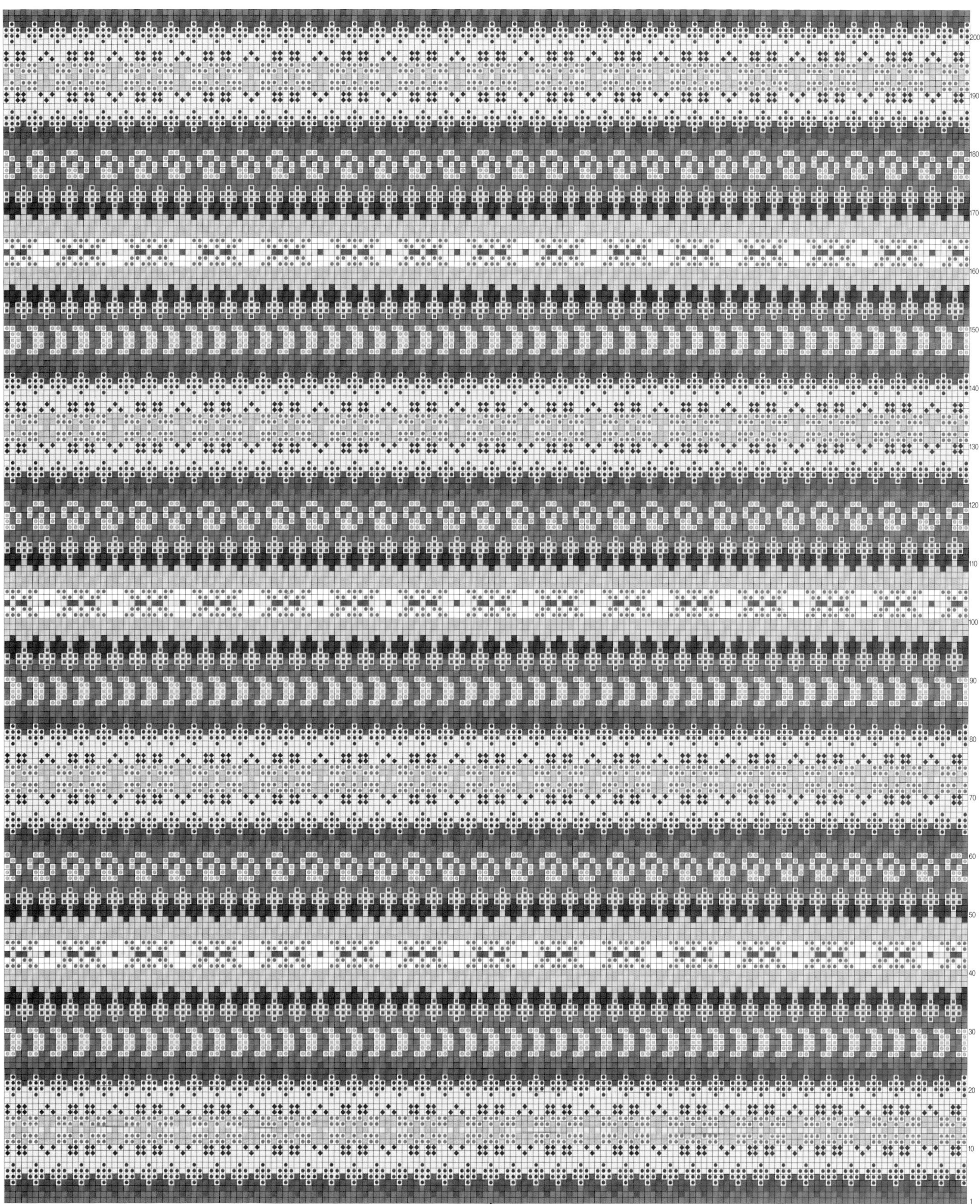

1 How to make P.28

Symbol	Yarn	Color
▩	788・Leaf	深綠色
□	122・Granite	淺灰色
◙	198・Peat	焦茶mix
■	1290・Loganberry	深紫紅mix
▩	870・Cocoa	暗橘色
▩	168・Clyde Blue	灰藍色
▢	720・Dewdrop	藍綠mix
▩	1140・Granny Smith	若葉色
▢	290・Oyster	灰桃mix
▢	760・Caspian	土耳其藍
▩	375・Flax	淺黃色
□	400・Mimosa	金合歡

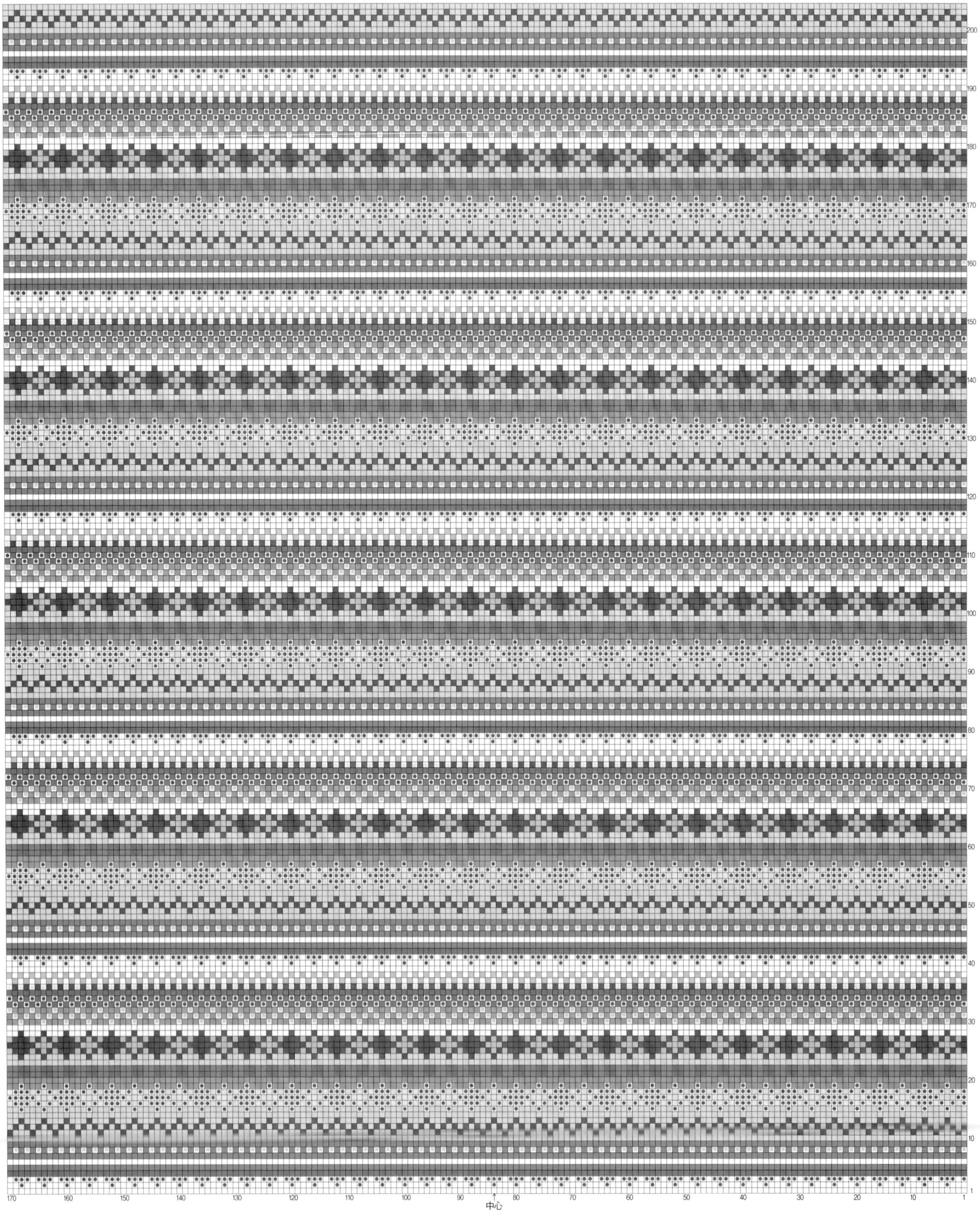

200
190
180
170
160
150
140
130
120
110
100
90
80
70
60
50
40
30
20
10
1

170 160 150 140 130 120 110 100 90 中心 80 70 60 50 40 30 20 10 1

2 How to make P.50・130

106・Mooskit	杏色
680・Lunar	灰藍色
105・Eesit	淺杏色
805・Spruce	灰綠色
293・Port Wine	酒紅色
294・Blueberry	深紫mix

616・Anemone	紫色
575・Lipstick	玫瑰粉
576・Cinnamon	磚紅色
880・Coffee	焦茶色
147・Moss	苔蘚綠mix
274・Green Mist	薄荷mix

375・Flax	淺黃色
526・Spice	灰紅色
259・Leprechaun	黃綠mix
1020・Nighthawk	藍綠色
1160・Scotch Broom	芥末黃mix
180・Mist	淺紫mix

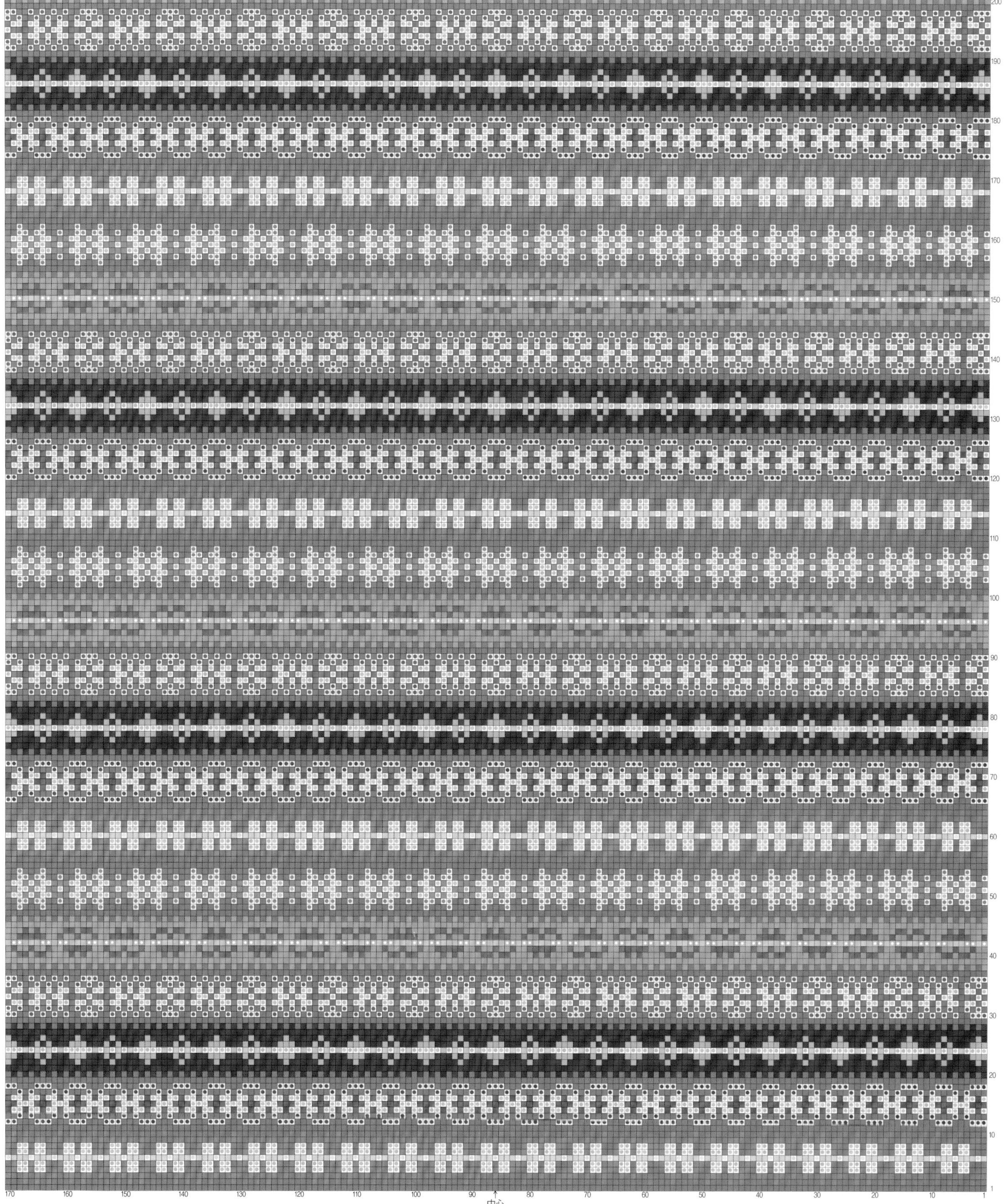

Profile

風工房　KAZEKOBO

針織＆鉤織設計師。於武藏野美術大學學習舞台美術設計。20幾歲開始以「毛糸だま」雜誌為主，在眾多手藝雜誌上發表作品。從纖細的蕾絲編織到傳統的針織毛衣，以多元的手作家身分活躍於國內外。著作繁多。近期新作為《今日も編み地、明日も編み地》（Graphic社刊）。

國家圖書館出版品預行編目資料

風工房の絢麗費爾島編織：剪開織片的傳統巧技——Steeks / 風工房著；彭小玲譯. -- 初版. -- 新北市：雅書堂文化, 2019.04
面；　公分. --（愛鉤織；61）
譯自：風工房のフェアアイル　ニッティング
ISBN 978-986-302-457-6(平裝)
1. 編織 2. 手工藝

426.4　　107016286

風工房喜愛的　棒針模樣200
A4開本／128頁

風工房喜愛的　玩色組合277
A4開本／136頁

【Knit・愛鉤織】61

風工房の絢麗費爾島編織
剪開織片的傳統巧技——Steeks

作　　者／風工房 KAZEKOBO
譯　　者／彭小玲
發 行 人／詹慶和
總 編 輯／蔡麗玲
執行編輯／蔡毓玲
編　　輯／劉蕙寧・黃璟安・陳姿伶・李宛真・陳昕儀
執行美編／周盈汝
美術編輯／陳麗娜・韓欣恬
出 版 者／雅書堂文化事業有限公司
發 行 者／雅書堂文化事業有限公司
郵撥帳號／18225950
戶　　名／雅書堂文化事業有限公司
地　　址／新北市板橋區板新路206號3樓
電　　話／（02）8952-4078
傳　　真／（02）8952-4084
電子郵件／elegantbooks@msa.hinet.net

2019年04月初版一刷　定價580元

經銷／易可數位行銷股份有限公司
地址／新北市新店區寶橋路235巷6弄3號5樓
電話／（02）8911-0825
傳真／（02）8911-0801

STAFF

〔日文版 Staff〕
書籍設計／寺山文惠
攝　　影／中島繁樹・本間信彥（圖解步驟）
視覺呈現／絵內友美
步驟攝影協力／岡本真希子
編輯協力／小林美穗・西田千尋・中村洋子・藤村啟子・高山佳奈
毛線だま編輯部・古山香織・飯島亮子・鈴木博子・曾我圭子
責任編輯／青木久美子

〔攝影協力〕
・Tulip
http://www.tulip-japan.com
・AWABEES
http://www.awabees.com
・la droguerie
http://www.ladroguerie.jp

〔線材販售店家〕
・Keito（Jamieson's）
https://www.keito-shop.com
・SHAELA（Jamieson's）
https://shaela.jimdo.com
・MOORIT（jamieson & smith）
http://moorit.jp
・puppy（British Fine）
http://www.puppyarn.com
・Euro Japan Trading Co.（Jamieson's・jamieson & smith）
http://www.eurojapantrading.com
・amirisu
https://shop.amirisu.com/

	色號・英文名	色名

	色號・英文名	色名

200 200 190 180 170 160 150 140 130 120 110 100 90 80 70 60 50 40 30 20 10 1

170 160 150 140 130 120 110 100 90 80 70 60 50 40 30 20 10 1

Fair Isle Knitting

Fair Isle Knitting